“十一五”国家重点图书　化学与应用化学丛书
普通高等教育化学类专业规划教材
国家级精品课程配套教材

结晶化学

林树坤 ◎主　编
高绍康　陈建中 ◎副主编

華東理工大學出版社
EAST CHINA UNIVERSITY OF SCIENCE AND TECHNOLOGY PRESS

图书在版编目(CIP)数据

结晶化学/林树坤主编;高绍康,陈建中副主编.
—上海:华东理工大学出版社,2011.2(2025.7 重印)
(普通高等教育化学类专业规划教材)
ISBN 978-7-5628-2958-4

Ⅰ.①结... Ⅱ.①林... ②高... ③陈... Ⅲ.①结晶化学-高等学校-教材 Ⅳ.①074

中国版本图书馆 CIP 数据核字(2010)第 263484 号

"十一五"国家重点图书·化学与应用化学丛书·
普通高等教育化学类专业规划教材
国家级精品课程配套教材

结晶化学

主　　编 / 林树坤
副 主 编 / 高绍康　陈建中
责任编辑 / 刘　强
责任校对 / 李　晔
封面设计 / 陆丽君　裘幼华
出版发行 / 华东理工大学出版社有限公司
　　　　　地址:上海市梅陇路 130 号,200237
　　　　　电话:(021)64250306(营销部)
　　　　　网址:www.ecustpress.cn
印　　刷 / 江苏凤凰数码印务有限公司
开　　本 / 890mm×1240mm　1/32
印　　张 / 8.875
字　　数 / 252 千字
版　　次 / 2011 年 2 月第 1 版
印　　次 / 2025 年 7 月第 11 次
书　　号 / ISBN 978-7-5628-2958-4/O·233
定　　价 / 38.00 元

张维冰(中国科学院大连化学物理研究所)
张文清(华东理工大学)

委　　员

安永林(大连理工大学)
陈东红(华中科技大学)
陈国荣(华东理工大学)
陈立功(天津大学)
陈若愚(江苏工业学院)
戴启广(华东理工大学)
方德彩(北京师范大学)
冯文芳(华中科技大学)
高绍康(福州大学)
郭璇华(华南理工大学)
杭义萍(华南理工大学)
胡　坪(华东理工大学)
康诗钊(华东理工大学)
李方实(南京工业大学)
李桂玲(华中科技大学)
李明慧(大连工业大学)
李　奇(北京师范大学)
李硕凡(华南理工大学)
李向清(华东理工大学)
林树坤(福州大学)
刘海燕(华东理工大学)
刘建宇(华南理工大学)
刘淑芹(大连理工大学)
卢　怡(华东理工大学)
鲁礼林(武汉科技大学)
罗　钒(华中科技大学)
罗曦芸(上海博物馆)
吕玄文(华南理工大学)
马思渝(北京师范大学)
潘铁英(华东理工大学)
钱　枫(华东理工大学)
邵超英(东华大学)
舒谋海(上海交通大学)
宋慧宇(华南理工大学)
唐明生(郑州大学)
唐　乾(华中科技大学)
唐燕辉(华东理工大学)
陶晓春(华东理工大学)
童晓峰(华东理工大学)
王芳辉(北京化工大学)
王　磊(华东理工大学)
王立世(华南理工大学)
王　敏(华南理工大学)
王　氢(华东理工大学)
王全瑞(复旦大学)
王世荣(天津大学)
王文锦(华南理工大学)
王幸宜(华东理工大学)

“十一五”国家重点图书《化学与应用化学丛书》联系邮箱 hxyyyhx@163.com

序

材料科学是现代文明的三大支柱(材料、能源、信息)之一,也是人类文明的物质基础。而晶体学属于材料科学,现代一些高新科学技术的发展都与晶体材料密切相关。人们已经预计,进入 21 世纪后,由于人类社会的快速发展,促使人们采用不同的理论方法去合成与设计许多新型的功能材料,而这些过程均需要结晶化学作为基础。

结晶化学是一门专门讨论晶体的化学组成、结构与晶体性质之间关系的科学。这里的性质主要指晶体本身表现出来的特殊物理性质,即由晶体组成和结构所决定的性质,如晶体的非线性光学性质、热膨胀系数、铁电性等。由于晶体的特殊物理性质是随晶体组成、结构的改变而变化,使得人们去设计和制备某些预计特殊性能的材料成为可能,而结晶化学可以帮助我们去实现这一科学梦想。由此可以认为,结晶化学是一门极具创造性的科学。

本书所介绍的结晶化学主要内容包含以下四大部分:几何结晶学、X 射线晶体衍射学、晶体化学和晶体物理。几何结晶学是应用对称性的几何理论讨论了晶体宏观外形的对称性和晶体内部微观结构的对称性;X 射线晶体衍射学包括晶体 X 射线衍射学基本理论、X 射线衍射的基本实验方法及 X 射线粉末法在化学中的应用;晶体化学包括了对无方向性和不饱和性的金属键、离子键、范德瓦尔斯键所构成的晶体结构(用圆球的密堆积模型)规律与性能之间关系的描述,而对于较复杂化合物的晶体结构则应用负离子配位多面体的构型进行描述；晶体物理部分则应用群论的工具分别计算了晶体的力学、电学、磁学、光学等物理参量，并导出晶体相应的物理性质，从理论上给出晶体的组成、结构与各种特殊性能之间的关系。

本书对上述知识原理部分的分析相当深刻与透彻，对于初学者是一本不可多得的理想学习课本。因而本书可作为化学、化工和材料类专业本科生的教材，也可作为研究生和科研工作者的学习参考书和自学教材。

中国工程院院士 魏可镁

前言

众所周知，晶体的性质是由其组成以及晶体内部固有的结构规律所决定的。而结晶化学就是研究晶体的组成、晶体内部的结构规律与探索其性质的一门学科。

由于目前国内许多高校在制订本科教学计划时，根据学校办学特点，将物理化学中的结构化学和晶体化学的内容从教材和课程中剥离出来，进行教材的单独编写和独立设课。我们认为，无论结构化学和晶体化学的内容是否被编写在物理化学教材内，还是将这部分知识的内容进行独立设课和编写教材，这只是一种形式上的问题。关键是如何使这些课程的知识内容能够做到相互联系、相互渗透，才是一个十分重要的问题。这不仅是现代科学发展的需要，也是提高本科教学质量的要求。

福州大学化学系根据学校办学特点与学科发展的需要，从办学初期以来就独立开设《结晶化学》课程。这门课程在内容上包括几何结晶学、X 射线晶体结构分析、晶体化学和晶体物理四大部分。在几何结晶学章节部分着重介绍晶体内部的结构规律，通过晶体内部结构规律的归纳总结充分讨论了晶体的本征特性。在此基础上，对晶体的对称性问题给予全面的介绍，同时在 X 射线晶体结构分析这一章中详细讨论了晶体对 X 射线衍射的基本原理与实验方法，并简单介绍了晶体 X 射线衍射过程的某些实际应用。在晶体化学章节部分主要介绍了单质金属和单质非金属晶体、离子化合物晶体、复杂化合物晶体（主要为硅酸盐和分子筛晶体）的结构规律及其性能间的关系。此外，由于近年来材料科学的发展，诸如对非线性光学晶体材料、激光材料、铁电材料、磁光材料、超导材料等结构与性能方面的大量研究，本书也考虑增加编写了晶体物理部分的内容。由于学时与篇幅的要求，我们对课程基本知识点和原理部分的叙述较为详细，对于一些具体例子不予详尽的介绍。因此本书可以作为所有化学与应用化学专业的本科生课程教材或研究生课程选修或参考教材。考虑目前学科的发展与相互间的渗透，本书也适用于化学工程、材料化学、生物化学、医药化学等学科的学生作为参考书。

参加本书编写工作的有林树坤教授（绪论、第一、二、三、四章）、高绍康教授（第五章）。本书的编写曾得到陈建中教授的指导，王彬、胡晓玲老师的帮助，在此表示感谢。

由于时间仓促，书中存在不足之处在所难免，敬请读者不吝赐教，以便再版时予以修订，充实和完善。

目录

绪　论 …………………………………………………………………… 1

第 1 章　晶体及晶体的投影

1.1　晶体 ……………………………………………………………… 6
1.1.1　晶体的定义……………………………………………… 6
1.1.2　晶体的特性……………………………………………… 7
1.2　晶体结构和空间点阵 …………………………………………… 9
1.2.1　晶体结构中质点分布的周期性………………………… 9
1.2.2　空间点阵的概念和晶体的严格定义 ………………… 10
1.2.3　空间点阵的基本性质及空间点阵的几何形象 … 13
1.2.4　空间格子的形象 ……………………………………… 14
1.2.5　平移群 ………………………………………………… 19
1.3　面角守恒定律和晶体的投影…………………………………… 19
1.3.1　面角守恒定律 ………………………………………… 20
1.3.2　晶体的测量 …………………………………………… 21
1.4　晶体的投影……………………………………………………… 23
1.4.1　晶体的球面投影及其坐标 …………………………… 23
1.4.2　晶体的极射赤平投影与心射极平投影 ……………… 25

习　题 …… 28

第2章　几何结晶学

2.1　晶体的宏观对称性 …… 30
2.1.1　对称性的概念 …… 30
2.1.2　晶体的对称要素 …… 32
2.1.3　对称要素的组合原理 …… 38
2.1.4　32种宏观对称类型 …… 41
2.1.5　对称类型的符号 …… 45
2.1.6　晶体的对称分类 …… 47
2.1.7　对称型的类型 …… 52
2.2　晶体定向和晶面符号 …… 53
2.2.1　晶体的定向和晶体几何常数 …… 53
2.2.2　整数定律和晶体定向的基本原则 …… 57
2.2.3　晶面符号 …… 61
2.3　晶体的微观对称性 …… 62
2.3.1　晶体的微观对称要素 …… 62
2.3.2　晶体的微观对称类型(230种空间群) …… 66
2.3.3　空间群推导举例 …… 72
2.3.4　微观对称性和宏观对称性的关系 …… 74
习　题 …… 75

第3章　晶体X射线结构分析

3.1　X射线的产生及其性质 …… 78
3.1.1　X射线的产生 …… 78
3.1.2　X射线的性质 …… 78
3.2　X射线在晶体中的衍射效应 …… 80
3.3　劳厄方程和布拉格-乌尔夫方程 …… 82
3.3.1　直线点阵衍射条件 …… 82
3.3.2　平面点阵衍射条件 …… 83

3.3.3　空间点阵衍射条件 …… 84
3.3.4　X射线在平面点阵上的“反射” …… 85
3.3.5　布拉格-乌尔夫方程 …… 87
3.4　测定晶胞大小及形状的实验方法 …… 88
3.4.1　劳厄法 …… 88
3.4.2　回转法 …… 89
3.4.3　粉末法 …… 92
3.4.4　衍射仪法 …… 94
3.5　衍射强度公式——晶胞中原子位置的确定 …… 95
3.6　晶体结构分析内容 …… 97
3.7　多晶粉末法的应用 …… 98
3.7.1　确定简单晶体结构点阵型式 …… 98
3.7.2　固体样品的物相分析 …… 101
3.7.3　平均粒度的测定 …… 103
习　题 …… 106

第4章　晶体化学

4.1　单质的晶体结构 …… 110
4.1.1　金属键和金属的一般性质 …… 110
4.1.2　等径圆球的堆积 …… 111
4.1.3　金属元素的晶体结构 …… 115
4.1.4　金属的原子半径 …… 116
4.1.5　非金属元素单质的晶体结构 …… 117
4.1.6　单质晶体结构的过渡 …… 119
4.2　合金的结构 …… 121
4.2.1　金属固溶体 …… 121
4.2.2　金属化合物 …… 122
4.2.3　间隙固溶体 …… 123
4.2.4　钢铁的结构和性能 …… 124
4.3　离子化合物晶体的结构通论 …… 127

4.3.1 离子型化合物晶体结构的描述 …… 127
4.3.2 点阵能 …… 131
4.3.3 点阵能的意义 …… 135
4.3.4 离子半径 …… 135
4.3.5 离子的堆积 …… 137
4.3.6 离子的极化 …… 140
4.3.7 结晶化学定律 …… 144
4.4 鲍林规则及硅酸盐晶体结构 …… 145
4.4.1 鲍林第一规则(负离子多面体规则) …… 145
4.4.2 鲍林第二规则(电价规则) …… 146
4.4.3 鲍林第三规则(负离子多面体公用顶点、棱与面的规则) …… 147
4.4.4 硅酸盐晶体的结构特征 …… 148
4.4.5 硅酸盐的结构分类 …… 149
4.4.6 分子筛的结构与性能 …… 152
4.5 同晶现象(类质同象) …… 159
习 题 …… 161

第 5 章 晶体的物理性质

5.1 张量基础知识 …… 165
5.1.1 张量的概念 …… 165
5.1.2 张量的变换定律 …… 167
5.1.3 二阶张量的几何表示法 …… 171
5.1.4 晶体对称性对晶体物理性质的影响 …… 175
5.2 晶体的力学性质 …… 177
5.2.1 晶体的弹性性质 …… 177
5.2.2 晶体的范性性质 …… 181
5.2.3 晶体的解理性 …… 183
5.2.4 晶体的硬度 …… 183
5.3 晶体的热学性质 …… 185

5.3.1　晶体的导热性质……………………………………………… 185
5.3.2　晶体的热膨胀………………………………………………… 188
5.4　晶体的电学性质 ………………………………………………… 190
5.4.1　晶体的介电性质……………………………………………… 191
5.4.2　晶体的压电性质……………………………………………… 196
5.4.3　晶体的热释电性质…………………………………………… 198
5.4.4　晶体的铁电性质……………………………………………… 201
5.5　晶体的磁学性质 ………………………………………………… 205
5.5.1　晶体的磁性…………………………………………………… 206
5.5.2　磁致伸缩与磁弹性能………………………………………… 215
5.5.3　磁光效应……………………………………………………… 218
5.5.4　磁信息(记录)、磁光及磁致伸缩材料 ………………… 220
5.6　晶体的光学性质 ………………………………………………… 224
5.6.1　晶体的颜色及呈色机理……………………………………… 224
5.6.2　晶体的发光性………………………………………………… 228
5.6.3　晶体光学基础………………………………………………… 230
5.6.4　晶体中的双折射现象………………………………………… 233
5.6.5　晶体光学的几何示性面——光率体和折射率面……………………………………………………… 234
5.6.6　晶体折射率色散……………………………………………… 242
5.6.7　晶体的电光效应……………………………………………… 244
5.6.8　晶体的弹光效应与声光效应………………………………… 247
5.6.9　晶体的非线性光学效应……………………………………… 250
习　题……………………………………………………………………… 260

参考文献………………………………………………………………… 262

绪论

结晶化学是研究晶体的生成、外部形态、化学成分、晶体结构、物理性质及其相互关系的一门学科。在自然界中广泛存在晶体，从自然界的冰雪和矿物、日常生活中的食盐和食糖到工业上的陶瓷和钢材以及固态药品和试剂等都是晶体。结晶化学的知识被广泛应用于地质、冶金、化工、材料科学、生物工程、农业生产和尖端科学技术中。

结晶化学的发展已有300多年的历史，它经历了晶体形态学、晶体结构几何学、晶体化学、准晶体学、对称性理论和现代晶体化学漫长的研究过程。和其他学科一样，它也随着人类社会生产力的发展而逐渐发展起来。它的发展过程如同人们认识事物的过程一样，是从外到内、由简单到复杂。

17世纪以后，结晶化学作为一门科学得到发展。人们在从事结晶学的研究中，发现了许多与结晶体本质有关的现象。18世纪为几何结晶学的主要发展时期，直至19世纪几何结晶学逐渐走向完备，达到了成熟阶段，并开始进行晶体构造学方面的研究。到了19世纪末X射线被人们发现后，为结晶化学发展提供了强有力的实验工具。20世纪初，人们把X射线应用于研究晶体内部构造中。这样使得结晶学的发展大大地向前推进一步，从而出现了结晶化学的许多新分支，相应地也产生了许多新的理论。

17世纪人们在研究晶体过程只注意晶体的外表研究，并开始注意到晶体的光学性质。

1669 年丹麦学者斯丹诺(N. Steno 1638—1686)对石英和赤铁矿晶体研究过程后,首先发现了晶体的面角守恒定律(又称斯丹诺定律)。这一定律的发现奠定了几何结晶学的基础,使人们从千姿百态的晶体外形中找到其最初的规律。

1678 年荷兰学者惠更斯(C. Huygens 1629—1695)根据方解石的解理和双折射性质,提出了晶体内部是由一定形状的物质质点作规则的重叠而成的,这一观点是晶体构造思想的最早萌芽。

1784 年法国学者阿羽依(R. J. Hauy 1743—1822)基于对方解石晶体沿着解理面开裂性质的观察,发表了晶体结构的新见解,提出晶体是由无数个具有多面体形状的原始"组成单位"在三维空间无间隙地平行堆砌而成。他的这种思想奠定了晶体构造学的基础。1801 年阿羽依发表了著名的整数定律(又称阿羽依定律),从而合理地解释了晶体外形与其内部构造间的关系。

1805 至 1809 年间,德国学者魏斯(C. S. Weiss 1780—1856)根据对晶体的面角测量数据进行晶体投影和晶体理想形态的绘制等实验方法,确定了晶体外形的对称定律。他指出晶体只存在 1、2、3、4、6 次对称旋转轴,并于 1813 年首先将晶体分为六大晶系。他的这些工作为晶体的合理分类奠定了基础。与此同时,他又确定了结晶学中另一个重要定律——晶带定律(又称魏斯定律),从而进一步阐明了晶体对称要素之间的关系。

1867 年俄国学者加多林(A. B. Jadolin 1828—1892)用严谨的数学方法加以推导,得出了 32 种晶体宏观对称类型,引起人们的重视,从而完成了晶体外形对称的总结工作,为晶体的分类奠定了更加严密的基础。晶体内部构造理论的研究工作,随着几何结晶学的深入开展,同时也得到了迅速的发展。

1855 年法国结晶学家布拉维(A. Bravais 1811—1863)运用严格的数学方法推导出了晶体构造中 14 种空间格子,成为近代晶体构造理论的奠基人。

1889 年俄国结晶学家、现代结晶学的奠基人费多罗夫(Fedorov

1853—1919)第一个提出反映滑移这一新的对称操作过程，运用数学的方法推导出了晶体结构中一切可能的对称要素组合方式，即230种空间群(费多罗夫群)。这一理论成为一切有关晶体构造的研究基础。至此，晶体构造的理论研究工作已经发展得相当的成熟，为晶体结构的分析建立了理论基础，并提供了晶体结构分析的可能。

20世纪初，1912年德国学者劳厄(M. V. Laue 1879—1960)第一次成功地进行了X射线通过晶体时发生衍射的实验，从而揭示并证实了晶体内部构造的真实性。之后，在劳厄的指导下弗瑞德里奇和克尼平利用X射线通过闪锌矿晶体时，同样成功地获得了清晰的衍射斑点，从而进一步证实了劳厄的设想。由于劳厄实验的成功，使结晶学进入了一个蓬勃发展的阶段。它不仅证实了晶体构造的理论，而且更重要的是提供了用X射线来研究晶体结构的可能，为晶体构造学的发展开辟了广阔的前景，因而也形成了一门新的学科——X射线晶体学。

1913年英国学者布拉格(W. H. Bragg 1862—1942)和俄国学者乌尔夫(1863 —1925)相应导出了X射线晶体结构分析的基本公式，即著名的布拉格-乌尔夫公式。历史上首先被人们所认识的NaCl和KCl晶体构造也被揭示。从此，X射线晶体结构的研究工作得以广泛地开展，许多晶体的内部构造也都一一被揭示出来。人们对晶体的研究打开了新的思路，不仅仅限于化学组成，也涉及晶形和物性的相互关系，并深入到晶体的内部构造中去。于是结晶学的又一个分支——晶体化学经过长期的孕育得到了蓬勃的发展，近代结晶化学也相继取得了许多重大的成就。

晶体化学是研究晶体在原子水平上的结构理论，它揭示晶体化学组成、结构与性能三者间的内在联系及其有关原理。晶体化学一般按体系的类别及其组成分类进行规律性的研究。哥希密特(V. M. Goldschmidt) 在无机化合物的晶体结构中，计算了很多离子的半径，并从晶体结构数据中归纳总结出了晶体结构与组成者之间数量、大小以及极化性能关系的结晶化学定律。鲍林(L. C. Pauling) 提出了复杂无机物晶体中离子排列的五项规则，高度概括了离子晶体中形成配位多面体的原理及制约多面体间连接的规律，因而在研究复杂化合物晶体结构和解决硅酸盐的结构问题等方面做出了很大的贡献。

结晶化学的研究内容包括如下几个方面。

(1) 晶体生长学。研究晶体的生成、成长的机理和晶体的人工合成,用于追溯自然界晶体形成的环境并指导晶体的人工制备。

(2) 几何结晶学。研究晶体构造理论、晶体的对称性、晶体外形的几何规律,是结晶化学的经典内容和基础。

(3) 晶体结构学。研究晶体中质点排布的规律及其实验测定方法,晶体结构资料的获取,为阐明晶体的一系列现象和性质提供依据。

(4) 晶体化学。研究晶体化学组成、结构与晶体性能及形成条件的关系,其理论用于解释晶体的一系列现象和性质,并指导发现或制备具有预期特性的晶体。

(5) 晶体物理学。研究晶体的物理性能及其产生机理,对于更好地应用晶体的特殊性能有重要指导意义。

结晶化学的研究手段和方法如下。

(1) 研究晶体化学成分一般采用化学分析、光谱分析和电子探针分析等。

(2) 研究晶体结构的基本方法是X射线衍射分析。为了特殊需要还须采用透射电镜和红外光谱、穆斯堡尔谱等各种谱学方法作为辅助分析手段。

(3) 对晶体形貌的研究,传统的测角术仍是基本方法。研究晶体表面微观形貌,还需要借助干涉显微镜和电子显微镜进行晶体表面的研究。

(4) 对晶体生长的研究,除对天然晶体的观测外,主要是通过人工晶体的培养,研究晶体生长机理,并合成所需的各种晶体。

(5) 对晶体的各种物理性能的研究和物理常数的测定,常采用偏光显微镜、电子显微镜、波谱分析和电学、磁学、热学、力学等各种测定方法。

结晶化学与其他学科的关系如下。

结晶化学在理论和应用上都需要数学、物理学特别是固体物理学的知识和理论。新技术的引入也大大促进了现代结晶化学的发展。晶体化学探讨组成与结构的关系更需要化学基础。结晶化学的成果也丰富了物理学和化学的内容,促进了它们的发展。

自然界的矿物都是晶体,矿物是地壳和地幔的组成单位,因而结晶学是地球科学,特别是研究其物质组成的化学、材料学、矿物学、岩石学、矿床学、地球化学的基础。蛋白质等许多生物体也是晶体,因此结晶化学也是生物学的基础。

第1章 晶体及晶体的投影

1.1 晶体

1.1.1 晶体的定义

结晶化学是以晶体为研究对象的一门自然科学。

在开始研究晶体结构前，首先要明确什么是晶体。在自然界中人们与很多天然晶体接触，从而建立了这样一个初步的印象：具有整齐多面体外形的固体物质就称为晶体，如六角柱状的水晶、立方体的食盐、菱形体的方解石、六边形花瓣状的雪花等。

但是自然界中也还有很多晶态物质其外形不呈整齐的多面体。例如，碎片水晶，其性质和六角柱状的水晶完全一样，所以也应该认为是晶体。又如金属，肉眼看起来不像晶体，但在显微镜下仍可确定它们是由很多小的单个晶体堆积而成的。再如，花岗石和某些化学沉淀物的颗粒，它们的外形不像晶体，但可用光学的方法证明，从它们内部结构与表现出来的各种性质来说，也属于晶体。

因此，晶体物质在自然界中的分布非常广泛。可以这样说，自然界中的固体物质绝大多数都是晶体物质，整个岩石矿物界（除极少数例外），工业产品中的金属、合金、硅酸盐制品（除玻璃外）。大多数的无机化合物和有机化合物，甚至包括植物纤维，它们也都是晶体物质。

如上所述，晶体有的具有整齐外形，如食盐及水晶，有的不具有整齐外形，如金属及很多化学沉淀物。究竟一切晶体物质共同的特性是什么呢？对于这个问题，人们很早就从晶体外形的规律性中推测到晶体内部构造中的规律性。但这种推测一直到 1912 年用 X 射线研究晶体的实验方法被发现以后，才得到了证实。

X 射线研究的结果表明，一切晶体是由在空间排列得很有规律的微粒组成的，如食盐晶体内部结构就是由如图 1-1 所示的立方体（食盐的晶胞）在三维空间并排密积堆砌而成的。

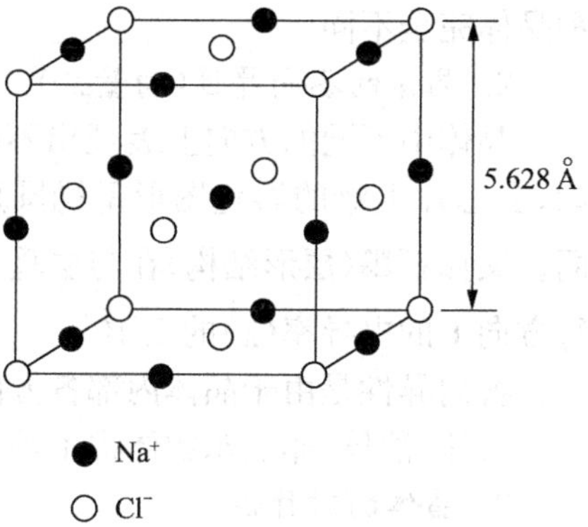

图 1-1　食盐晶体的晶胞结构图

当然，晶体的大小只随晶胞的数目多少而变。在一切氯化钠晶体中，不论晶体的大小或有无平整的晶面，其内部的晶胞本身和晶胞在空间重复出现的方式都是一样的。

1.1.2　晶体的特性

每一种晶体都表现出其固有性质，这些性质取决于晶体的组成和结构。不同的晶体可以具有不同的化学组成和不同的结构，也可以具有相同的化学组成和不同的结构，还可以具有不同的化学组成和相同的结构，而相同的晶体一定具有相同的化学组成和相同的结构。虽然每种晶体都会表现出有别于其他晶体的个性，但只要是晶体都会表现出下述共有

---

① 1Å$=1\times10^{-10}$m。

的特殊性质，而这些性质都和晶体内部微粒排列的规律性(周期性)有关。

1. 晶体的均匀性

在一块晶体中，取任意的 A、B 两个单元部分其性质完全相同，这就是晶体的均匀性。晶体的均匀性只可能在宏观观察中表现出来，它是由于晶体内部按照晶胞重复排列的结果，即宏观看来，这块晶体就是连续的、均匀的。但是，在微观观察中，晶体内部结构却是不连续的、粒性的、非均匀的。

气体、液体、非晶态物体也具有均匀性，但它们的均匀性是由于微粒排列的极度混乱，物质各种性质都是平均值，因而其均匀性在本质上和晶体完全不同。

2. 晶体的各向异性(向量性)

晶体中不同的方向上表现出不同的性质，这就称为各向异性。例如，云母片上蜡的熔化图形呈椭圆形，说明不同方向上的导热速度不同。又如石墨(层形结构)在与层垂直的方向上的电导率(χ)只是层平行方向上的电导率(χ)的 $1/10^4$。

各向异性是由于晶体内部各方向上微粒排列的情况不同所致。

气体、液体、非晶态物体都不具有各向异性，而是各向同性的。

3. 晶体的对称性

所有晶体都或多或少地存在对称性。也就是说，各种晶体的对称程度各有高低，但都具有对称性。例如，食盐晶体具有立方体外形，雪花都呈现六边形的花瓣形状，而不是呈其他任意的不规则形状，这些都说明晶体存在对称性。

晶体的对称性，当然也是由内部微粒排列的规律性所引起的，非晶体就不具有对称性。

4. 晶体能使 X 射线产生衍射作用

晶体的衍射原理将在第 3 章中介绍，这个特性也是由于晶体内部微粒排列的规律性所引起的。

晶体的特性还有其他一些，如自范性、固定熔点等。但总而言之，这些特性都是由于晶体内部微粒周期性排列所致。要研究晶体的结构和性质，首先必须了解晶体内部的周期排列问题。

1.2 晶体结构和空间点阵

1.2.1 晶体结构中质点分布的周期性

在 NaCl 晶体结构中，每一个 Cl^- 离子中心点的前后、左右、上下均是 Na^+ 离子，每一个 Na^+ 离子的前后、左右、上下则均为 Cl^- 离子。这就是说，若考虑 Cl^- 离子为中心点，其周围的物质环境及此中心点在晶体结构中所处的几何环境均是相同的。反之，所有 Na^+ 离子中心点也是如此。晶体结构中几何环境和物质环境完全相同的点，属于一类等同点。因此，NaCl 晶体结构中所有 Na^+ 离子中心点属于一类等同点，所有 Cl^- 离子中心点属于另一类等同点。必须指出，不仅原子或离子所在点可以构成等同点，就是在晶体结构空间中任意位置上一点亦可找到与之具有相同环境的等同点。如图 1－2 所示，在 NaCl 晶体结构的一个平面结构图上（空心圈代表 Cl^-，实心圈代表 Na^+），将 Cl^- 离子与 Na^+ 离子间分成 2∶1 的 M 点，或其他位置上的点，均可在整个结构中找到它们的等同点。因此，在一个晶体结构中实际上可以找到无数套的等同点。

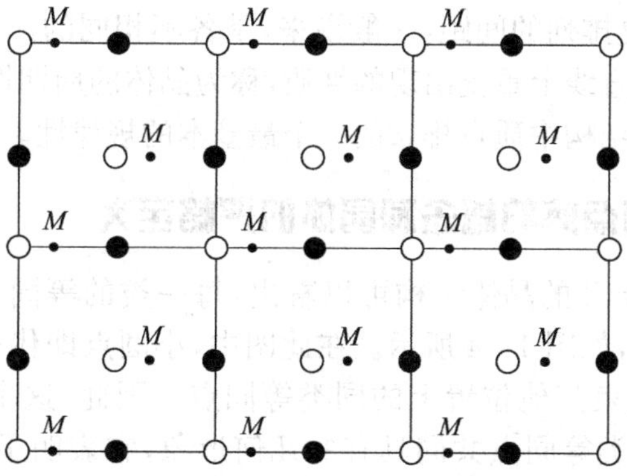

图 1－2　在 NaCl 晶体平面结构中抽取的等同点

如图 1－3 所示的石墨层形分子结构中，圆圈和圆点虽然均表示碳原子的中心点，可是它们在结构中各自的环境并不相同，因此属于两类等同点。

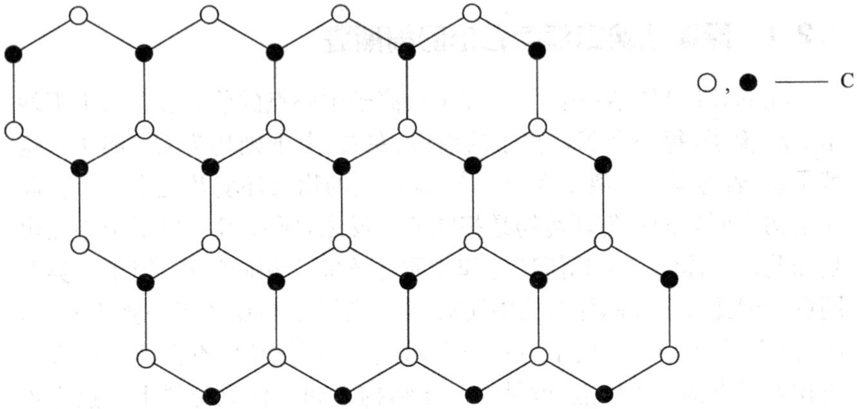

图 1-3 石墨层形结构中碳原子位置及等同点

在晶体结构中排列在一直线上的各类等同点，其相邻的两个同类等同点间的距离皆相等。图 1-1 中某轴向上相邻的两个 Na^+ 离子，相邻的两个 Cl^- 离子间的距离皆为 5.628Å。换言之，同一晶体结构中在一直线上的各类等同点皆以相同的距离重复出现。在方向不同的直线上，等同点重复排列的间距，一般说来，是各不相同的。等同点以等距离在同方向的直线上重复出现的性质，称为晶体的周期性，这是所有晶体物质的内部结构中质点排布的一个最基本的规律性。

1.2.2 空间点阵的概念和晶体的严格定义

从考察 NaCl 的晶体结构可以看出，每一类的等同点所构成的图形都是一样的，如图 1-4 所示。在此图中，小圆点即代表 Na^+ 离子或 Cl^- 离子，也代表其他位置上的同类等同点。因此，这个图形是 NaCl 晶体结构中各类等同点共同具有的几何形象，它表明了 NaCl 晶体结构中各类等同点在空间排列情况的几何规律性。在研究某一晶体结构中各类质点排列的规律性时，为了概括晶体中各类等同点排列情况的规律，常将各类等同点概括地表示为抽象的几何点，这种几何点称为结点。图 1-4 中的小圆点就是结点，由结点排列成的三维图形就是上述能概括地表明各类等同点在晶体空间结构中排列规律的图形，称为晶体结构的空间点阵。

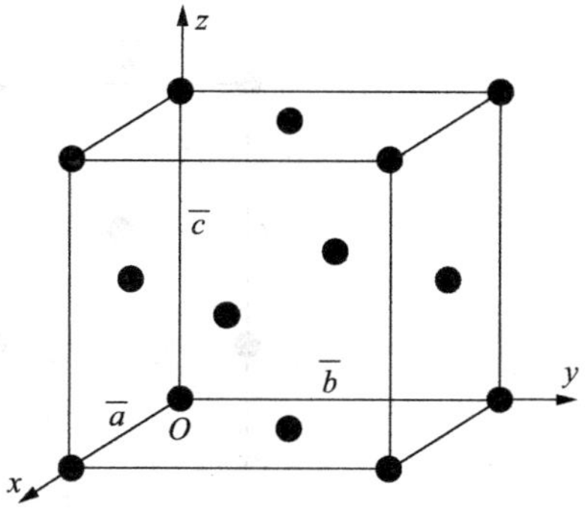

图 1-4　NaCl 的晶体结构中质点排列的规律性

在空间点阵中位于一直线上的结点均以相等距离重复出现而构成一直线点阵，此直线点阵概括地表明晶体结构中在同方向的直线上各类等同点排列的规律性。直线点阵上相邻的两结点间的距离称为直线点阵的周期，以之作成的向量称为直线点阵的单位向量。图 1-5 就是 NaCl 晶体结构中 x 轴方向上的直线点阵，它的周期为 a=5.628Å。其结点可以代表任一类等同点如 Na^+ 离子、Cl^- 离子、M 点位置等。相邻两结点间的距离作成的单位向量记为 $\boldsymbol{a}$。NaCl 晶体结构中各类等同点在 x 轴方向上的排列规律就用这样一个直线点阵来表明。

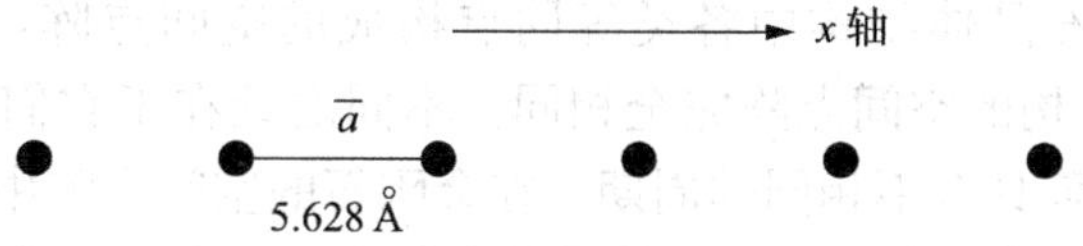

图 1-5　NaCl 晶体结构中某方向上的直线点阵

与直线点阵情况相似，晶体结构中在一平面上分布的各类等同点的排列规律可以用该平面上的结点所构成的图形来说明。这种平面图形概括地表明晶体结构中各类等同点在一平面上的排列规律，称为平面点阵。图 1-6 为 NaCl 晶体结构中垂直 z 轴的所有平行平面上，各类等同点所构成的平面点阵。在此图中 x 轴及 y 轴方向上的周期 a 和 b 均等于 5.628Å。

空间点阵可视为一直线点阵通过两个与 $\boldsymbol{a}$ 互不共面的矢量 $\boldsymbol{b}$、$\boldsymbol{c}$ 平移形成的。在空间点阵中各方向上的直线点阵其周期不全相等。这一

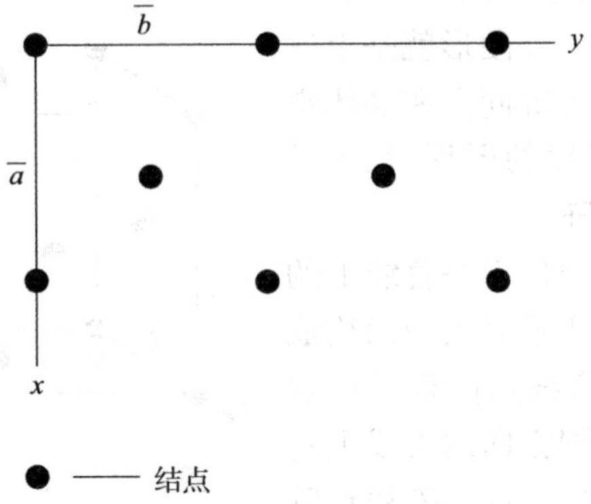

图 1-6 NaCl 晶体结构中垂直 z 轴方向的平面点阵

性质正好说明晶体的各向异性。但是,对于各种特殊的晶体结构来说,在其空间点阵中,往往可以发现在数个特殊方向上的直线点阵的周期是彼此相等的。例如,在 NaCl 晶体结构的空间点阵中 x 轴、y 轴、z 轴三方向的直线点阵的周期皆是 5.628Å。这种性质是由晶体的对称性所决定的,在后面我们将要详细讨论空间点阵的对称性。

在金刚石晶体结构中各类等同点构成的空间点阵,在形态上与 NaCl 晶体结构的空间点阵完全相同。不同之处在于它们相应各方向上的直线点阵具有不相同的周期。在金刚石的空间点阵中 x 轴、y 轴、z 轴方向上的周期为 3.56Å。若不考虑相应方向上直线点阵周期绝对大小的不同,那么金刚石晶体结构中各类等同点的排列规律性与 NaCl 的晶体结构一样都可用如图 1-4 所示的空间点阵来表示。因此,尽管 NaCl 和金刚石的晶体结构是由不同的质点构成的,但它们的空间点阵却是同一种形态的排列规律。

另一方面,石墨与金刚石的晶体结构虽然都是由碳原子构成,但石墨晶体结构的空间点阵与金刚石的空间点阵却截然不同。石墨晶体的空间点阵如图 1-7 所示。

空间点阵是一切晶体内部结构所具有的一个几何形象,这种内部结构的规律性已由 X 射线晶体结构分析加以证实。它表明了构成晶

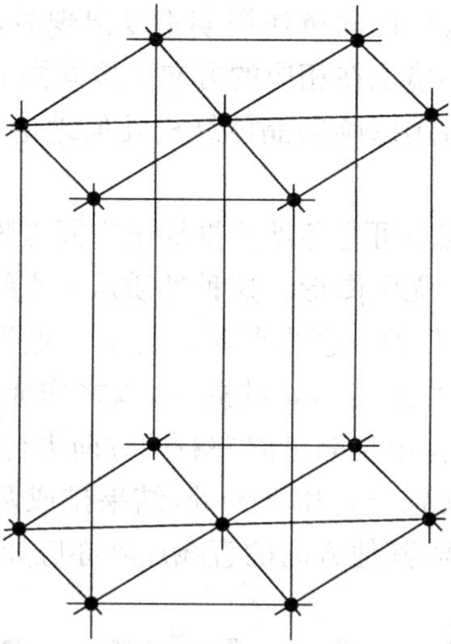

图1－7　石墨晶体结构的空间点阵

体的质点在晶体内部结构中分布的一个基本的几何规律性，而非晶体的内部结构不具有这种几何规律性形象。因此，质点按空间点阵形式作规律排列的性质是晶体与非晶体相区别的一个根本特征。因此，晶体的严格定义应表述为："晶体是其内部构造基元具有空间点阵排列的固体。"

必须指出，空间点阵是由实际晶体结构抽象出来的一个几何形象。其中的结点虽与晶体结构中任一类等同点相当，但只有几何意义，不包含实际内容，因而并非具体的质点。另一方面，抽象的空间点阵却不能脱离实际晶体结构而单独存在，它不是一个无物质基础的纯粹几何图形。

1.2.3　空间点阵的基本性质及空间点阵的几何形象

由于空间点阵是晶体结构中通过抽象各类等同点得到共有的几何形象，因此可以认为空间点阵的结点代表晶体结构中任何一类等同点。很明显，无论代表哪一类等同点，结点都具有周期重复性，且所有结点的几何环境及物质环境皆相同。由此我们可得到一条原则，空间点阵的结点在各方向上按单位向量作周期重复出现时，所有结点周围空间的几何环境与物质环境也在相应的方向上按同样的单位向量作周期的重复出现。此原则常用以阐明晶体结构几何理论上的许多问题，因此称为周期重复原则。

由周期重复原则不可避免地要推导出空间点阵是一个在各方向上都伸展至无限远处的无限图形。这种性质从一直线点阵无限的情况即可证明。图 1-8 中 L 为一直线点阵，0 点和 1 点为直线点阵上相邻的两结点，与两结点间的距离即 a 的周期，以之作成的单位向量记为 $\boldsymbol{a}$。结点 0 以 $-\boldsymbol{a}$ 和 $+\boldsymbol{a}$ 作单位向量向左右两方向进行周期重复，势必要沿一直线方向一直伸展到 $-\infty$ 和 $+\infty$ 处，结果排成两端延伸到无限远处的一直线点阵。同样，其他方向的直线点阵亦应如此。

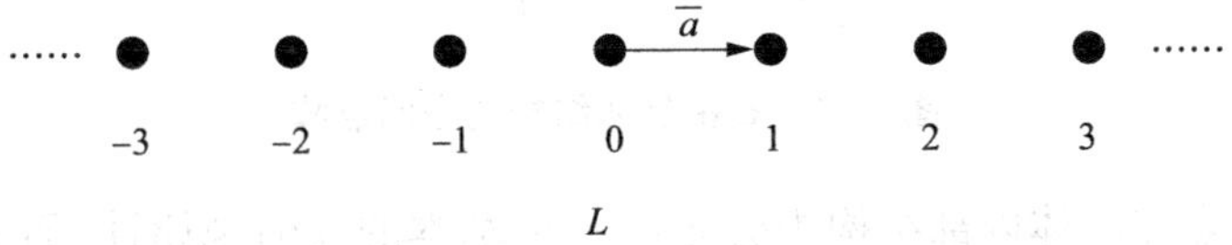

图 1-8　直线点阵

由质点（原子、离子、分子）排列成的晶体结构当然不会占有无限大的空间，但是仍不妨碍我们将空间点阵视为一个无限图形。晶体结构中相邻两质点间距离的长度的数量级为 10^{-1}～10^{-10} m，因此在一晶体内 1cm 线段上所排列的质点数目是很大的，将它视为无限大亦无不可。其次，晶体在适当的环境中，如果原料供应不断，有无限长大的可能性，虽然这是个不可能实现的可能性，但是具有这样的过程趋势。由于这些原因，为了使今后在研究晶体结构中考虑质点排列的某些几何规律性推理上的方便，我们就将空间点阵视为一个无限图形。

1.2.4　空间格子的形象

前面我们只说明空间点阵是结点在三维空间中按周期性规律排列成的无限图形。显然，这样的图形是很难绘制的，而且也不易被人明显地认识，因为构成此图形的结点都是不连续地悬空排列起来的。为了能更加简单明了，且便于认识图形及探讨问题的方便，常用直线将空间点阵的结点串联起来，这样就使空间点阵及其中的直线点阵和平面点阵改变为明显的几何形象。由于用直线串联结点方式不同，所得的几何形象就有各种不同的形态。

在空间点阵中任取两个相邻的结点 A 与 B，由此两点确定一单位向量 $\boldsymbol{a}$。根据周期重复性，由这两个结点可以引导出单位向量为 $\boldsymbol{a}$ 的直线点阵束，如图 1-9 所示。再根据周期重复原则，从空间点阵中所有结点皆可引出单位向量 $\boldsymbol{a}$ 的结点直线。

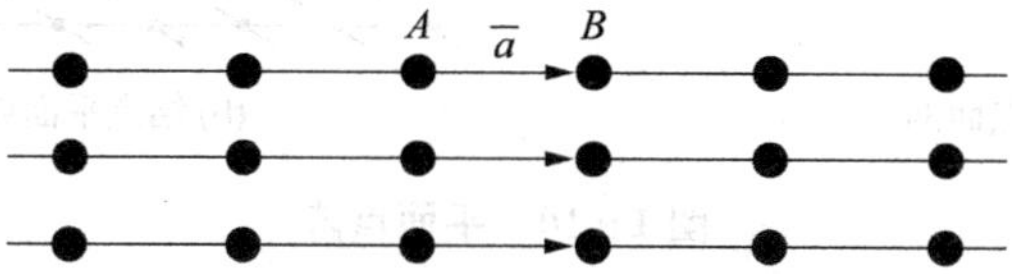

图 1-9　结点直线束

在空间点阵中任取三个不共线的相邻结点 A、B、C，这三个结点确定两个不同直线的单位向量 $\boldsymbol{AB}$ 和 $\boldsymbol{AC}$，如图 1-10(a)所示。

由此三点可以确定一个平面点阵。在该平面点阵上，可以引导出两条结点直线，再由这两条结点直线可引导出两个互相交截的结点直线束，它将平面点阵分成无数个以 AB、AC 为边的平行四边形，称这种平行四边形为平面点阵的单位平行四边形。整个平面点阵变成了由上述平行四边形密接铺砌而成的网状图形，称为结点面网(简称面网)或结点平面。结点面网是平面点阵的一种明显的几何形象。再根据周期重复原则，整个空间点阵可以划分成无数个相互平行具有同样形态的结点面网的集合，称为结点平面族。如图 1-10(b)所示，结点平面族也是空间点阵的一种较为明显的几何形象。

在一空间点阵中任取不在一平面上的四个相邻的结点，O、A、B、C，这四个结点可以确定三个不同的单位向量，根据周期重复性，由此四个不共面的结点可以引导出所考虑的空间点阵。从结点 O 引出三条不共面的结点直线，并进而引导出三个方向上的结点直线束，这三个直线束互相交截，使得空间点阵被划分成无数个以 OA、OB、OC 为边的平行六面体，这种平行六面体称为单位平行六面体。这样，空间点阵就成了由

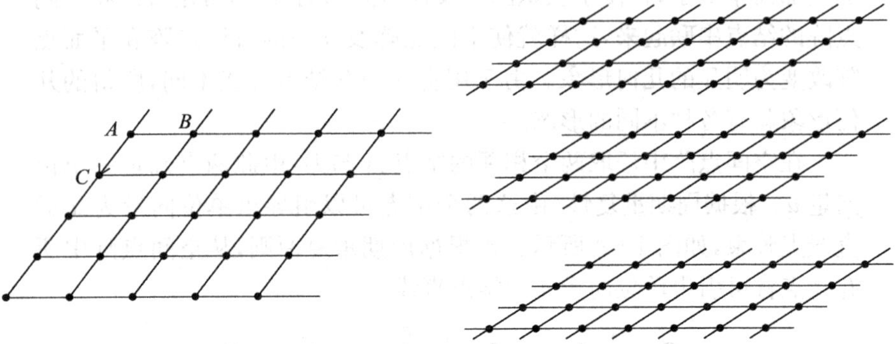

(a) 结点面网　　(b) 结点平面族

图 1－10　平面点阵

无数个单位平行六面体密接堆积而成的格子状图形，称为空间格子。如图 1－11 所示，空间格子为空间点阵的一种明显的几何形象。

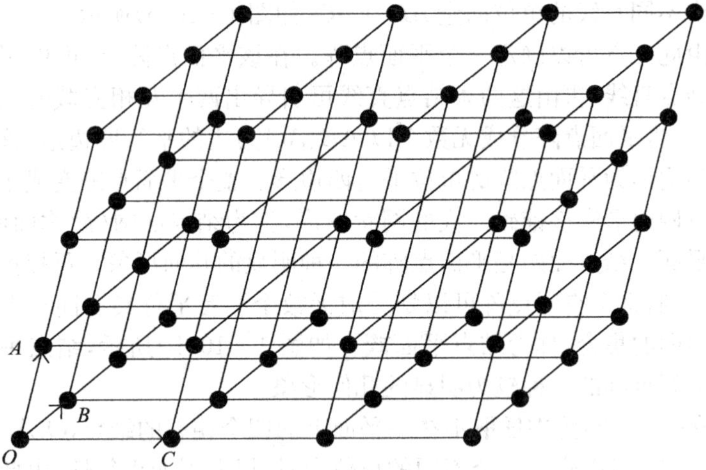

图 1－11　三维空间格子

总的来说，空间点阵的几何形象有三种：(1) 结点直线束；(2) 结点平面族；(3) 空间格子。在这三种几何形象中，空间格子是最常用的一种，因此空间点阵与空间格子常被认作为同义词。结点平面或面网是最常用来表示平面点阵的几何形象，它与平面点阵实际也为同义词。空间点阵中任一方向上的直线点阵可以用该方向上的结点直线表示，因此结点直线与直线点阵也为同义词。

从一平面点阵上不共线的任意三个结点或由它们所决定的两个单位向量就可引导出一种面网。不难看出，同一平面点阵可以具有无数种形态不同的面网作为其几何形象。如图 1－12 所示，在同一个平面点阵中，可由向量 $\boldsymbol{a}_1$、$\boldsymbol{b}_1$，$\boldsymbol{a}_2$、$\boldsymbol{b}_2$，$\boldsymbol{a}_3$、$\boldsymbol{b}_3$，$\boldsymbol{a}_4$、$\boldsymbol{b}_4$ 选出单位平行四边形构成的面网，在这些单位平行四边形中，有一些平行四边形除其四个顶点是结点外，在其他位置上不包含结点，如 $\boldsymbol{a}_1$、$\boldsymbol{b}_1$，$\boldsymbol{a}_2$、$\boldsymbol{b}_2$，$\boldsymbol{a}_3$、$\boldsymbol{b}_3$，这种平行四边形称为简单平行四边形。另外一些单位平行四边形除顶点外，在平行四边形其他位置还含有结点（附加结点），这种单位平行四边形称为复合平行四边形。图 1－12 中的 $\boldsymbol{a}_4$、$\boldsymbol{b}_4$ 向量构成的单位为复合平行四边形。

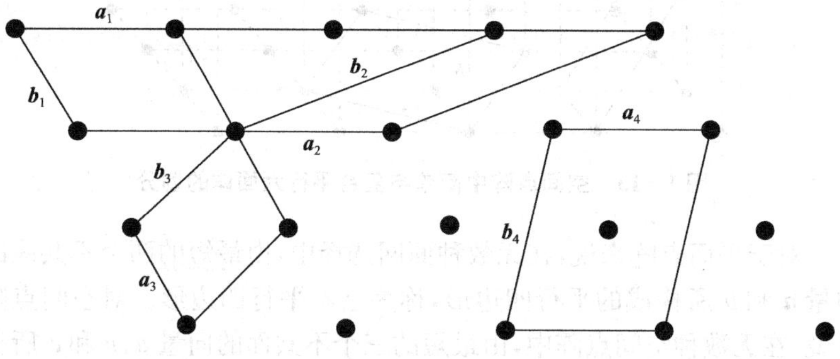

图 1－12　平面点阵中简单与复合平行四边形的划分

空间点阵被划分成单位平行六面体的情况与平面点阵被划分成单位平行四边形的情况相类似。在空间点阵中可以表现为无数种形态不同的空间格子，其中有的是由中空的简单平行六面体构成的，有的是由含有附加结点的复合平行六面体构成的，图 1－13 中由向量 $\boldsymbol{a}_1$、$\boldsymbol{b}_1$，$\boldsymbol{a}_2$、$\boldsymbol{b}_2$ 构成的平行六面体均是简单平行六面体，而由向量 $\boldsymbol{a}_3$、$\boldsymbol{b}_3$，$\boldsymbol{a}_4$、$\boldsymbol{b}_4$ 构成的平行六面体则是复合的平行六面体。

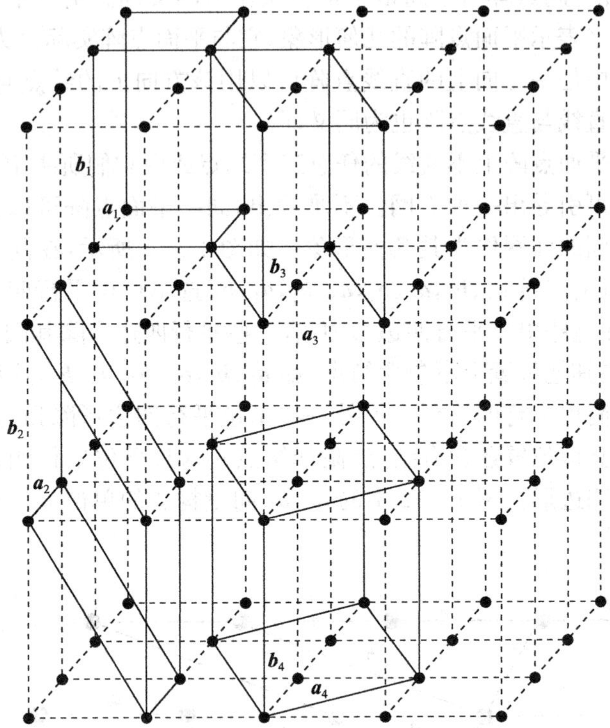

图 1-13　空间点阵中简单与复合平行六面体的划分

对于平面点阵来说，在无数种面网选择中，由最短的两个不共线的向量 $\boldsymbol{a}$ 和 $\boldsymbol{b}$ 所构成的平行四边形，称为基本平行四边形。对空间点阵来说，在无数种空间点阵中，由最短的三个不共面的向量 $\boldsymbol{a}$、$\boldsymbol{b}$ 和 $\boldsymbol{c}$ 所构成的单位平行六面体，称为基本平行六面体，关于基本平行四边形和基本平行六面体，有如下定理：

平面点阵的基本平行四边形必是一个中空的简单平行四边形，空间点阵的基本平行六面体必是一个中空的简单平行六面体。而在这简单的基本单位（也称素单位）中都只包含有一个结点，对应的复合单位（也称复单位）中应含有两个或两个以上的结点。

在晶体的空间点阵中，在无数种空间格子选择中，选取哪一种来构成空间格子才算合适，这是晶体学中很重要的问题。本书将在第 2 章中作详细讨论。

1.2.5 平移群

能使一个点阵复原的全部平移形成一个平移的数学群，称为该点阵对应的平移群。

图形中各点在同一方向上移动同一距离的动作称为平移。图形在平移中移动的方向与距离可用一个向量来规定。一般说来，某图形按某向量进行平移，当图形进行某一动作后，若其中每一点移动至之前一个周围与其相同的相当点所占据的位置上时，这一动作效果如同没有进行平移一样，这种情况称为复原。

对于直线点阵，平面点阵和空间点阵的平移群可以分别写成如下形式：

直线点阵平移群　$\boldsymbol{T}m = m\boldsymbol{a}\,(m=0,\pm1,\pm2,\cdots)$

平面点阵平移群　$\boldsymbol{T}mn = m\boldsymbol{a} + n\boldsymbol{b}\ (m,n=0,\pm1,\pm2,\cdots)$

空间点阵平移群　$\boldsymbol{T}mnr = m\boldsymbol{a} + n\boldsymbol{b} + r\boldsymbol{c}\,(m,n,r=0,\pm1,\pm2,\cdots)$

其中 $\boldsymbol{a}$、$\boldsymbol{b}$、$\boldsymbol{c}$ 必须是能够构成素单位的素向量。

平移群是点阵的数学表达式，正确书写的平移群和点阵必存在下列关系：(1) 用平移群中的任何一向量，对点阵中任一结点进行平移，向量顶端必指向另一结点；(2) 点阵中任意两点间相连的向量必属于平移群。如果不满足这两条就可以断定那些点的排列不成为点阵，或者说平移群写错了。

1.3 面角守恒定律和晶体的投影

由于晶体的自范性，一方面，晶体有自发形成几何多面体外形的固有能力；另一方面，由于受到外界生长条件的影响，晶体经常表现为非理想的外形，从而失去了其固有外形对称性的特征。但人们发现，晶体相对晶面间的夹角并不因生长条件的不同而变化，从而确立了面角守恒定律。在此基础上，人们通过对晶体晶面间夹角的测量和投影来恢复晶体的理想形状，从而揭示晶体外形上所具有的各种几何特性。

1.3.1 面角守恒定律

面角守恒定律是斯丹诺(N. Steno)于1669年首先提出的，故亦称为斯丹诺定律。它的内容是同种晶体之间，相对应晶面间的夹角相等。

所谓面角是指晶面法线间的夹角，其数值等于相应晶面实际夹角的补角。实际夹角守恒，面角当然也守恒。在实际应用上，通常都不用实际夹角，而用面角来表示晶面间的夹角关系。

例如，石英的晶体外形可以各式各样，如图1－14所示。在不同的晶体中，由于各晶面间的相对大小发育不等，致使各晶体的形状也迥然不同，但它们之中任何一组对应晶面间的夹角却保持恒定，亦即遵守面角守恒定律。

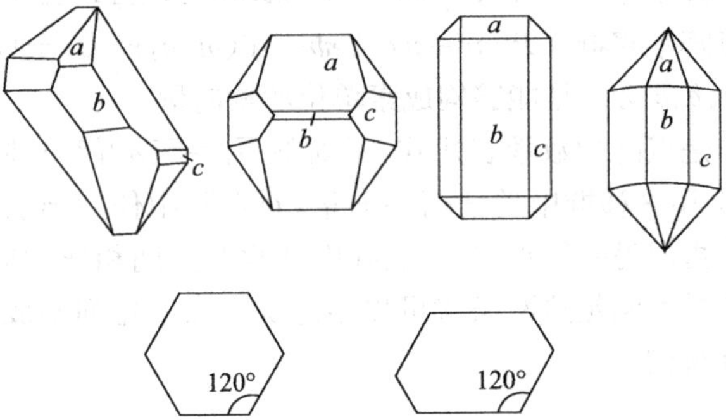

图1－14 石英晶体中其相应面角保持恒定

实际上，根据晶体的格子构造理论，不难阐明面角守恒现象的必然性。这是因为同种晶体具有相同形式的格子构造，而晶体外形上的对应晶面就是格子构造中的对应面网。在晶体生长过程中，它们各自的面网都是平行地向外推移的，因此不论晶面长得大小如何，对应晶面间的夹角始终保持恒定。

面角守恒定律的确立，使人们从千变万化的实际晶体中，找到了晶体外形上所固有的规律性，再根据面角间关系得以恢复晶体的理想形状，从而奠定了几何晶体学的基础，并促使人们进一步去探索这些规律的根本原因。

1.3.2 晶体的测量

由面角守恒定律可知，只要了解了各晶面间的面角关系，就有可能恢复出晶体的理想几何外形。为此，我们需要对晶面夹角进行实际测量，以便获得面角的数据。这项工作便是晶体的测量，或称晶体测角。它是研究一个实际晶体的几何外形时所必须进行的第一步工作。

晶体测量的方法可以分为两类：一类是其测得的数据直接就是各对晶面间的面角值；另一类所得到的则是每一个晶面的所谓球面坐标值。

直接测量面角时，对于大晶体可以利用如图 1－15 所示的接触测角仪来进行，或者由一个半圆规以及转轴固定于其圆心上的一个活动臂所构成。测量时，使欲测的两个晶面均与半圆规平面相垂直，并使半圆规的底边和活动臂的边分别恰好紧贴着该二晶面，此时，活动臂上读数线所指的度数就是该二晶面的面角。接触测角仪的测量精度一般只达到 1°/2。

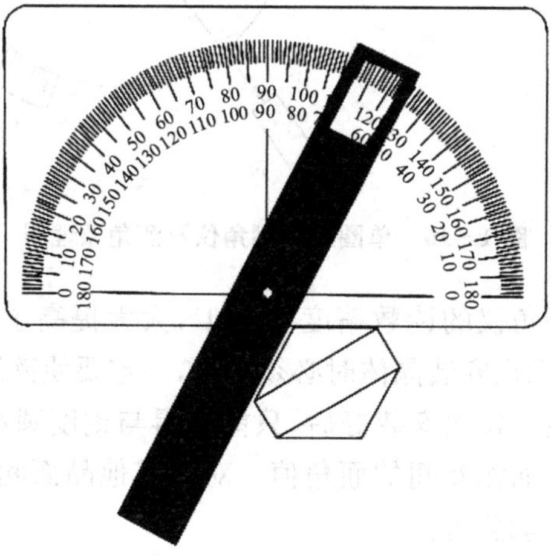

图 1－15 接触式测角仪

接触测角仪对于小晶体就无法测量了，此时可利用单圈反射测角仪来测量。单圈反射测角仪的基本工作原理如图 1－16 所示：M 为一个可以旋转的刻度圆盘，Y 为游标，K 和 F 分别为平行光管和视物管，后两者的轴线均与 M 的轴线相垂直，且三者交于一点 O。晶体就安装在此交点位置上，且使欲测的 a、b 二晶面均与 M 的轴线平行，整个晶体可随 M 的旋转而绕其轴线旋转。由光源 L 发出的光线，通过 K 后形成一束平行光束投射于晶体上。当旋转转盘 M 时，可使晶面 a 的法线转到恰好位于 OK 与 OF 的角平分线位置上。由于晶面相当于一个镜面，且反射角等于入射角。所以此时在 F 中将可接收到晶面 a 反射过来的"光信号"，读出 M 转盘上此时的度数，设为 α_1。然后再次旋转 M，使另一晶面的法线恰好落到 OK 与 OF 的角平分线位置上，此时在 F 中将第二次接收到"光信号"，再取下读数，设为 α_2。显然，α_1 与 α_2 之差就是 a、b 二晶面法线间的夹角，即可获得两者间的面角。

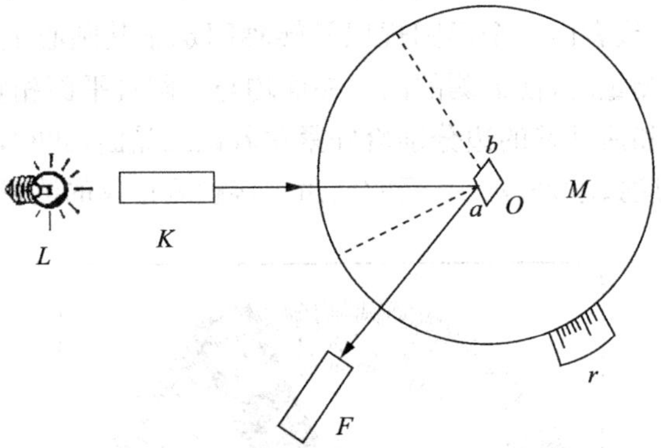

图 1－16　单圈反射测角仪及测角原理图

单圈反射测角仪的读数精度可达 $1'$，大大提高了测量的精确度。但是，其相应要求在安装晶体时必须准确，一定要使欲测晶面均平行于刻度圆盘的轴线。每次安装好后，只能测得与刻度圆盘轴线相平行的一组晶面中各晶面相互间的面角值。对于其他晶面间的面角，必须重新安装晶体后方能测得。

为了避免上述缺点，现在一般都采用双圈反射测角仪。如图 1－17

图 1－17　双圈反射测角仪

所示，后者的构造与单圈反射测角仪基本相同，所不同的只是晶体可以绕两个相互垂直的轴线旋转，并相应地有两个刻度圆盘。此时，从理论上讲，任意方向的一个晶面，经过轴线相互垂直的两个旋转，必定可以把它转到反射位置上去，也就是使晶面的法线落到平行光管与视物管两者轴线角平分线位置上去。但由此得出的并不直接是面角值，而是对于两个旋转，每个晶面都有两个读数，它们正好就是晶面的一组球面坐标值(见下节)。

1.4　晶体的投影

1.4.1　晶体的球面投影及其坐标

通过晶体测量，可以得到一系列的测量数据。但是，由这些数据还不能直观地给出晶面在空间分布的规律性。为了解决这一问题，还需要将测量的数据转换成一定形式的图形，这便是晶体的投影。晶体在投影过程中，首先需要进行晶体的球面投影，然后再转换成球面投影图。

1. 晶体的球面投影

晶体的球面投影是各晶面法线在球面上的投影。其投影方法是设想以晶体的中心为球心，任意长为半径，作一球面。然后从球心出发，引每一晶面的法线，延长后各自交球面于一点，见图 1－18(a)，这些点便是相应晶面的球面投影点。

由于晶体的投影是各个晶面法线的投影，它实质上是直线方向的

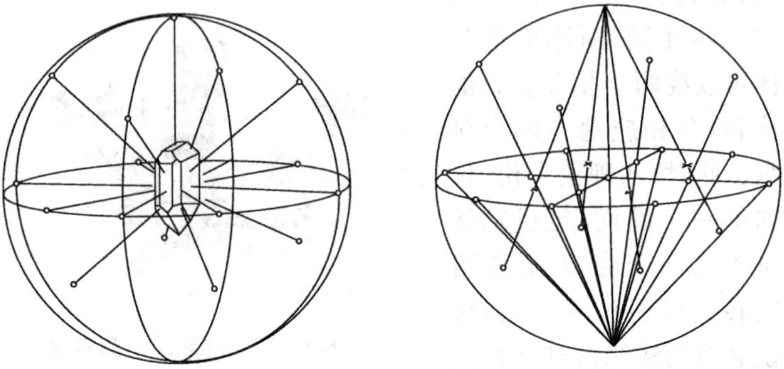

(a) (b)

图 1－18 晶体的晶面投影

投影，而不是平面本身的投影，因此晶体上的各种直线方向，如晶棱等的投影，其基本情况与之完全相同。只是在进行投影时，首先应将直线平移，使之通过投影球球心，然后延长。此时它将与投影球球面在相对的两侧各交于一点，此两点便是该直线方向的一对球面投影点。但由于这样的一对投影点实际上只是投影球中同一直径的两个相反端点的投影，所以一般只需画出其中的一个投影点就够了。

至于对晶体中的平面本身进行投影时，则是首先将平面进行平移使之通过投影球球心，然后延展，与球面相截成一个大圆，其所截的大圆即是该平面本身的球面投影。

所谓的大圆是指球面上其球面半径为 90°的圆，亦即与球面上某个定点间的角距均为 90°的各点所连成的圆。因此，大圆也就是指球面上其平面半径等于球半径的圆。与大圆相对应的还有所谓的小圆，它是指球面上其球面半径小于 90°的圆。显然，小圆的平面半径必定小于球半径。

2. 球面坐标

我们已知晶面法线与投影球面的交点，就是该晶面的球面投影点。如果在投影球球面上画经纬线，那么正如地球上任一地点的方位都可以用经纬度来表示一样，球面投影点在球面上的方位也可用两个相应的数值加以确定。

投影球球面上的坐标网线，其性质与地球上的经纬线完全相同，只是在计数方法上有所不同。在球面坐标网中，如图 1－19 所示，与纬度相当的是极距角 ρ，与经度相当的则是方位角 φ。极距角是以北极为 0°，沿任一经线向南递增，赤道上的极距角 ρ 等于 90°，南极则为 180°；方位角是以所选定的某一经线为 0°，沿任一纬线由东向西递增，绕一周为 360°球面上的任一投影点，它与北极间的角距就是它的极距角 ρ 的值；而通过该点的经线与 0°经线之间的角距，则是该点的方位角 φ 的值。极距角 ρ 和方位角 φ 就构成了球面坐标值。球面坐标通常也称为极坐标。

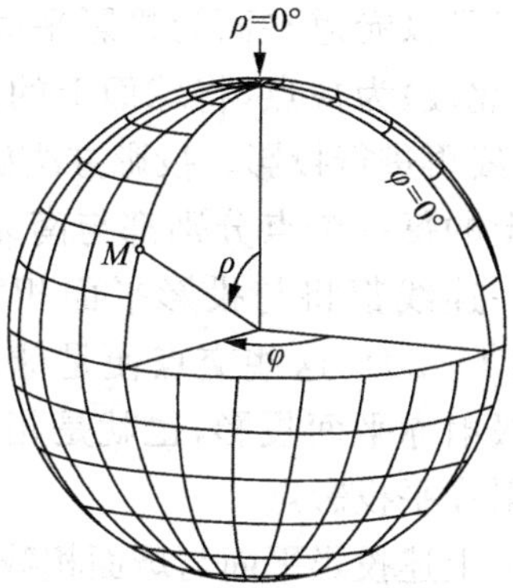

图 1－19　投影球球面上的坐标网线

在晶体测量中，由双圈反射测角仪的两个刻度圆盘上所读的每一组角度值，正好就是各个晶面的极坐标 ρ 和 φ。具体进行测角时，在安装晶体过程中需先选定 $\rho=0°$ 和 $\varphi=0°$ 的两个基准。然后，每当有一晶面借助于转轴相互垂直的两个旋转而到达反射位置时，此时水平刻度盘（转轴为直立方向）上指示的为该晶面的 ρ，而直立刻度盘（转轴为水平方向）上指示的则为 φ。亦即此时相当于球面坐标网的南北轴水平安置（通常使之与水平转轴一致），而赤道水平面始终处于直立。

1.4.2　晶体的极射赤平投影与心射极平投影

由于晶体球面投影的结果是一个立体图形，实际应用时仍不方便，因而还需进一步转换成平面上的投影。

1. 极射赤平投影

平面投影的方法很多，在晶体学中最常用的是极射赤平投影。这一投影方法，在诸如构造地质学、天文学等一些学科中也都有广泛的应用。

如果将球面投影中的投影球与地球相比拟的话，那么极射赤平投影就是以赤道平面为投影平面，以南极(或北极)为视点，将球面上的各个投影点、线再进行投影。投影方法如下：将球面上的每一个点分别都与南北极连线，每一连线都将与投影平面相截于一点(图 1-20)，这些交点便是球面投影点的极射赤平面投影，也就是相应晶面的极射赤平投影点。

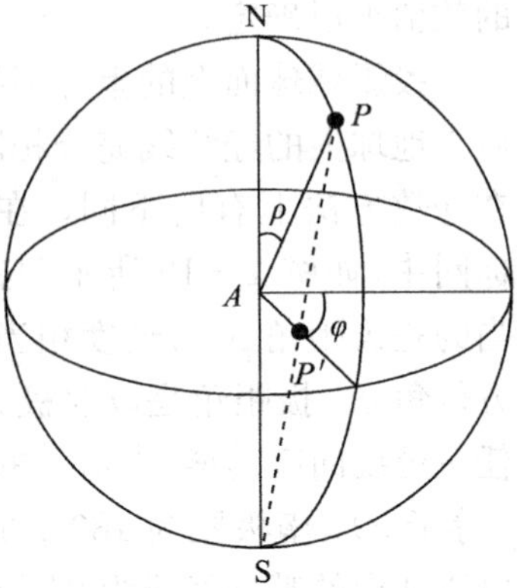

图 1-20 极射赤平投影示意图

上述投影平面与球面相截的圆亦称基圆。显而易见，球面上位于赤道上的点，其极射赤平面投影点将落在基圆；北极的投影点即是基圆的中心；北半球上其他的点，它们的投影都将落在基圆内。但对于南半球上的所有点来说，它们与南极的连线，都将与投影平面相截于基圆外；而且越靠近南极的点，其与投影平面的交点距基圆中心越远。为了避免这一缺点，通常规定，凡北半球上的点均以南极为视点；南半球的点则以北极作为视点。如此，所有投影点的位置都不致落于基圆外。为了区别起见，我们将北半球(包括赤道)上的点的极射赤平投影点标记为“O”，南半球上点标记为“X”；如果南、北半球上的某两个点的投影位置恰好重合时，则记为“⊗”，见图 1-18(b)。

对照图 1-18(a)和(b)可知，平行于投影平面的晶面，其极射赤平投影点位于基圆中心；与投影平面垂直的晶面，将落在基圆上；斜交的晶面则位于基圆内，且晶面越接近于平行投影平面，投影点就越接近基圆中心；反之，越接近于垂直时，就越靠近基圆。

显而易见，与投影平面垂直、平行和斜交的直线方向，它们的极射赤平投影点将分别位于基圆中心、基圆上和基圆内。

对球面上的大圆(它代表空间的平面)进行极射赤平投影时，由于一个大圆通常都将投影平面分割成相等的两半，因而一般只取其位于北半球上的半个圆进行投影，如图 1-21(a)所示，使其上的每个点均与南极连线，从而在投影平面上获得一系列交点，由后者所连接成的一条曲线即是平面的极射赤平投影。数学上可以证明球面上的任一大圆，其极射赤平投影仍然是一个圆（特殊情况下为一直线，即半径等于∞的圆弧），而且它们与基圆的一对交点，必定是基圆中同一直径的两个端点，亦即两者的角距必为 180°。平面上这样的圆弧，同样也称为大圆，或称为大圆弧。

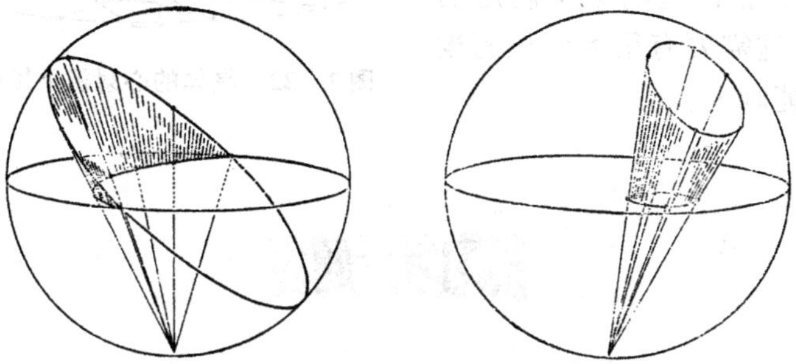
(a)　(b)

图 1－21　平面圆的投影

显然，与投影平面相平行的平面，其极射赤平投影的大圆与基圆重合；垂直于投影平面的平面，其极射赤平投影的大圆表现为基圆的直径；与投影平面斜交的平面，其极射赤平投影的大圆则为一圆弧。

2. 心射极平投影

晶体的投影，除极射赤平投影外，有时也采用心射极平投影。

心射极平投影的特点是在球面投影的基础上，通常选择相切于北极的平面为投影平面，以球心为视点，进行投影。在心射极平投射图上，每个晶面或直线方向的投影都是一个点。其中与投影平面平行的晶面，以及与投影平面垂直的直线方向，它们的投影点位于投影图的中心（即投影平面与投影球的切点）。与投影平面垂直的晶面，以及与投影平面平行的直线方向，它们的投影点都位于无穷远处，因而在投影平面上用箭头来指示。至于球面上的任一大圆，其心射极平投影则均为一直线，见图 1－22。

心射极平投影的优点是同样角距的两个点，它们在心射极平投影图上的直线距离，比在极射赤平投影图上拉得较开，这样可以提高精度。但它的缺点是对于一些接近于垂直投影平面的晶面来说，它们的投影点将位于距投影图中心非常远的某个确定的位置上，这需要有很大面积的投影图才能画上。

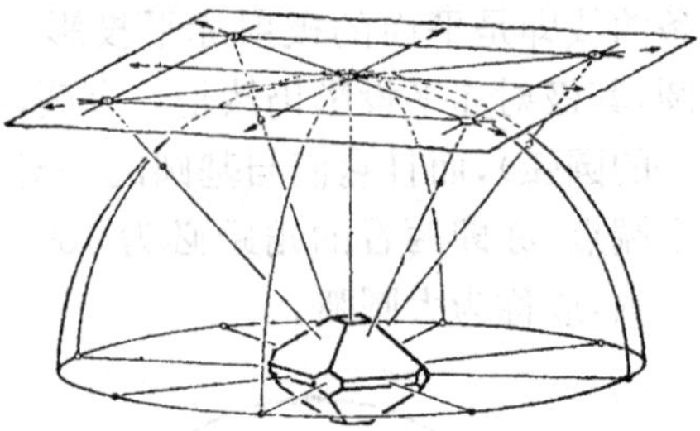

图 1－22 晶体的心射极平投影图

习 题

1. 举出一些现实生活中的例子，说明哪些是晶体与非晶体，并描述晶体的严格定义。
2. 晶体具有哪些特殊性质？为什么？
3. 何谓等同点？它与实际晶体结构有何联系？
4. 在平面点阵中，以素向量 a 和 b（如图）写成平移群 $T_{mn}=m\boldsymbol{a}+n\boldsymbol{b}$，对吗？

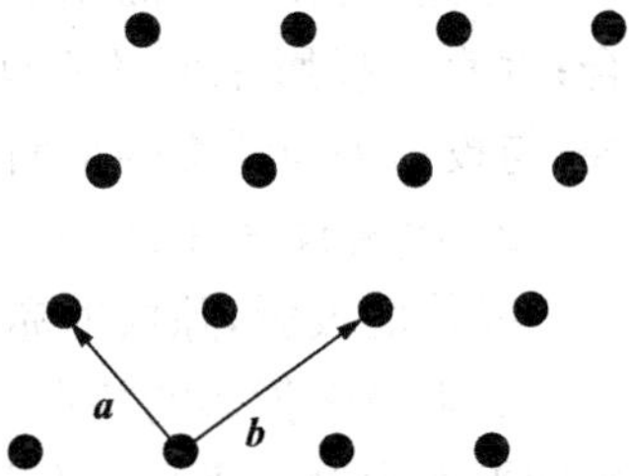

5. 请按点阵定义判断下列在平面上伸展的几组点是否为点阵。并指出 $\boldsymbol{a}$、$\boldsymbol{b}$、$\boldsymbol{c}$、$\boldsymbol{d}$ 等向量能否使该组点复原。

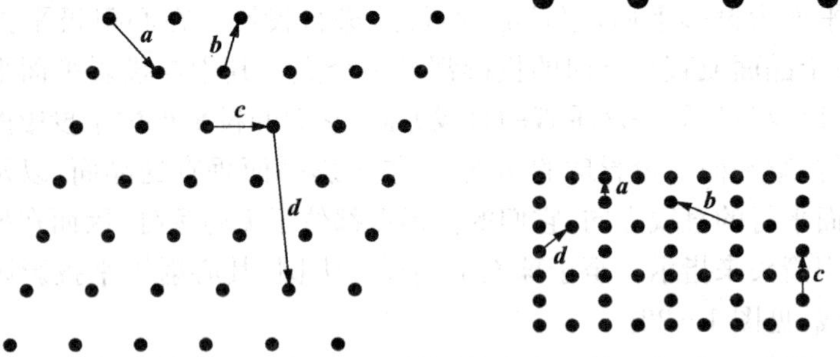

(a) (b)

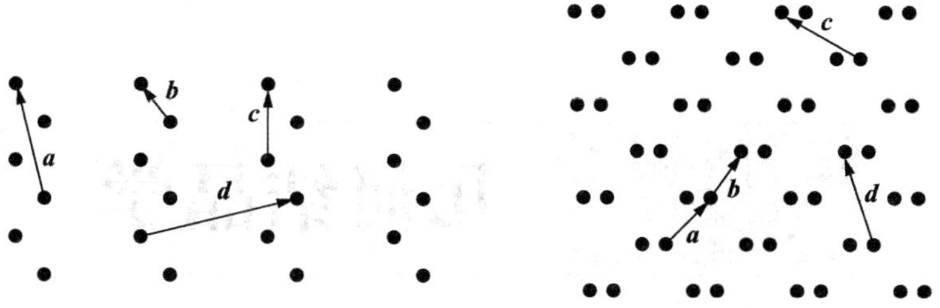

(c)　　　　(d)

6. 由第 5 题的平面点阵结构图中抽取出相应的平面点阵来,并将其划分为平面格子。

7. 石墨分子为图所示的无限伸展的层形分子,请从结构中引出点阵结构单位。已知分子中相邻碳原子的间距为 1.42Å,请指出点阵结构单位中基本向量 ***a*** 和 ***b*** 的长度及它们之间的夹角。每个结点单位中包括几个碳原子?包括几个 C—C 化学键?

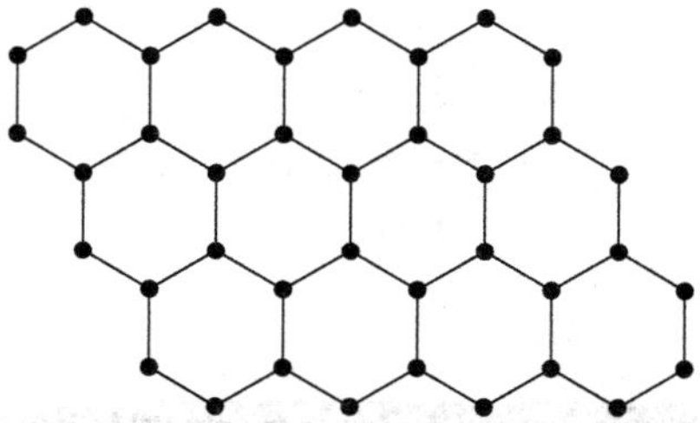

8. 试述划分正点点阵单位所依据的原则。平面点阵有哪几种类型与型式?请论证,其中只有矩形单位可有带心和不带心的两种型式,而其他三种类型只有不带心的型式。

9. 空间点阵是否一定能够选得出素单位?立方面心点阵能否选得出素单位(不论平行六面体的形状如何)?

10. 如图,有一组点呈周期排列在空间分布。问这一组点是否构成一点阵?为什么?并指出这一组点有没有点阵和平移群概括它的周期性?

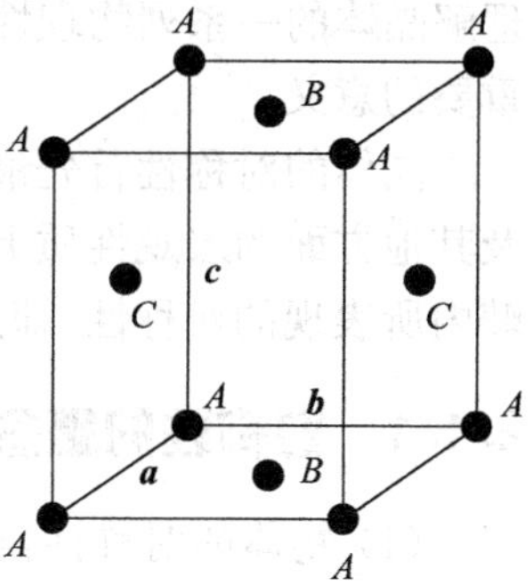

11. 怎样用微粒排列的规律性来解释晶态有固定熔点,而非晶态无固定熔点?

12. 晶体的投影方法有哪些?为什么常用极射赤平投影图来描述晶体的外形特征?

第2章 几何结晶学

2.1 晶体的宏观对称性

对称性是晶体的重要特性之一，一切晶体都存在对称性。对于不同的晶体其对称性的多少、高低又不一样。因此，可以根据晶体对称性的差异来对晶体进行科学的分类。此外，晶体的对称性不仅包含几何意义上的对称，而且也包含物理意义上的对称。晶体对称性对于我们理解晶体的一系列物理性质和识别晶体，以至对晶体开发应用都具有重要的意义。

晶体的对称性首先最直观地表现在它们的几何多面体外形上，以及其他方面的宏观性质上。在本节中我们将只限于讨论晶体在宏观范畴内所表现的对称性，即晶体的宏观对称性。

2.1.1 对称性的概念

(1) 物体的对称性：在物体或图形中，其相同部分通过某一对称操作进行有规律的重复。

因此，对称性的条件是：首先，物体或图形必须包含有若干个彼此相同的部分，或者本身可以被划分为若干个彼此相同的部分。在结晶多面体上，其相同部分表现为相同的晶面、晶棱、晶顶等。其次，这些相同部分之间还必须能借助于某种特定的动作而发生有规律的重复。为此，要求物体或图形相同部分之间，必须相对借助于一定的几何要素（点、线、面等）作某种有规律的分布，即对称分布。

例如图 2-1 中的左右手，它们构成两个图形的相同部分，而且位于左右手之间的一个平面使左右手呈现对称分布，两者之间可以借助于该平面之反映而相互发生重复。这就好像是在左右两手之间假想有一面镜子，通过它的反映，右手在镜中的影子（即镜像）恰好与左手的实体重合，而左手的影子则恰好与右手的实体重合，亦即两者发生重复。这就是一种对称，很多以左右对称分布的物体或图形也是呈现上述的反映对称关系。

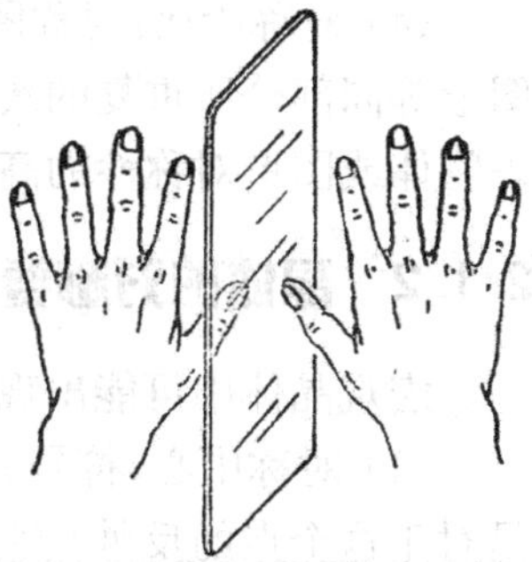

图 2-1 左右手的反映对称

如图 2-2 所示的伞，则具有另一种形式的对称。它的八块扇形的伞布就可以看作是八个相同部分，它们围绕与伞柄重合的一根直线呈现对称分布，相互间可以借助于围绕该直线旋转 45°、90°、135°、180°、225°、270°、315°、360°等角度而有规律地发生重复，亦即每旋转 45°伞布便重复一次。

图 2-2 伞的旋转对称

（2）对称操作亦称对称变换：能够使对称物体或图形中的各个相同部分做有规律重复的对称操作。例如上述双手间的反映动作、伞的各块伞布之间旋转一定角度的动作，都是对称操作。物体在经过对称操作后，其各个相同部分便可以相互发生重复。也就是说，物体在经过对称操作后的形体及其所处的方位，都与操作前的状况完全相同，就好像没有进行过操作一样。

(3) 对称要素：在进行对称操作时所凭借的几何要素——点、线、面等。一定的对称要素均有一定的对称操作与之相对应。例如上述左右手间的反映重复是对应于左右手之间的一个平面进行的；伞的旋转重复是围绕着伞柄重合的一根直线进行的。这里的反映平面和旋转直线，就是两种不同对称性所对应的对称要素。

(4) 对称阶次：对称图形在完成一个周期的对称操作是使物体或图形等同部分所重复的次数称为对称性的阶次。对称阶次的大小就代表物体或图形对称性的高低。

2.1.2 晶体的对称要素

宏观晶体中可能出现的对称要素包括以下几个。

(1) 对称中心(符号 i 或 C_i)：为一假想的几何点，相应的对称操作是对于这个点的反伸(倒反)。对称中心的作用相似于一个照相机镜头，由对称中心联系起来的两个相同部分，分别相当于物体和像，两者互为上下、左右、前后均成颠倒相反的关系。但此时物体与像的两个相同部分，其大小相等，且各对应点至对称中心的距离也都相等，如图 2-3(a)所示。

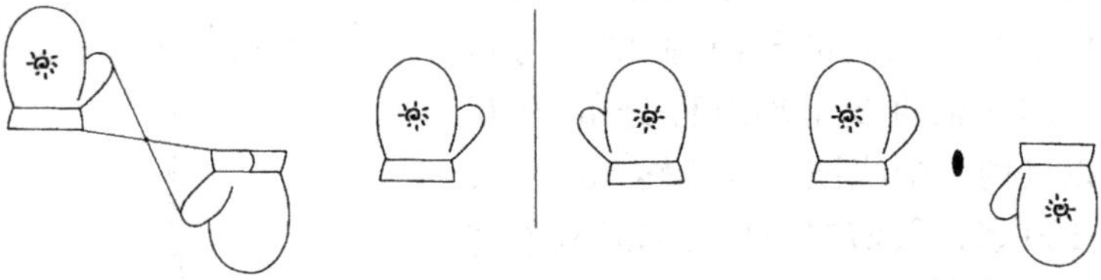

(a) (b) (c)

图 2-3 具有几种对称要素的图案

由以上关系可知，如果通过对称中心作一任意直线时，则在此直线上，位于对称中心的两侧，且距对称中心等距离的两点，必为性质完全相同的对应点。据此，我们可得出如下结论：晶体如具有对称中心时，那么对于晶体上的任一晶面来说，都必定有与之反向平行的另一相同晶面存在，从而晶体上所有的晶面，必定全都成对地呈现反向平行的关系，如图 2－4 所示。

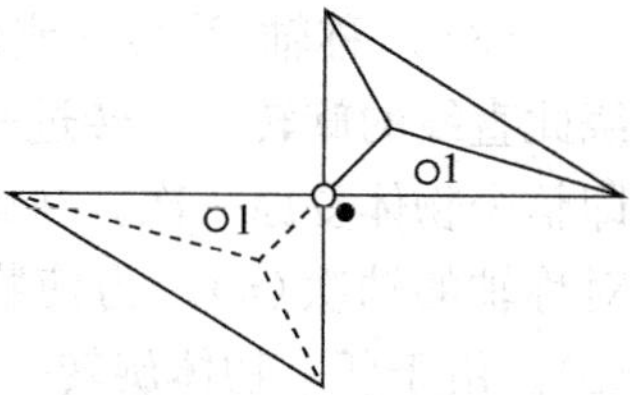

图 2－4　对称中心以及反伸过程各晶面反向平行关系

显然，晶体如有对称中心存在时，它必定位于晶体的几何中心。

(2) 对称面(符号 m 或 Cs)：为一假想的平面，相应的对称操作为对此平面的反映。对称面的作用就好像一面镜子，由对称面联系起来的两个物体相同部分，分别相当于物体与像，两者互呈现镜像反映的关系[图 2－3(b)]。

由以上关系可知，如果垂直于对称面作任意直线时，则在此直线上，位于对称面的两侧，且距对称面等距离的地方，必可找到性质完全相同的对应点。据此，我们易于判断，在图 2－6 中，平面 m 是一个对称面而平面 q 则不是对称面。

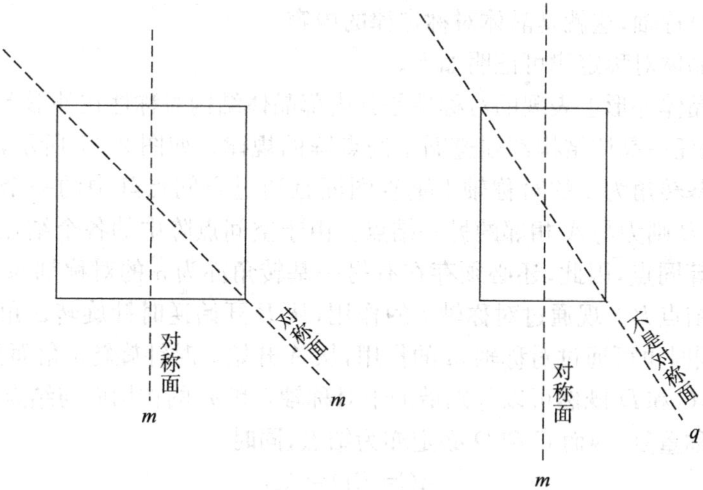

图 2－6　对称面 m 与非对称面 q 对称性的区别

(3) 对称轴(符号 n 或 C_n):为一假想的直线,相应的对称操作为围绕此直线的旋转。每转过一定角度,各个相同部分就发生一次重复,亦即整个物体复原一次。在旋转一周的过程中,物体复原的次数,称为该对称轴的轴次(n)。为使物体复原所需要的最小转角则称为基转角(α)。由于任一物体旋转一周后必然复原,因此,轴次 n 必为正整数,而基转角 α 必须要能整除 360°,而且有

$$360^\circ/\alpha=n$$

例如,图 2-3(c)中垂直于图面的对称轴,相应的基转角为 180°,其轴次为 2 次。再如图2-2 中的伞,沿伞柄的轴线方向为一对称轴,其基转角为 45°而轴次为 8 次。假若它不是由八块而是由六块相同的扇形伞布构成的话,则该对称轴的基转角即为 60°而轴次则为 6 次。但是晶体中所能出现的对称轴,其基转角以及轴次不能是任意的,它们要受到晶体内部阵点对称排列的限定。

受晶体内部阵点对称排列的限定,在晶体中,只可能出现对称轴次为 1 次、2 次、3 次、4 次和 6 次的对称轴,而不可能存在 5 次及高于 6 次的对称轴,这就是晶体对称定律的内容。

晶体对称定律可证明如下。

晶体外形上表现的对称性是其内部晶体结构对称性在外形上的表现,而任一晶体结构都须遵循空间点阵的规律。如图 2-7 所示,假设有一基转角为 α 的对称轴 l 垂直图面且通过空间点阵中的一个结点 A,而 B 则为与 A 相邻的另一结点。由于空间点阵中的各个结点必定都是等同点,因此,还必须存在有另一基转角亦为 α 的对称轴 m 垂直通过结点 B。现通过对称轴 l 的作用,从 B 开始逆时针旋转 α 角而至 C。同时也可通过对称轴 m 的作用,从 A 开始顺时针旋转 α 角而至 D。显然,C 和 D 既然可以分别借助于对称轴 l 和 m 的作用而与结点 B 和 A 对称重复,因而 C 和 D 必定亦为结点,同时

$$AC=BD=AB$$

$$\angle BAC=\angle ABD=\alpha$$

由于 A、B、D、C 成一等腰梯形,从而 $AB/\!/CD$。由于空间点阵中

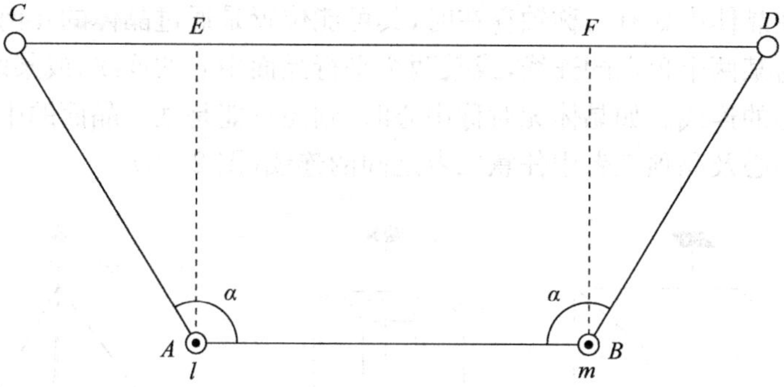

图 2-7　晶体对称定律证明图解

相互平行的直线点阵，它们的结点间距必须相等，因此应当有

$$CD = N \cdot AB \tag{2.1.1}$$

式中，N 应为整数。现过 A 和 B 分别作 CD 的垂线 AE 和 BF，于是

$$CD = CE + EF + FD = 2\,AB \cdot \cos(180^\circ - \alpha) + AB \tag{2.1.2}$$

得

$$N = 1 - 2\cos\alpha \tag{2.1.3}$$

$$\cos\alpha = (1 - N)/2 \tag{2.1.4}$$

现将 N 的具体值代入上式，求出 α 的可能值（$\alpha > 2\pi$ 者略去），如表 2-1 所列，从而证明了晶体对称定律。

表 2-1　对称轴中基转角 α 的可能值

N	>3	3	2	1	0	-1	<-1
$\cos\alpha$	<-1	-1	$-1/2$	0	$1/2$	1	>1
α	无相当值	180°	120°	90°	60°	0°(360°)	无相当值
n		2	3	4	6	1	

由于任何物体绕任一轴线旋转 360°后必然出现图形复原，因而 $n=1$ 总是随处存在的，它也就失去了讨论的意义。所以，除了特定场合外，对 $n=1$ 将不再予以考虑。

在晶体中如有对称轴存在时，其可能位置是通过晶体的几何中心，并且为某两个顶点的连线，或某两个平行晶面中心的连线，或某两个晶棱中心的连线。如晶体无对称中心时，则还可能是某一晶面的中心、晶棱的中心及晶顶三者中任意二者之间的连线(图 2－8)。

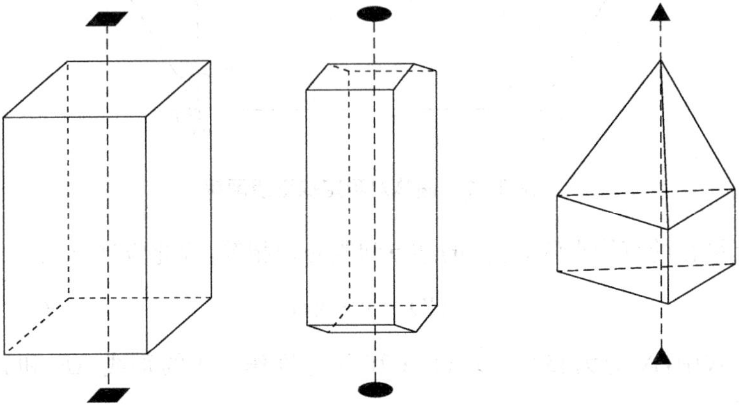

图 2－8　晶体对称轴可能存在的位置

(4) 反伸轴(符号 $\bar{n}$ 或 S_n)：亦称倒转轴。是一种复合的对称要素。它的辅助几何要素有两个：一根假想的直线和此直线上的一个定点。相应的对称操作就是围绕此直线旋转一定的角度及对于此定点的反伸(倒反)。在这里，这两个对称动作是构成整个对称操作的不可分割的两个组成部分。无论是先旋转后反伸，或是先反伸后旋转，两者的效果完全相同，但都是在两个对称动作连续完成以后而使晶体复原。一般情况下，一个反伸轴并不等于一个对称轴与对称中心两者的联合。同对称轴的情况一样，反伸轴也有一定的轴次 n 和基转角 α。

例如 4 次反伸轴 S_4，相应的对称操作为围绕该轴线旋转 90°和对于其上一个定点进行反伸两者的复合。图 2－9 则是一个具有 S_4 的图形对称操作变换过程及其极射赤平投影图。图中 1 位置表示其处于起始方位时的位象。当图形绕 S_4 旋转 90°而到达图中 2 位置的过渡位象时，晶体显然尚未复原。如此反复施行相同的对称动作，最后即可将该图形中所有的四个相同图形部分全都对称联系起来。在总共旋转

360°的过程中，晶体先后共发生四次重复。

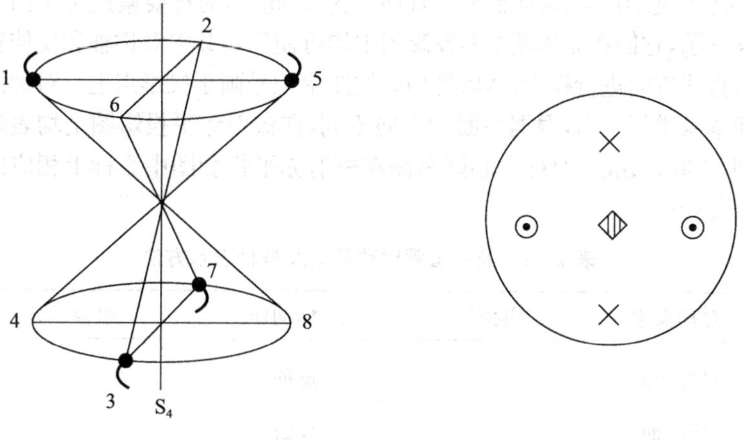

图 2－9　晶体 4 次反伸轴 S_4 的对称操作示意图及极射赤平投影图

从图 2－9 中还可明显看出，此图形虽具有 S_4，但并不存在相互独立的 4 次轴和对称中心。它不能借助于简单的旋转 90°或者单独的反伸动作而复原。

与对称轴一样，反伸轴也遵守晶体对称定律。晶体中不可能存在 5 次和高于 6 次的反伸轴。

但是，能够在晶体中出现的 S_1、S_2、S_3、S_4 和 S_6 五种反伸轴中，除 S_4 是一个独立的复合对称要素以外，其余四种反伸轴都各自与某一简单的对称要素或某两个简单对称要素的联合存在着等效关系。下面列出各次反伸轴与其他对称要素联合存在的等效关系。

$$S_1 = C_1 + C_i = C_i;\ S_3 = C_3 + C_i (C_3 // S_3);$$
$$S_2 = C_1 + C_s = C_s (C_s \perp S_2);\ S_6 = C_3 + C_s (C_3 // S_6,\ C_s \perp C_3)。$$

综上所述，在宏观晶体中可能存在的对称要素可归纳如表 2－2 所示。表中除给出它们的习惯符号外，还列出了在结晶学中通用的国际符号，即海曼-摩根(Hermann-Mauguin)符号。在后者中，对称面用小写斜体字母 m 表示；对称轴用与轴次相应的阿拉伯数字代表；反伸轴则在代表对称轴轴次的阿拉伯数字上方再加上一横线$\bar{n}$来表示，并读为“n 一横”而不读为“负 n”；对称中心用 1 次反伸轴来代替而记为$\bar{1}$。此外，对称要素还可用图示记号来表示，它们在立体图中和投影图中均可使用。其中对称轴和反伸轴均作为直线方向进行投影，然后将相应的图示记号画于投影点上。对称面按平面本身进行投影，根据平面的方向不同，在极射赤平投影图上均表现为大圆、直线、弧线。对称中心则只需在极射赤平投影图中心标上相应的图示记号即可。

表 2－2　晶体宏观对称要素及各种表示方法

对称要素	国际符号	对称动作	组合成分
对称中心	i	反伸	
反映面	m	反映	
1 次旋转轴	1	旋转(0°)	
2 次旋转轴	2	旋转(180°)	
3 次旋转轴	3	旋转(120°)	
4 次旋转轴	4	旋转(90°)	
6 次旋转轴	6	旋转(60°)	
2 次反轴	$\bar{2}$	旋转(180°)反伸	C_s
3 次反轴	$\bar{3}$	旋转(120°)反伸	C_3+C_i
4 次反轴	$\bar{4}$	旋转(90°)反伸	
6 次反轴	$\bar{6}$	旋转(60°)反伸	C_3+C_s

在对称轴和反伸轴中，当轴次 n 相同时，都称为 n 次轴，例如 C_4 和 S_4 都称为 4 次轴；而当 $n>2$ 时，都称为高次对称轴。

2.1.3　对称要素的组合原理

1. 对称要素的组合

晶体所存在的对称性是多种多样的。有的晶体可以只有一个对称要素，如钠长石晶体仅有一个 C_i。但大多数晶体都包含有不止一个的对称要素，如正长石晶体就有一个 C_i、一个 C_2 和垂直于此 C_2 的一个 C_s。一种晶体中当同时存在几个对称要素时，它们在空间分布的对称关系将相互构成一个统一的整体。也就是说，晶体中所有对称要素间的组合是遵循一定规律的。

在日常生活中我们能观察到这样一种现象：当只有一面镜子的时候，我们所看到的只有一个物体和镜子内的一个物像。但当同时观察相交的两面镜子时，就会看到镜中有镜，像又成像，结果看起来就好像存在着一系列的物像和镜子。这是一种映像作用，至于物像和镜子的数目和位置关系则取决于原始那两面镜子之间交角的大小。

镜面的映像作用就相当于对称面的作用。因此，上述现象实际上也就是两个对称面组合的情景，此时显然还将产生新的对称面和其他的对称要素。如图 2－10 所示，有两个垂直于图面的对称面 m_1 和 m_2 以 60°角相交，两者的交线显然亦垂直于图面。现有一个图形 1，通过 m_1 的对称操作将被带至图形 2 的位置，然后图形 2 再通过 m_2 的对称操作被带至图形 3 的位置。于是，通过 m_1 和 m_2 两者的连续操作，图形 1 经过 2 的位置而最终被带至与图形 3 重复。从图中可以看出，从图形 1 转换到图形 3，实际上也可以通过 m_1 和 m_2 两对称面交线上的一个 C_3 旋转 120°(相当于 m_1 和 m_2 间交角的两倍)来直接完成。也就是说，m_1 和 m_2 两者连续操作的最终效果，等效于一个 C_3 的单独对称操作。以数学中群论来描述，C_3 等于 m_1 与 m_2 两者的乘积，而 C_3 就是 m_1 与 m_2 两者共存时必然会产生的第三个对称要素。接下来新出现的 C_3 还要分别与 m_1 及 m_2 再进行组合。m_2 与 C_3 的连续操作是由 m_2 将图形 1 反映至图形 4，再由 C_3 旋转 120°而与图形 6 重合。但后者可由一个包含 C_3 且与 m_2 成 60°交角的对称面 m_3 的反映而直接与图形 1 重合，亦即 m_3 等于 m_2 与 C_3 的乘积，从而又出现一个新的对称要素 m_3。至于 m_1 与 C_3 以及 m_3 又分别与 C_3、m_1、m_2 进行组合所产生的对称要素都将与已有的对称要素重复。所以两个对称面成 60°角相交时，最终组合得出共有 $1C_3 3C_s$ 的对称要素。

因此，根据群论的理论，可以推导出两个对称要素进行组合时所遵

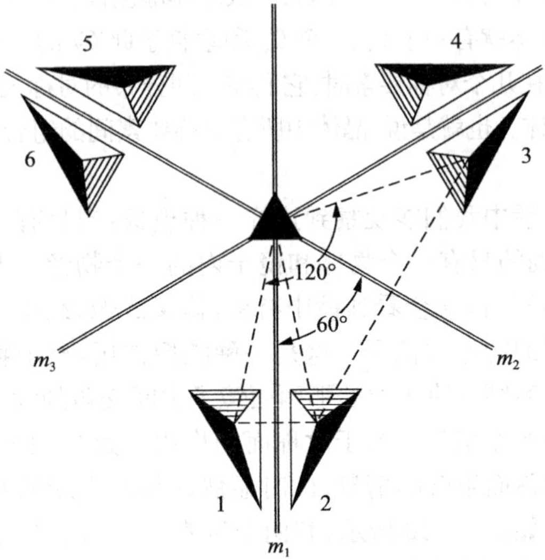

图 2-10 对称要素(镜面)的连续操作下将产生新的对称要素的图解

循的普遍规律,即对称性组合定理。

2. 对称性组合定理

定理一 如有一个对称面 C_s 包含一个 n 次对称轴 C_n(即 C_n 与 C_s 平行且位于 C_s 平面之内)时,则必有 n 个 C_s 同时包含此 C_n,且任两个相邻 C_s 之间的交角均等于 $360°/(2n)$。

反定理 如有两个 C_s 以 θ 角相交,则两者交线必为一 n 次对称轴 C_n,且 $n=360°/(2\theta)$。

定理二 如有一个 C_2 垂直于 C_n 时,则必有 n 个共点的 C_2 同时垂直此 C_n,且任两个相邻 C_2 之间的交角均等于 $360°/(2n)$。

反定理 如有两个 C_2 以 θ 角相交,则过两者交点垂线必为一 n 次对称轴 C_n,且 $n=360°/(2\theta)$。

定理三 如有一偶次对称轴 C_n 与对称中心 C_i 共存,则过 C_i 且垂直于此 C_n 的平面必为一对称面 C_s。

反定理 如有一偶次对称轴 C_n 垂直于 C_s 时,两者的交点必为一 C_i;同理,如有一 C_s 和 C_i 共存,则过 C_i 且垂直于 C_s 的直线必为一 C_n。

于是上述定理一至三，可用如下数学公式来表达：

(1) $C_n \times C_{s(//)} \rightarrow C_n nC_s$；　(2.1.5)

(2) $C_n \times C_{2(\perp)} \rightarrow C_n nC_2$；　(2.1.6)

(3) $C_n \times C_i = C_n \times C_{s(\perp)} \rightarrow C_n C_s C_i$（$n$=偶数）　(2.1.7)

2.1.4　32 种宏观对称类型

由于晶体宏观外形多呈理想多面体形状，因而许多对称要素都集合于每种晶体宏观外形上。这种对称要素的集合不仅指其全部对称要素的总和，而且还包含了它们相互间组合的意义。这就构成了数学上所谓的"群"。在宏观晶体中，由于所有对称要素都必定通过晶体的中心点，因此在施行晶体所有对称要素的对称操作后，晶体中至少有一个点是不变的，故将对称类型也称为点群。

根据晶体中可能出现的对称要素种类以及对称要素间组合的规律，从数学上可以推导得出，在一切晶体中总共只能有 32 种不同的对称要素组合方式，即 32 种对称类型（点群），将其列于表 2－3 中。相应 32 种对称类型的极射赤平投影图如图 2－11 所示。

表 2－3　晶体的 32 种宏观对称类型与符号表示法

对称要素总和	完整形式的国际符号	简化形式的国际符号	圣佛利斯符号	对称要素总和	完整形式的国际符号	简化形式的国际符号	圣佛利斯符号
C_1	1	1	C_1	$C_4 4C_2$	422	422	D_4
C_i	$\bar{1}$	$\bar{1}$	C_i	$C_4 4C_s$	$4mm$	$4mm$	C_{4v}
C_2	2	2	C_2	$S_4 2C_2 2C_s$	$\bar{4}2m$	$\bar{4}2m$	D_{2d}
C_s	m	m	C_s	$C_4 4C_2 5C_s C_i$	$\frac{4}{m}\frac{2}{m}\frac{2}{m}$	$4/mmm$	D_{4h}
$C_2 C_s C_i$	$\frac{2}{m}$	$2/m$	C_{2h}	C_6	6	6	C_6

续表

对称要素总和	完整形式的国际符号	简化形式的国际符号	圣佛利斯符号	对称要素总和	完整形式的国际符号	简化形式的国际符号	圣佛利斯符号
$3C_2$	222	222	D_2	$S_6=C_3C_s$	$\bar{6}$	$\bar{6}$	C_{3h}
$C_2 2C_s$	$mm2$	$mm2$	C_{2v}	$C_6C_sC_i$	$\frac{6}{m}$	$6/m$	C_{6h}
$3C_2 3C_sC_i$	$\frac{2}{m}\frac{2}{m}\frac{2}{m}$	mmm	D_{2h}	$C_6 6C_s$	622	622	D_6
C_3	3	3	C_3	$C_6 6C_s$	$6mm$	$6mm$	C_{6v}
C_3C_i	$\bar{3}$	$\bar{3}$	C_{3i}	$S_6 3C_2 4C_s=$ $C_3 3C_2 4C_s$	$\bar{6}m2$	$\bar{6}m2$	D_{3h}
$C_3 3C_2$	32	32	D_3	$C_6 3C_2 7C_sC_i$	$\frac{6}{m}\frac{2}{m}\frac{2}{m}$	$6/mmm$	D_{6h}
$C_3 3C_s$	$3m$	$3m$	C_{3v}	$3C_2 4C_3$	23	23	T
$C_3 3C_2 3C_sC_i$	$\bar{3}\frac{2}{m}$	$\bar{3}m$	D_{3d}	$3C_2 4C_3 3C_sC_i$	$\frac{2}{m}\bar{3}$	$m\bar{3}$	T_h
C_4	4	4	C_4	$3C_4 4C_3 6C_2$	432	432	O
S_4	$\bar{4}$	$\bar{4}$	S_4	$3S_4 4C_3 6C_s$	$\bar{4}3m$	$\bar{4}3m$	T_d
$C_4C_sC_i$	$\frac{4}{m}$	$4/m$	C_{4h}	$3C_4 4C_3 6C_2 9C_sC_i$	$\frac{4}{m}\bar{3}\frac{2}{m}$	$m3m$	O_h

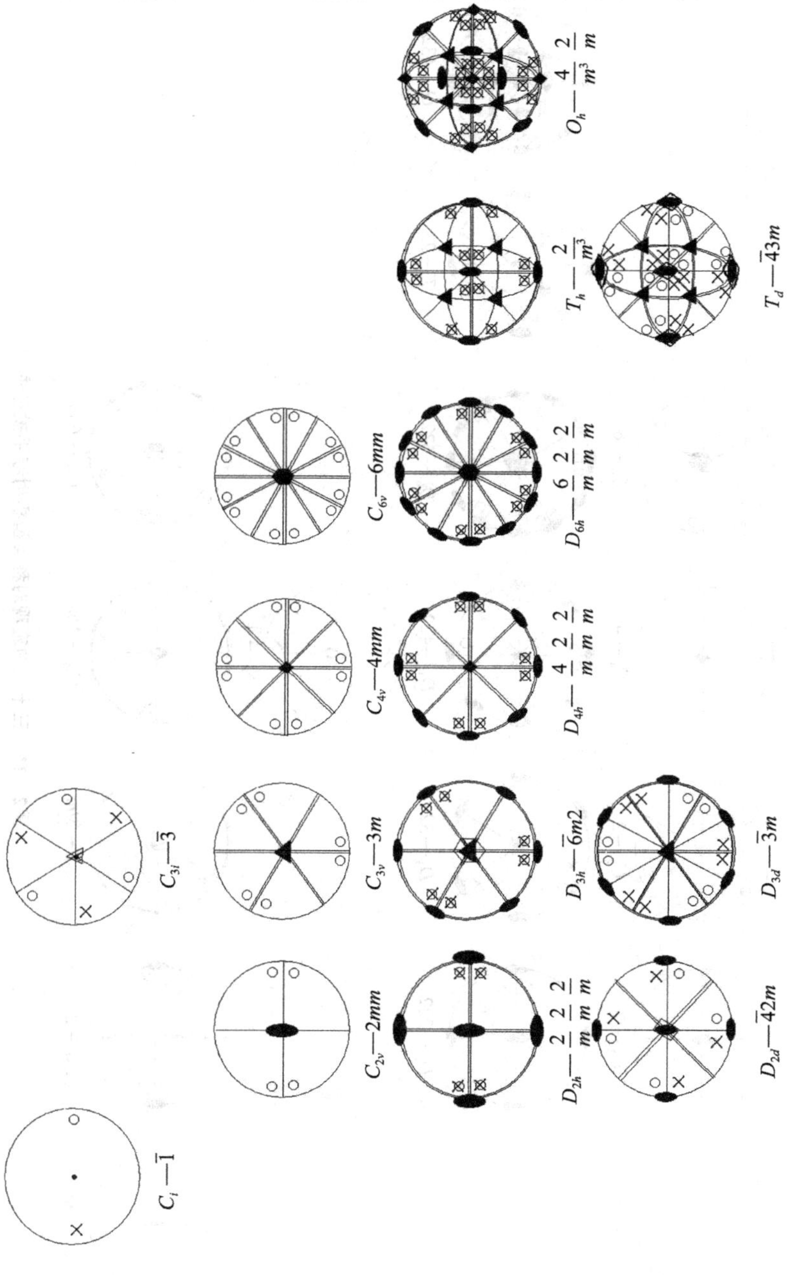

C_i—$\bar{1}$
C_{3i}—$\bar{3}$
C_{2v}—$2mm$
C_{3v}—$3m$
C_{4v}—$4mm$
C_{6v}—$6mm$
D_{2h}—$\frac{2}{m}\frac{2}{m}\frac{2}{m}$
D_{3h}—$\bar{6}m2$
D_{4h}—$\frac{4}{m}\frac{2}{m}\frac{2}{m}$
D_{6h}—$\frac{6}{m}\frac{2}{m}\frac{2}{m}$
D_{2d}—$\bar{4}2m$
D_{3d}—$\bar{3}m$
T_h—$\frac{2}{m}\bar{3}$
T_d—$\bar{4}3m$
O_h—$\frac{4}{m}\bar{3}\frac{2}{m}$

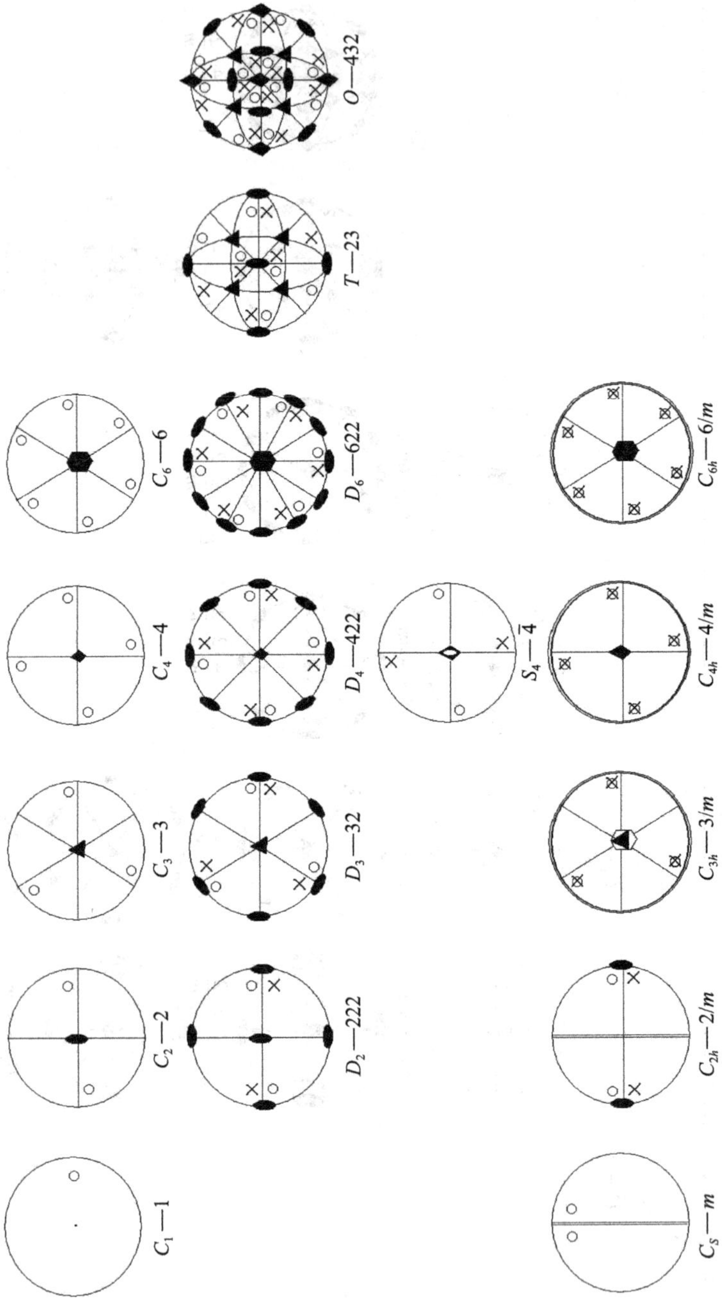

图2-11 三十二种宏观对称类型极射赤平投影图

2.1.5 对称类型的符号

为了严格叙述每种晶体的对称性以及所包含的对称要素，在结晶学中一般都采用对称类型的国际符号或圣佛利斯符号来表示晶体的对称类型。

(1) 国际符号

对称类型的国际符号如表 2－3 所示。符号的书写顺序有严格的规定，对于不同的晶系表明了在不同空间取向相应的对称要素(表 2－4)，同时也反映了对称要素间的组合关系。

表 2－4　对称类型国际符号中三个相应方向的确定

晶　系	国际符号中三个相应的方向		
立　方	[a]	[$a+b+c$]	[$a+b$]
六　方	[c]	[a]	[$2a+b$]
四　方	[c]	[a]	[$a+b$]
三　方	[c]	[a]	
正　交	[a]	[b]	[c]
单　斜	[b]		
三　斜	[a]		

对称类型国际符号的一般含义是(其中的 n 代表 1、2、3、4 或 6)：n 代表单独一个 C_n；$\bar{n}$ 代表单独一个 S_n；n/m 或 $\bar{n}/m$ 代表 C_n 或 S_n 和垂直它的 C_s 的组合。

对称类型完整的国际符号，只列出位于一定结晶方向上的对称要素。而省略了所有的相同对称要素和作为派生对称要素的对称中心(单独只有一个对称中心的情况当然除外)。分式 n/m 表示在相应的方向上除有对称轴 n 外还有与它垂直的对称面 m 同时并存。如果进一步省略掉在完整的符号中仍然列出某些派生的对称要素，同时将分式n/m改写成 m 的形式，这样就构成了对称型简化形式的国际符号。

目前通用的都是这种形式的符号。

所谓的相同对称要素，并不是仅仅指同种对称要素，而必须是能够借助于对称型中其他对称要素的操作作用而相互重复的同种对称要素。例如 $3m(C_3 3m)$ 对称型中的三个 m 全都是相同对称要素；但在 $4/mmm(C_4 4C_2 5m C_i)$ 对称型中，垂直于 C_4 的那个 m 与其他 4 m 都不相同；而且在剩下的这四个 m 中，又只有相互垂直的两个 m 才构成一组相同对称要素，而以 45°交角相邻的任两个 m 都不是相同对称要素。

至于派生的对称要素则是指根据对称组合定理，可以由已知对称要素导出的其他对称要素。例如在 $3C_2 3m C_i$ 的组合中，由三个两两正交的 m，必可导出位于它们交线上的 $3C_2$ 和它们公共交点上的 C_i，此 $3C_2$ 和 C_i 即可认为是派生的对称要素，相应地其对称型符号 $\frac{2}{m}\frac{2}{m}\frac{2}{m}$ 则可简化为 mmm。

(2) 圣佛利斯符号

对称类型的圣佛利斯(Schonflies)符号也是以对称要素相组合的形式来表示的。表 2－3 也列出对称类型的圣佛利斯符号，各符号的含义是：

C_i 和 C_S 分别代表单独一个对称中心 i 和单独一个对称面 m；

C_n 和 S_n 分别代表直立安置的单独一个 n 次对称轴和单独一个 n 次反伸轴；

D_n 代表 $C_n nC_2$ 的组合，其中的 C_n 直立安置；

T 和 O 分别代表 $3C_2 4C_3$ 和 $3C_4 4C_3 6C_2$ 的组合，且 T 中的 $3C_2$ 和 O 中的 $3C_4$ 均以相互垂直的取向安置。

以上的 C_n、S_n、D_n 以及 T 和 O 被看成是对称型中的主轴或基本组合，然后还可能有对称中心或对称面与它们再进行组合。所增加的对称中心或对称面均以字母下标来表示，其中 i 代表对称中心；h 代表水平的对称面；v 代表直立的对称面；d 是代表位于 C_2 角平分线位置上直立的对称面，亦即位于相邻的两个水平 C_2 交角的等分线位置上。

2.1.6 晶体的对称分类

(1) 三个晶族和七个晶系

在晶体的对称分类中，首先是根据晶体中是否包含高次轴以及数量多少而将晶体划分为三个晶族：高级晶族、中级晶族和低级晶族。晶族是晶体分类中的第一级对称分类。晶族下的对称类别是晶系。根据对称轴或反伸轴轴次的高低及它们数目的多少，总共划分为七个晶系。它们分别为等轴晶系（立方晶系）、六方晶系、四方晶系（正方晶系）、三方晶系、正交晶系（斜方晶系）、单斜晶系和三斜晶系。

晶系是最常用的对称级别。七个晶系分属于三个晶族，而每个晶系本身又各包含了若干个对称型。对称型是晶体宏观对称性分类中的基本单元。

三个晶族和七个晶系的具体划分准则如表 2-5 所示。无论是晶族、晶系还是每一晶系中的对称型，它们的对称程度均从上向下而增高。

(2) 14 种空间点阵

在空间点阵中，我们总可以划出一个一个的平行六面体，这些平行六面体的形状可用三边长 a、b、c 及交角 α、β、γ 来表示。为此，平行六面体的形状共有七种，各与七个晶系相对应。对于晶体空间点阵如何选择适合的格子型式必须按照如下原则顺序选定：(1) 首先必须考虑具有高对称性的空间点阵型式；(2) 所选择空间点阵型式直角最多；(3) 以最小的空间点阵体积最佳。遵照以上原则，于是属于每一种晶系的点阵又可能有一种或几种型式。它们都在单位平行六面体基础上考虑在其他可能的位置上（单位平行六面体的体心、面心、底心）加上结点。因此，属于每一晶系的点阵，其平行六面体单位可能是素单位也可能是复单位。例如立方晶系的点阵具有立方形状的点阵单位，但此单位可能是简单的、面心的及体心的，而不出现底心的点阵型式（立方底心点阵不满足晶系的对称性），所以属于立方晶系的点阵就具有三种型式。1848 年布拉维通过严格的数学推导出在晶体的七个晶系中共有 14 种空间点阵型式，也称为 14 种布拉维空间点阵型式，如表 2-6 所示。

表 2-5　晶体的三个晶族和七个晶系

晶族	晶系	对称特点		对称要素总和	特征对称要素
低级（无高次轴）	三斜	只有 C_i	所有的对称要素必互相垂直或平行	C_1 C_i	C_1 或 C_i
	单斜	C_2 和 C_s 均不多于一个		C_2 C_s $C_2C_sC_i$	C_2 或 C_s
	正交	C_2 和 C_s 的总数不少于三个		$3C_2$ $C_2 2C_s$ $3C_2 3C_sC_i$	$3C_2$ 或 $2C_s$（都互相垂直）
中级（只有一个高次轴）	三方	高次轴为 C_3 轴	其他对称要素必定与高次轴垂直或平行	C_3 C_3C_i $C_3 3C_2$ $C_3 3C_s$ $C_3 3C_2 3C_sC_i$	C_3 或 S_3
	四方	高次轴为 C_4 轴		C_4 S_4 $C_4 C_sC_i$ $C_4 4C_2$ $C_4 4C_s$ $S_4 2C_2 2C_s$ $C_4 4C_2 5C_sC_i$	C_4 或 S_4
	六方	高次轴为 C_6 次轴		C_6 S_6 $C_6C_sC_i$ $C_6 6C_2$ $C_6 6C_s$ $S_6 3C_2 3C_s$ $C_6 6C_2 7C_sC_i$	C_6 或 S_6
高级（高次轴多于一个）	立方	必定有四个 C_3	除 $4C_3$ 外，必还有三个相互垂直的 C_2 或 C_4 轴	$3C_2 4C_3$ $3C_2 4C_3 3C_sC_i$ $3C_4 3L^3 6C_2$ $3S_4 4C_3 6C_s$ $3C_4 4C_3 6C_2 9C_sC_i$	$4C_3$ 或 $3C_4$

表 2-6　晶体的 14 种空间点阵型式

点阵名称	点阵单位的图示	单位中结点位置
立方 P	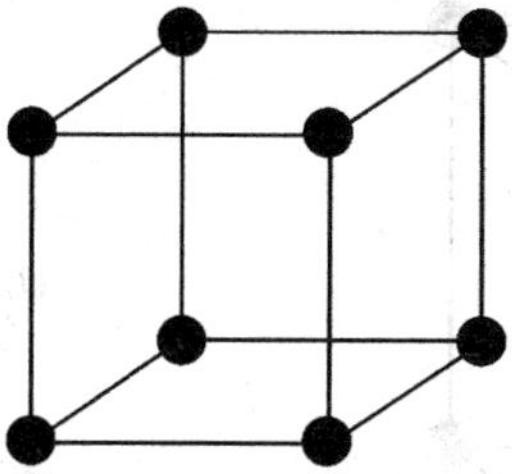	(000)
立方 I	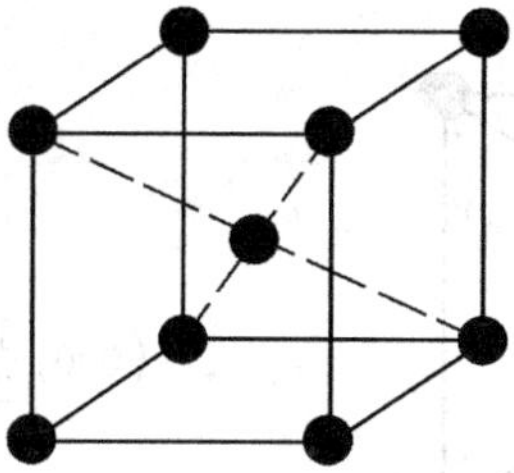	$\left(000;\frac{1}{2}\frac{1}{2}\frac{1}{2}\right)$
立方 F	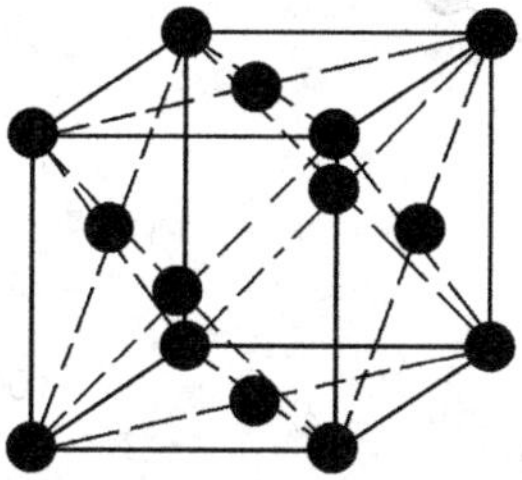	$\left(000;\frac{1}{2}\frac{1}{2}0;\frac{1}{2}0\frac{1}{2};0\frac{1}{2}\frac{1}{2}\right)$
六方 C	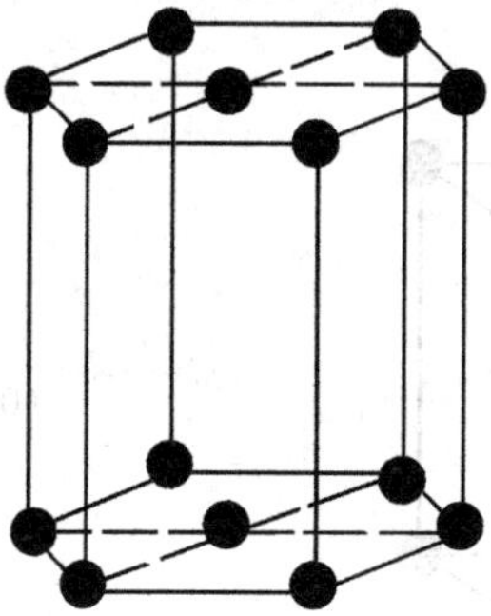	(000)

续表

点阵名称	点阵单位的图示	单位中结点位置
四方 P	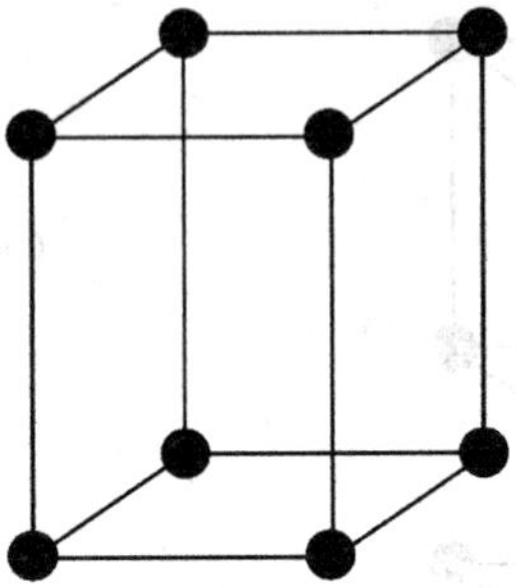	(000)
四方 I	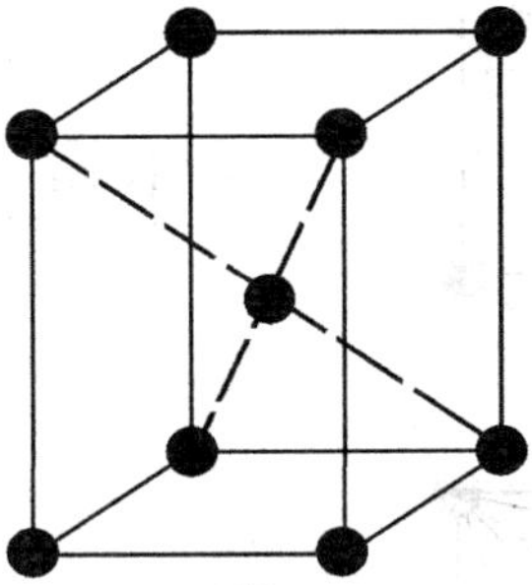	$\left(000;\frac{1}{2}\frac{1}{2}\frac{1}{2}\right)$
三方 R	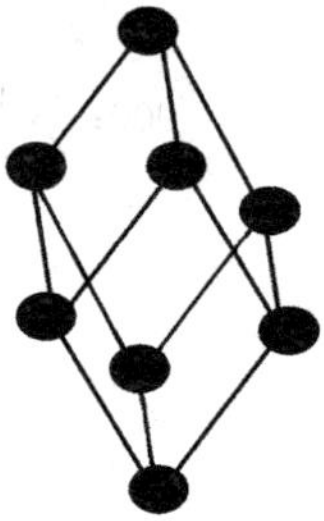	(000)
正交 P	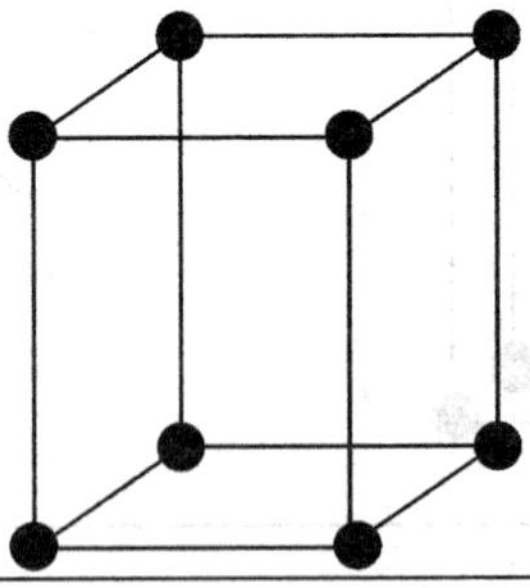	(000)

续表

点阵名称	点阵单位的图示	单位中结点位置
正交 C	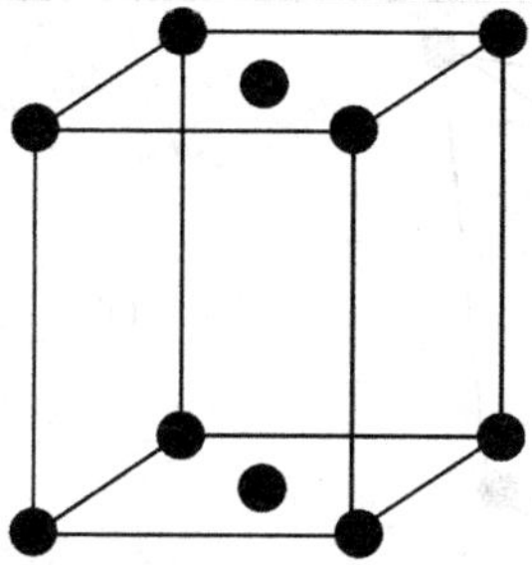	$\left(000;\frac{1}{2}\frac{1}{2}0\right)$
正交 I	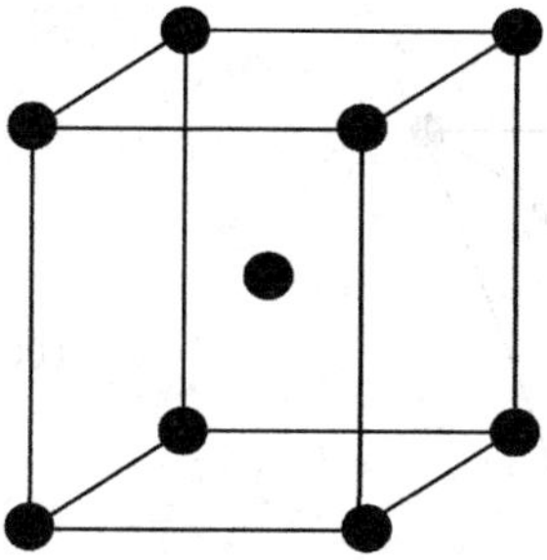	$\left(000;\frac{1}{2}\frac{1}{2}\frac{1}{2}\right)$
正交 F	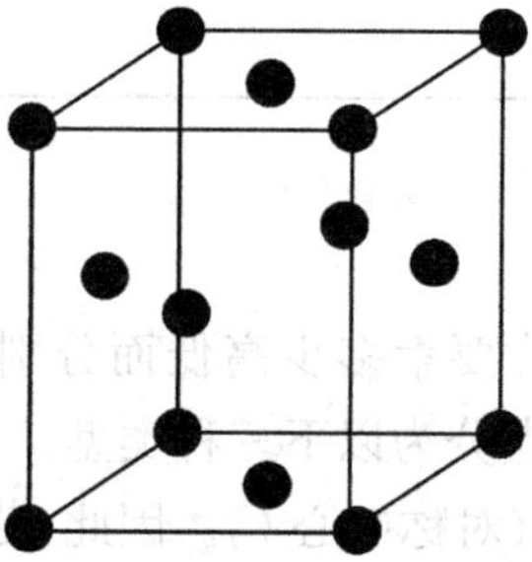	$\left(000;\frac{1}{2}\frac{1}{2}0;\frac{1}{2}0\frac{1}{2};0\frac{1}{2}\frac{1}{2}\right)$
单斜 P	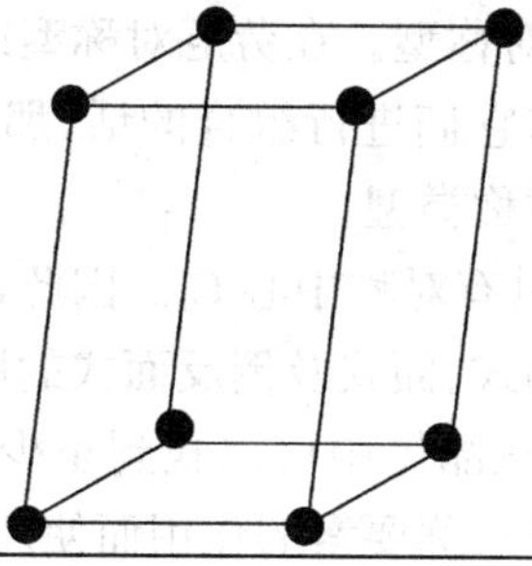	(000)

续表

点阵名称	点阵单位的图示	单位中结点位置
单斜 C	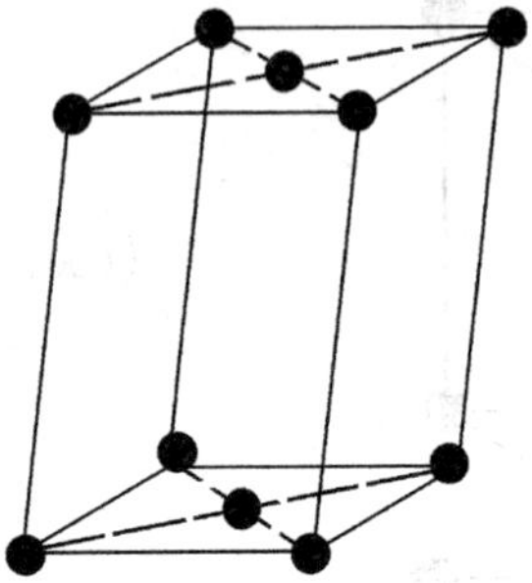	$\left(000;\frac{1}{2}\frac{1}{2}0\right)$
三斜	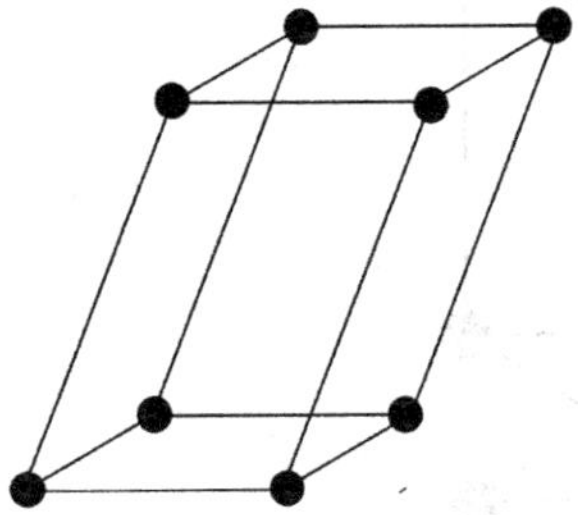	(000)

2.1.7 对称型的类型

32 个对称类型除可根据对称要素多少高低而分别归属于七个晶系外，还可按它们所含对称性特点分为以下三种类型。

(1) 劳厄对称型：特点是具有对称中心 C_i。因此，劳厄对称型共包括了心式或面轴式的全部 11 个对称型。在劳厄对称型以外的 21 个对称类型中，如果加对称中心 C_i 与它们进行组合的话，那么它们都将变成与自己相对应的某一个劳厄对称类型。

(2) 异极对称型：特点是不具有对称中心 C_i。因此，异极对称类型共包含了原始式、倒反原始式、轴式、面式及倒反面式的所有 21 个对称型。由于不具有对称中心，因而在晶体中可以找到至少一个或多于一个的极轴——晶体中不能借助于对称要素的作用而使两端相互重复的几何轴线。显然，极轴的两端既不能相互对称重复，因而它们的性质肯定也是不同的。

(3) 对映对称型：特点是只具有对称轴。因此，对映对称类型共包括了原始式及轴式的全部 11 个对称型。属于对映对称型的晶体，由于它们只有对称轴而不存在对称面、对称中心及反伸轴，因此，其晶体本身只能借助于旋转而不能借助于反映或反伸动作而发生重复。

2.2　晶体定向和晶面符号

一个结晶多面体是由晶面、晶棱和晶顶组成的，它们在晶体上呈一定形式的对称分布，通常可以通过其确定晶体的对称类型。但仅仅根据晶体的对称类型并不能完全知道晶体的具体形状。因为对称类型并不决定晶面、晶棱等在空间的具体取向。但这方面的问题可以借助于在晶体中选定一个坐标系，然后用一定形式的数学符号来表征晶面、晶棱的空间方位而加以解决，这就是晶体的定向和晶面符号的表示问题。

2.2.1　晶体的定向和晶体几何常数

晶体的定向与晶轴系的选取，是在晶体中选定一个三维的坐标系，并将晶体相应的空间取向关系进行适当的安置。

选定坐标系的工作包括两方面内容。首先需要在晶体中选择三条适当的直线(可为晶体中的对称轴或平行于晶棱的直线等)作为晶体中的坐标轴亦称结晶轴。通常将它们标记为 x 轴、y 轴、z 轴或 a 轴、b 轴、c 轴。各结晶轴的交点使之位于晶体的中心。通常三根结晶轴的安置是：c 轴上下直立，正端朝上；b 轴在左右方向，正端朝右；a

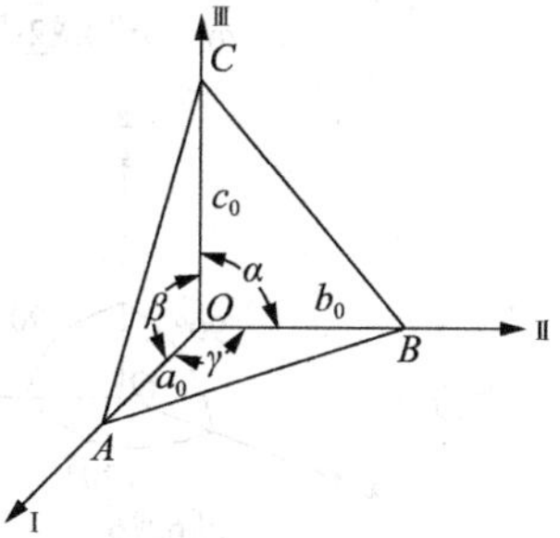

图 2-12　晶体中坐标系的选定

轴则在前后方向，正端朝前。每两个结晶轴正端之间的交角称为轴角，分别用 α、β、γ 表示，坐标系的选定如图 2－12 所示。

晶体晶轴系的选取如表 2－7 所示。显然，在选好结晶轴并将它们按规定方向安置好以后，整个晶体的安置也随之而定了。下一步是确定三个结晶轴的轴单位。轴单位是指在结晶轴上度量距离时，用来作为长度计量单位的线段。不过，由于在整个几何结晶学的讨论中都只涉及晶面、晶棱的方向问题，而并不涉及它们的具体位置和大小，因而实际上无需知道三个轴单位的绝对长度，只需知道它们间的比值就够了。在此，我们把 a 轴、b 轴、c 轴三个结晶轴之轴单位的连比记为 $a:b:c$，称为轴率。轴率通常将其写成以 b 为 1 的连比式 $a:1:c$ 的形式。

轴率 $a:b:c$ 和轴角 α、β、γ 合称为晶体几何常数，它是表示晶体坐标系特征的一组参数。

表 2－7　晶体中各晶轴系的选取

晶系	晶轴	单位面	几何常数
立方	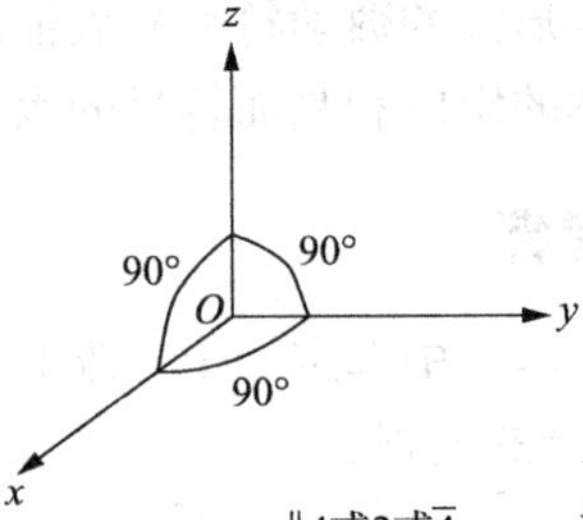 ox、oy、oz∥$\underline{4}$或$\underline{2}$或$\bar{4}$	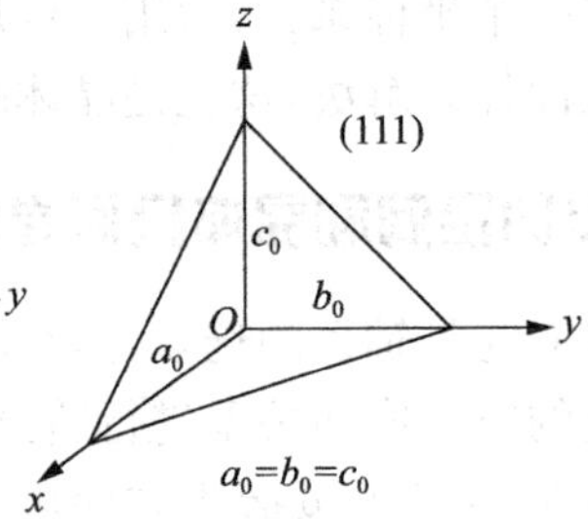 $a_0=b_0=c_0$	无几何常数
六方	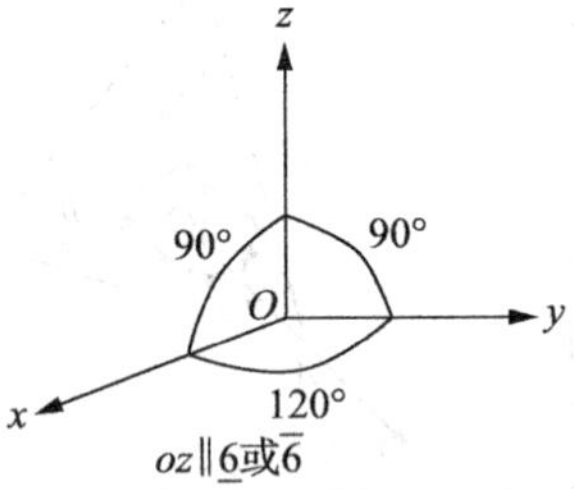 oz∥$\underline{6}$或$\bar{6}$ (i) ox、oy∥$\underline{2}$或⊥m或 (ii) ox、oy各与相当的晶棱或可能棱平行	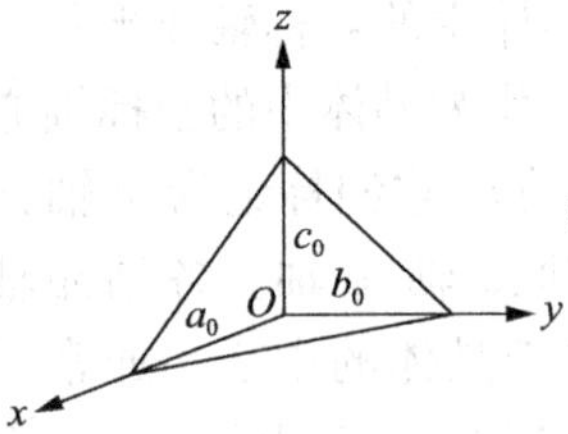 $a_0=b_0\neq c_0$	有一个几何常数 $1:1:c$

续表

晶系	晶轴	单位面	几何常数
四方	oz‖4或$\bar{4}$ (i) ox、oy‖2或⊥m或 (ii) ox、oy各与相当的晶棱或可能棱平行	$a_0=b_0\neq c_0$	有一个几何常数1∶1∶c
三方	(1) 三方晶轴系 ox、oy、oz平行于与3或$\bar{3}$交成等角的晶棱	$a_0=b_0=c_0$	有一个几何常数α
	(2) 六方晶轴系 oz‖3或$\bar{3}$ (i) ox、oy‖2或⊥m或 (ii) ox、oy各与相当的棱平行	$a_0=b_0\neq c_0$	有一个几何常数1∶1∶c

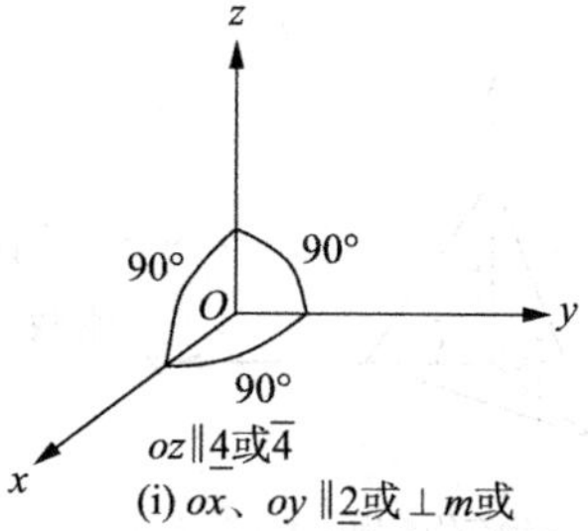

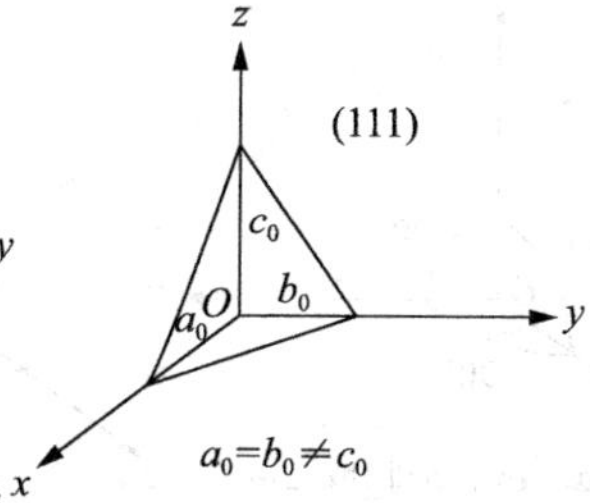

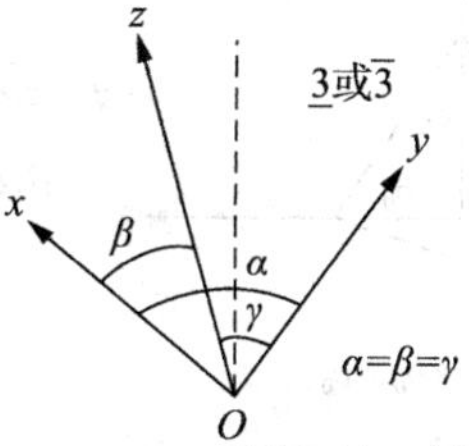

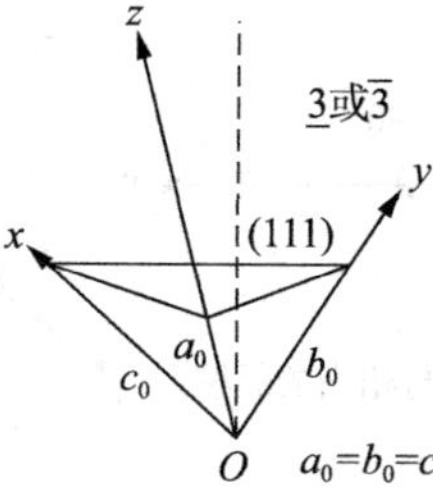

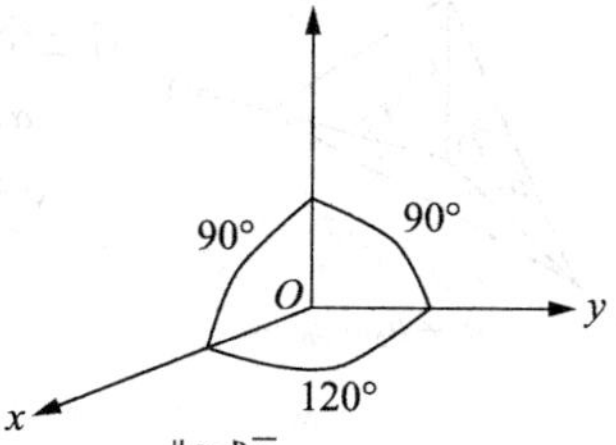

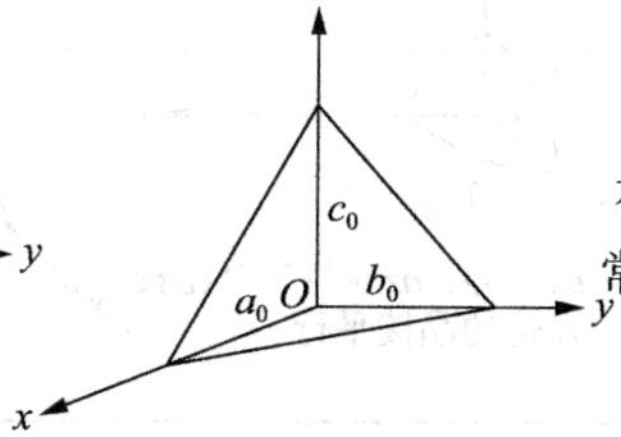

续表

<table>
<tr><th>晶系</th><th>晶轴</th><th>单位面</th><th>几何常数</th></tr>
<tr><td>正交</td><td>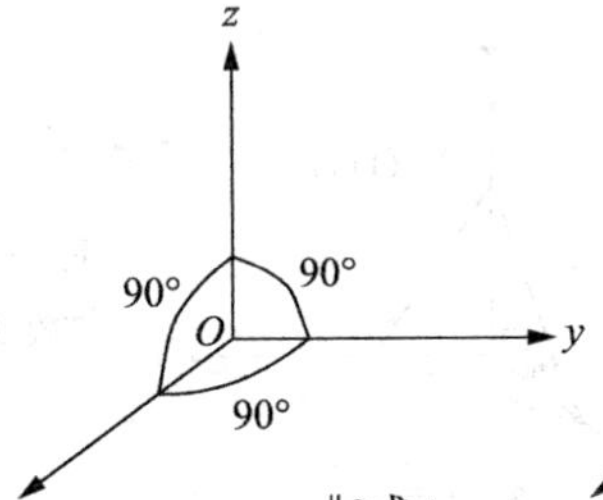

ox、oy、oz‖2或⊥m</td><td>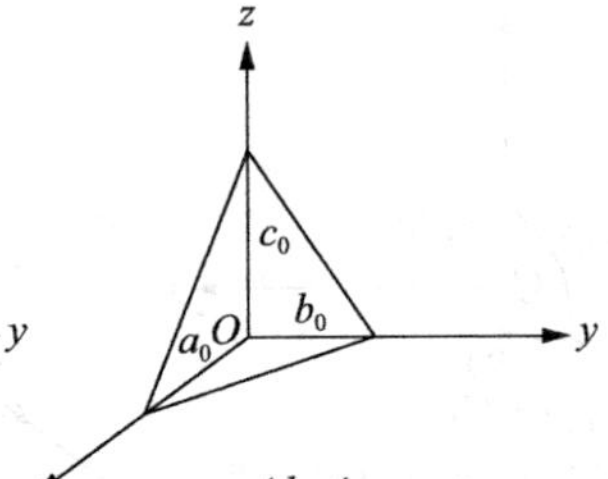

$a_0 \neq b_0 \neq c_0$</td><td>有两个几何常数 $a:1:c$</td></tr>
<tr><td>单斜</td><td>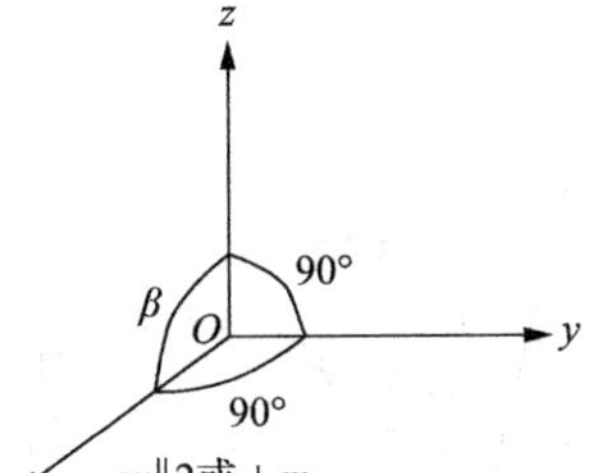

oy‖2或⊥m
ox、oz各与相当的晶棱平行</td><td>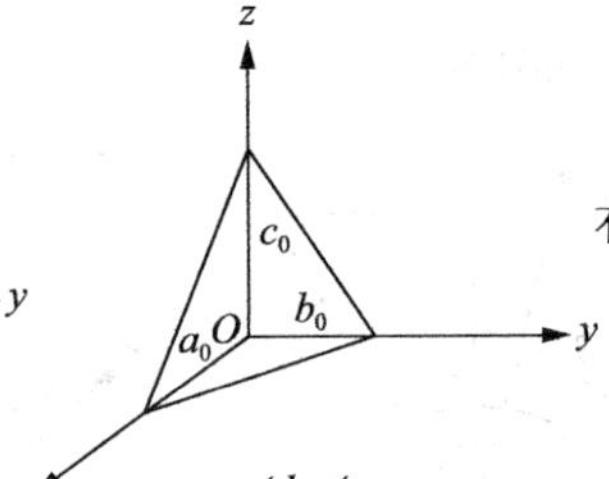

$a_0 \neq b_0 \neq c_0$</td><td>有三个几何常数
$\beta;a:1:c$</td></tr>
<tr><td>三斜</td><td>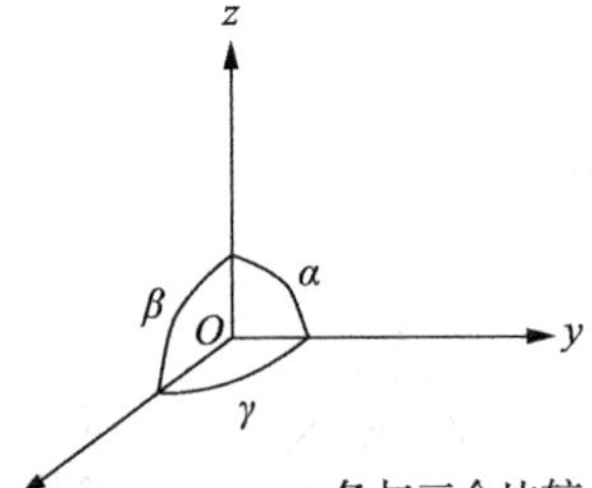

ox、oy、oz各与三个比较发达的晶棱平行</td><td>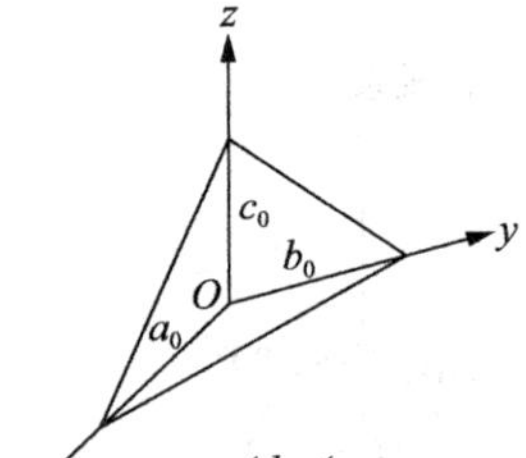

$a_0 \neq b_0 \neq c_0$</td><td>有五个几何常数
α、β、γ;
$a:1:c$</td></tr>
</table>

2.2.2　整数定律和晶体定向的基本原则

1. 整数定律

整数定律亦称有理指数定律，它是由阿羽依于 1784 年提出的，其内容是作平行于三条不共面晶棱的直线作为坐标轴，则晶体上任意两个晶面在三条坐标轴上所截截距的比值之比为一简单整数比。即假设有两个晶面分别为 $A_1B_1C_1$ 和 $A_2B_2C_2$，它们在三条坐标轴上的截距分别为$\overline{OA_1}$、$\overline{OB_1}$、$\overline{OC_1}$和$\overline{OA_2}$、$\overline{OB_2}$、$\overline{OA_2}$，如图 2－13 所示。

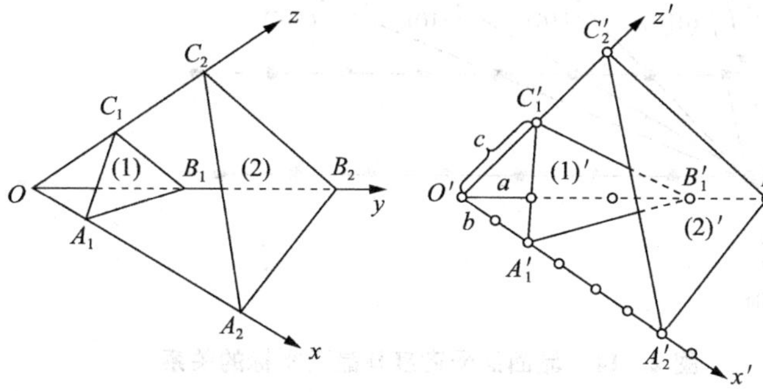

图 2－13　整数定律的推导示意图

$$令\frac{\overline{OA_1}}{\overline{OA_2}}:\frac{\overline{OB_1}}{\overline{OB_2}}:\frac{\overline{OC_1}}{\overline{OC_2}}=p:q:r \tag{2.2.1}$$

则 $p:q:r$ 必可化为简单的整数比。

从晶体内部点阵结构规律来看，由于晶体中晶棱和晶面相当于晶体内部点阵结构中的直线点阵和平面点阵，所以这里的三条坐标轴实质上就是相交于一公共结点上的三个不共面的直线点阵。而平面点阵与直线点阵又相截于结点上，因而晶面在坐标轴上的截距必为相应直线点阵结点间距的整倍数，亦即

$$\overline{OA_1}=p_1a,\overline{OB_1}=q_1b,\ \overline{OC_1}=r_1c;$$
$$\overline{OA_2}=p_2a,\ \overline{OB_2}=q_2b,\overline{OC_2}=r_2c$$

a、b、c 分别为与三条坐标轴相对应的直线点阵的结点间距，相当

于轴单位，从而 p_1、q_1、r_1、p_2、q_2、r_2 相当于两个晶面在坐标轴上截距系数，且它们均为整数。显然，式中的 $p:q:r$ 必可化为整数比。

根据布拉维法则可以知道，能在晶体上显露的实际晶面都是一些面网密度大的晶面。它们的交棱则是一些结点间距小的行列，坐标轴就是从它们之中选择的。从图 2－14 可见，面网密度越大的面，它在各坐标轴上所截的截距系数之比也越简单。所以对于实际晶体而言，式中的 $p:q:r$ 不仅可以化为整数比，而且还都应为简单的整数比。

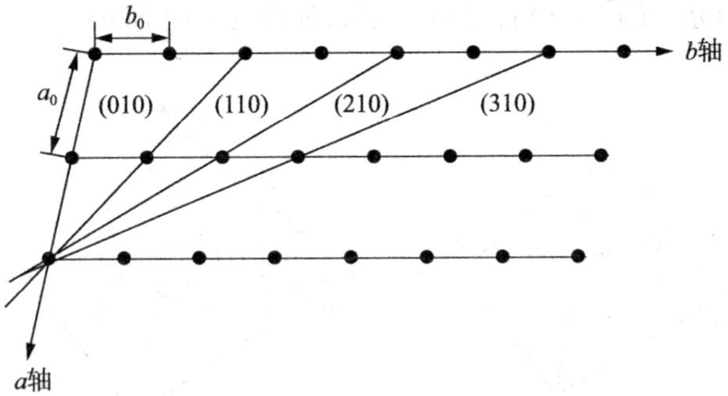

图 2－14 晶面面网密度与晶面指标的关系

整数定律是在 18 世纪末进行了大量晶体测量工作的基础上总结出来的规律。它阐明了用数学方法来表达晶体中的晶面、晶棱等方位的现实可能性，指出了晶体定向时应遵循的基本原则，从而为晶面符号的建立奠定了基础。此外，整数定律也帮助我们阐明了晶体内部空间点阵结构理论的发展，在结晶学发展历史上曾起到了重要的作用。

2. 晶体定向的基本原则

由整数定律可知，要想用简单整数形式的数学符号来表示晶面、晶棱等在晶体中的方位，首先必须选择晶棱方向作为结晶轴。这里所谓的晶棱，既可以是晶体上实际存在的晶棱，也可以是两个未实际相交的晶面延伸后的交棱，总之应当是晶体内部空间点阵结构中的直线点阵的方向。另外，从空间点阵结构理论可以证明，晶体中的对称轴或反伸轴方向（不考虑 1 次轴），或者对称面的法线方向，都是空间点阵结构中结点间距较小的行列方向。因此，为了能够更好地反映出晶体所存在的对称特性，应优先选择适宜的对称要素方向作为结晶轴。

3. 各晶系晶体的定向法则

在遵守晶体定向基本原则的前提下，对于不同晶系的晶体，还应有不同的具体定向法则，以便更好地适应各晶系晶体的对称特点。

通常晶体都选择三个坐标轴作为晶体的三个结晶轴，因而晶体的定向法则都采用三轴定向。但对于六方和三方晶系的晶体，由于对称上的特殊性，晶体的定向与其他晶系不同，有时还采用四轴定向。但使用并不普遍，因此在本书中我们只介绍三轴定向法则。

等轴晶系：对称特点是晶体中必定有三个相互垂直的 C_4 轴或 C_2 轴（当无 C_4 轴时）。理想发育的等轴晶系晶体总是沿着这三个 C_4 轴和三个 C_2 轴的方向呈三向等长的形态。我们就选择它们作为三个结晶轴，并使 c 轴直立，b 轴左右，a 轴前后。在此，轴角 $\alpha=\beta=\gamma=90°$。此外，由于三个结晶轴之间必定能够借助于等轴晶系所特有的四个 C_3 轴（每一个 C_3 轴与三个结晶轴均成等角度相交）的作用而发生对称重复，因此，三个结晶轴的性质应该是完全相同的，它们的轴单位也应是等长的，即 $a=b=c$，因而任何等轴晶系晶体的轴率均为 $a:b:c=1:1:1$。

四方晶系：对称特点是必定有一个 C_4 轴。反映晶体外形上，晶体沿此方向往往发育得较长或较短，在晶体中该方向与其他方向上所表现的性质也不相同。我们就以此唯一的 C_4 轴作为结晶轴的 c 轴。同时，选择与 c 轴垂直，且本身之间也相互垂直的两个相同的 C_2 轴为结晶轴的 a 轴与 b 轴，两者分别位于前后与左右方向。如晶体无 C_2 轴时，则选择方向与它们相对应的两个相同的 Cs 对称面的法线为 a 轴与 b 轴。如连这样的 Cs 也没有时，则以相当的两个显著晶棱方向为 a 轴与 b 轴。因此，其轴角 $\alpha=\beta=\gamma=90°$。显然，a 轴与 b 轴相互间必定可以通过 4 次轴的作用而对称重复，但它们与 c 轴之间则没有对称联系。故 a 轴与 b 轴二者彼此相同而与 c 轴则不同，从而 $a=b\neq c$。轴率 $a:c$（四方晶系因 $a=b$，故轴率只用 $a:c$ 来表示）在不同种类的晶体中其具体数值也不相同。

六方晶系：对称特点是含有唯一的高次轴 C_6 轴，在晶体外形上沿此唯一的高次轴方向往往发育得较长或较短，我们就选此唯一的高次轴作为直立结晶轴 c 轴。此外，在垂直 c 轴的平面内选择两个相同的、且互成 120°交角的 C_2 或 C_s 的法线方向，或适当的显著晶棱方向作为水平结晶轴，即 a 轴与 b 轴。三个结晶轴的具体安置是，c 轴上下直立，两个水平结晶轴中 b 轴左右水平，右正左负，a 轴左前右后水平，正端朝前偏左 30°。这样，两个水平结晶轴的正端之间均成 120°交角，正好与晶系的对称特点相适应。显然，两个水平结晶轴之间都是对称相同的，但与直立轴 c 轴则无对称联系。因此 $a=b\neq c$，$\alpha=\beta=90°$，$\gamma=120°$。轴率 $a:c$ 的具体数值随晶体种类的不同而异。

三方晶系：对称特点是必有一个 C_3 轴。反映晶体外形上，晶体沿此方向往往发育得较长或较短。同时，围绕 C_3 轴，在晶体中总是可以找到三个性质相同的方向，它们与 3 次轴都以同样的角度相交，而且本身两两之间的交角也都相同。三方晶系晶体的 3 轴定向，就是选择与 3 次轴成同样的交角，且本身相互间亦以等角度相交，但不在同一平面内的三个显著晶棱方向作为 a 轴、b 轴和 c 轴。结晶轴安置时，使晶体中唯一的 3 次轴直立，3 个结晶轴即围绕 C_3 轴分布。显然，三个结晶轴之间，必能借助于晶体中唯一的 C_3 轴的作用而相互重复，因此有 $a=b=c$ 的关系，从而所有晶体的轴率均为 $a:b:c=1:1:1$，同时还应有 $\alpha=\beta=\gamma\neq 90°$。

正交晶系：对称特点是 C_2 轴和 Cs 对称面的总数不少于三个，而且三个 C_2 轴和 Cs 对称面的法线均相互垂直。如晶体中具有三个 C_2 轴时，就选相互垂直的三个 C_2 轴作为结晶轴。在 $mm2$ 对称型中，则以唯一的 C_2 轴为 c 轴，两个 Cs 对称面的法线为 a 轴和 b 轴，三者亦相互垂直。因此，轴角 $\alpha=\beta=\gamma=90°$。三个结晶轴之间没有对称联系，故三者的性质均不相同，从而 $a\neq b\neq c$。轴率 $a:b:c$ 的具体数值随晶体的不同而不同。对正交晶系而言，结晶轴的安置是 c 轴直立，a 轴前后水平，b 轴左右水平，三个结晶轴均相互正交。

单斜晶系：对称特点是 C_2 轴和 Cs 对称面数目均不多于一个，而且当既有 C_2 轴又有 Cs 对称面时（亦即在 $2/m$ 对称型中），Cs 对称面的法线方向与 C_2 轴正好平行。因此，在这里可供选择作为结晶轴的对称要素仅有一个，我们即以此唯一的 C_2 轴或 Cs 对称面的法线为 b 轴，而 a 轴与 c 轴只能选择两个适当的晶棱方向，这两个晶棱方向要求它们垂直于 b 轴，而且是晶体上显著的晶棱，它们相互间一般不可能正交，但应比较接近于 90°，因此轴角 $\alpha=\gamma=90°$，$\beta\neq90°$。同时，三个结晶轴间显然没有对称联系，它们的性质不可能相同，故 $a\neq b\neq c$。轴角中的 β 和轴率 $a:b:c$ 的具体数值均随晶体种类的不同而异。

三斜晶系：对称特点是只有对称中心 C_i。因此，在这里没有对称要素可供选择作为结晶轴。只有选择三个适当的晶棱方向，即选择三个显著的、而且相互间较接近于 90°的晶棱方向作为结晶轴。显然，此时轴角 $\alpha\neq\beta\neq\gamma\neq90°$。同时，$a\neq b\neq c$。所有三个轴角以及轴率的具体数值均随晶体种类的不同而不同。

根据晶族的对称特点以及结晶轴选择的结果，低级晶族所有三个晶系的晶体，它们在外形上常表现为沿某一结晶轴的方向延长，或是平行于包含某两个结晶轴的平面而延展。

综上所述，除三方晶系外，在晶体的三轴定向中，选择结晶轴的一般步骤是：有 C_4 轴时首先选择 C_4 轴（六方晶系选择 C_6 轴）；如 C_4 轴不够或没有时，便选择 C_2；如 C_2 没有或不够时，再选择 C_s 的法线；最后，如果连 C_s 也没有或不够时，便选择适当的显著晶棱方向作为结晶轴。在以上选择过程中，除单斜晶系优先考虑 b 轴外，其余晶系都优先考虑 c 轴。

2.2.3 晶面符号

晶面符号也称米勒符号（Miller's symbol），它是根据晶面（或晶体中平行于晶面的其他平面）与各结晶轴的交截关系，用简单的数字符号形式来表达它们在晶体上方位的一种符号表达方式。

晶面符号有多种不同的设计，目前国际上通用的都是米勒符号。通常所说的晶面符号一般也都是指米勒符号。

（1）晶面符号的确定

假设晶体中的轴单位长度为 a、b、c。晶体上任意一个晶面，若它在三个结晶轴 a 轴、b 轴、c 轴上的截距依次为$\overline{OX}$、$\overline{OY}$、$\overline{OZ}$，已知轴率为

$a : b : c$，则

$$\frac{\overline{OX}}{a} : \frac{\overline{OY}}{b} : \frac{\overline{OZ}}{c} = p : q : r \tag{2.2.2}$$

p、q、r 即是该晶面在三个结晶轴上的截距系数。取截距系数的倒数比：

$$\frac{1}{p} : \frac{1}{q} : \frac{1}{r} = h : k : l \tag{2.2.3}$$

使 $h : k : l$ 取最简单的整数比，亦即使 h、k、l 成为三个没有公约数的整数，则 h、k、l 称为该晶面的米勒指数(Miller indices)，通常就称为晶面指数。

所以，晶面的米勒指数是指用来表达晶面在晶体上方向的一组无公约数的整数，它们的具体数值等于该晶面在结晶轴上所截截距系数的倒数比。于是，晶面的米勒指数直接可由下式求得

$$h : k : l = \frac{a}{\overline{OX}} : \frac{b}{\overline{OY}} : \frac{c}{\overline{OZ}} \tag{2.2.4}$$

应当注意，截距值根据晶面截结晶轴于原点的哪一侧而有正负之分：a 轴前正后负，b 轴右正左负，c 轴上正下负。因此其相应晶面的米勒指数也有正负之分。

如果将米勒指数按顺序连写，并置于圆括号内，写成(hkl)的形式，此(hkl)即构成晶面的米勒符号。通常所称的晶面符号一般都是指米勒符号。指数的排列顺序必须依次与 a 轴、b 轴、c 轴相对应，不得颠倒。当某个指数为负值时，就把负号写于该指数的上方，例如写成$(\bar{h}kl)$。

2.3 晶体的微观对称性

2.3.1 晶体的微观对称要素

晶体微观结构中可能出现的对称要素包括两部分：一部分是在宏

观晶体中所能出现的对称要素，即对称中心、对称面、对称轴及反伸轴；另一部分是只能存在晶体微观结构无限图形中才能出现的微观对称要素。后者的特点是在它们的对称操作中都包含有平移动作。显然，平移动作在有限图形中是不能成立的，所以微观对称要素不可能直接在宏观晶体外形中存在。

晶体的微观对称要素包括：

(1) 平移轴：为一直线方向。相应的对称操作为沿此直线方向平移一定的距离，对于具有平移轴的图形，在实行上述操作后，必可使图形相同部分重复，亦即整个图形复原。在平移这一对称操作中，能够使图形复原的最小平移距离，称为平移轴的移距。

(2) 滑移面：是一种复合的对称要素，其辅助几何要素有两个，一个是假想的平面和平行于此平面的某一直线方向。相应的对称操作为，对于此平面的反映和沿此直线方向平移的联合。如果平移的距离等于该方向行列结点间距的一半，亦即当图形经过此平面的反映后，继而再沿平行此平面的某一直线方向，平移其结点间距一半的距离。在操作时如先进行平移后再反映，其效果与上述操作过程完全相同，最后都能使图形相同部分重复，即整个图形复原。

滑移面按其平移方向与距离的不同，可分为 a、b、c 滑移面和 n、d 滑移面，如表 2－8 所示。

表 2－8　滑移面的图示符号和国际记号

滑移面名称与记号	图示符号	对称动作	备注
a	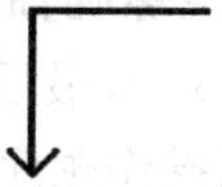	$MT(\underline{t})$	$\underline{t}=\frac{1}{2}\underline{a}$
b	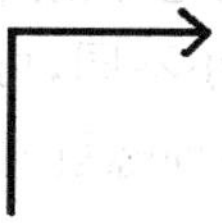	$MT(\underline{t})$	$\underline{t}=\frac{1}{2}\underline{b}$

续表

滑移面名称与记号	图示符号	对称动作	备注
c	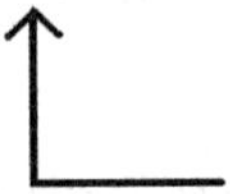	$MT(\underline{t})$	$\underline{t}=\frac{1}{2}\underline{c}$
n	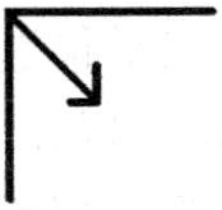	$MT(\underline{t})$	$\underline{t}=\frac{1}{2}(\underline{a}+\underline{b})$ $\frac{1}{2}(\underline{b}+\underline{c})$ $\frac{1}{2}(\underline{c}+\underline{a})$
d	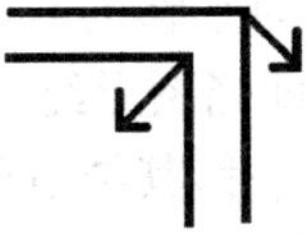	$MT(\underline{t})$	$\underline{t}=\frac{1}{4}(\underline{a}+\underline{b})$ $\frac{1}{4}(\underline{b}+\underline{c})$ $\frac{1}{4}(\underline{c}+\underline{a})$

(3) 螺旋轴：是一种复合的对称要素，其辅助几何要素为一条假想直线及与之平行的直线方向。相应的对称操作为围绕此直线旋转一定的角度和沿此直线方向平移的联合。与对称轴一样，螺旋轴也都有一定的基转角 α 和轴次 n，且 n 只能等于 1、2、3、4 和 6。螺旋轴中所包含的平移动作，其平移距离等于沿螺旋轴方向直线结点间距 T 的 s/n，其中 n 即为对称轴的轴次，s 为小于 n 的自然数。螺旋轴的国际符号，其一般形式即写成 n_s。于是当图形围绕螺旋轴旋转 α 角后，再继之以旋转轴方向平移其行列结点间距 T 的 s/n，最后便可使图形相同部分重复，即整个图形复原。与上述滑移面操作顺序类似，螺旋轴的操作过程也可以先进行平移后旋转，其效果也完全相同。

螺旋轴根据其轴次和平移距离大小不同，可分为 2_1、3_1、3_2、4_1、4_2、4_3、6_1、6_2、6_3、6_4、6_5 共 11 种螺旋轴，各种螺旋轴的符号和国际记号如表 2-9 所示。

表 2-9　螺旋轴的符号和国际记号

轴次 n	轴次记号	符号	对称动作	阶次
1	1		$L(2\pi)$	1
1	$\bar{1}$		$L(2\pi)I$	2
2	2		$L(\pi)$	2
2	$\bar{2}$		$L(\pi)I$	2
2	2_1		$L(\pi)T(t)$	∞
3	3		$L\left(\frac{2\pi}{3}\right)$	3
3	$\bar{3}$		$L\left(\frac{2\pi}{3}\right)I$	6
3	3_1		$L\left(\frac{2\pi}{3}\right)T(t)$	∞
3	3_2		$L\left(\frac{2\pi}{3}\right)T(2t)$	∞
4	4		$L\left(\frac{\pi}{2}\right)$	4
4	$\bar{4}$		$L\left(\frac{\pi}{2}\right)I$	4
4	4_1		$L\left(\frac{\pi}{2}\right)T(t)$	∞

续表

轴次 n	轴次记号	符号	对称动作	阶次
4	4_2		$L\left(\frac{\pi}{2}\right)T(2t)$	∞
4	4_3		$L\left(\frac{\pi}{2}\right)T(3t)$	∞
6	6		$L\left(\frac{2\pi}{6}\right)$	6
6	$\overline{6}$		$L\left(\frac{2\pi}{6}\right)I$	6
6	6_1		$L\left(\frac{2\pi}{6}\right)T(t)$	∞
6	6_2		$L\left(\frac{2\pi}{6}\right)T(2t)$	∞
6	6_3		$L\left(\frac{2\pi}{6}\right)T(3t)$	∞
6	6_4		$L\left(\frac{2\pi}{6}\right)T(4t)$	∞
6	6_5		$L\left(\frac{2\pi}{6}\right)T(5t)$	∞

2.3.2 晶体的微观对称类型（230 种空间群）

理论上可以证明(费多罗夫)晶体的微观对称要素组合的结果都可产生,也只能产生 230 种组合情况,称为 230 种微观对称类型,亦称 230 种空间群。

到现在为止,已知晶体的结构大多属于 230 种空间群中的 100 种。

从统计的结果知道，重要的空间群只有 30 个，这 30 个经常遇到的空间群分布在各个晶系中的情况为：三斜 1 个、单斜 4 个、正交 6 个、四方 5 个、三方 4 个、六方 4 个、立方 6 个。表 2－10 列出了 230 种空间群以及各种记号。

表 2－10　230 个空间群及记号

C_1^1	$P1$			$Pcc2$	Pcc		$Imm2$	Imm
C_i^1	$P\bar{1}$			$Pma2$	Pma		$Iba2$	Iba
$C_s^{(1-4)}$	Pm			$Pca2_1$	Pca		$Ima2$	Ima
	Pc			$Pnc2$	Pnc	$D_2^{(1-9)}$	$P222$	
	Cm			$Pmn2_1$	Pmn		$P222_1$	
	Cc			$Pba2$	Pba		$P2_12_12$	
$C_2^{(1-3)}$	$P2$			$Pna2_1$	Pna		$P2_12_12_1$	
	$P2_1$			$Pnn2$	Pnn		$C222_1$	
	$C2$			$Cmm2$	Cmm		$C222$	
$C_{2h}^{(1-6)}$	$P\frac{2}{m}$			$Cmc2_1$	Cmc		$F222$	
	$P\frac{2_1}{m}$			$Ccc2$	Ccc		$I222$	
	$C\frac{2}{m}$			$Amm2$	Amm		$I2_12_12_1$	
	$P\frac{2}{c}$			$Abm2$	Abm	$D_{2h}^{(1-28)}$	$P\frac{2}{m}\frac{2}{m}\frac{2}{m}$	$Pmmm$
	$P\frac{2_1}{c}$			$Ama2$	Ama		$P\frac{2}{n}\frac{2}{n}\frac{2}{n}$	$Pnnn$
	$C\frac{2}{c}$			$Aba2$	Aba		$P\frac{2}{c}\frac{2}{c}\frac{2}{m}$	$Pccm$
$C_{2v}^{(1-22)}$	$Pmm2$	Pmm		$Fmm2$	Fmm		$P\frac{2}{b}\frac{2}{a}\frac{2}{n}$	$Pban$
	$Pmc2_1$	Pmc		$Fdd2$	Fdd		$P\frac{2_1}{m}\frac{2}{m}\frac{2}{a}$	$Pmma$

续表

	$P\frac{2}{n}\frac{2_1}{n}\frac{2}{a}$	$Pnna$		$F\frac{2}{m}\frac{2}{m}\frac{2}{m}$	$Fmmm$		$P\frac{4_2}{n}$	
	$P\frac{2}{m}\frac{2}{n}\frac{2_1}{a}$	$Pmna$		$F\frac{2}{d}\frac{2}{d}\frac{2}{d}$	$Fddd$		$I\frac{4}{m}$	
	$P\frac{2_1}{c}\frac{2}{c}\frac{2}{a}$	$Pcca$		$I\frac{2}{m}\frac{2}{m}\frac{2}{m}$	$Immm$		$I\frac{4_1}{a}$	
	$P\frac{2_1}{b}\frac{2_1}{a}\frac{2}{m}$	$Pbam$		$I\frac{2}{b}\frac{2}{a}\frac{2}{m}$	$Ibam$	$D_{2d}^{(1-12)}$	$P\bar{4}2m$	
	$P\frac{2_1}{c}\frac{2_1}{c}\frac{2}{n}$	$Pccn$		$I\frac{2_1}{b}\frac{2_1}{c}\frac{2_1}{a}$	$Ibca$		$P\bar{4}2c$	
	$P\frac{2}{b}\frac{2_1}{c}\frac{2_1}{m}$	$Pbcm$		$I\frac{2_1}{m}\frac{2_1}{m}\frac{2_1}{a}$	$Imma$		$P\bar{4}2_1m$	
	$P\frac{2_1}{n}\frac{2_1}{n}\frac{2}{m}$	$Pnnm$	$S_4^{(1-2)}$	$P\bar{4}$			$P\bar{4}2_1c$	
	$P\frac{2_1}{m}\frac{2_1}{m}\frac{2}{n}$	$Pmmn$		$I\bar{4}$			$P\bar{4}m2$	
	$P\frac{2_1}{b}\frac{2}{c}\frac{2_1}{n}$	$Pbcn$	$C_4^{(1-6)}$	$P4$			$P\bar{4}c2$	
	$P\frac{2_1}{b}\frac{2_1}{c}\frac{2_1}{a}$	$Pbca$		$P4_1$			$P\bar{4}b2$	
	$P\frac{2_1}{n}\frac{2_1}{m}\frac{2_1}{a}$	$Pnma$		$P4_2$			$P\bar{4}n2$	
	$C\frac{2}{m}\frac{2}{c}\frac{2_1}{m}$	$Cmcm$		$P4_3$			$I\bar{4}m2$	
	$C\frac{2}{m}\frac{2}{c}\frac{2_1}{a}$	$Cmca$		$I4$			$I\bar{4}c2$	
	$C\frac{2}{m}\frac{2}{m}\frac{2}{m}$	$Cmmm$		$I4_1$			$I\bar{4}2m$	

续表

	$C\frac{2}{c}\frac{2}{c}\frac{2}{m}$	$Cccm$	$C_{4h}^{(1-6)}$	$P\frac{4}{m}$			$I\bar{4}2d$	
	$C\frac{2}{m}\frac{2}{m}\frac{2}{a}$	$Cmma$		$P\frac{4_2}{m}$		$C_{4v}^{(1-12)}$	$P4mm$	$P4mm$
	$C\frac{2}{c}\frac{2}{c}\frac{2}{a}$	$Ccca$		$P\frac{4}{n}$			$P4bm$	$P4bm$
	$P4_2cm$	$P4cm$		$I422$	$I42$		$I\frac{4}{m}\frac{2}{m}\frac{2}{m}$	$I\frac{4}{m}mm$
	$P4_2nm$	$P4nm$		$I4_122$	$I4_12$		$I\frac{4}{m}\frac{2}{c}\frac{2}{m}$	$I\frac{4}{m}cm$
	$P4cc$	$P4cc$	$D_{4h}^{(1-20)}$	$P\frac{4}{m}\frac{2}{m}\frac{2}{m}$	$P\frac{4}{m}mm$		$I\frac{4_1}{a}\frac{2}{m}\frac{2}{d}$	$I\frac{4}{a}md$
	$P4nc$	$P4nc$		$P\frac{4}{m}\frac{2}{c}\frac{2}{c}$	$P\frac{4}{m}cc$		$I\frac{4_1}{a}\frac{2}{c}\frac{2}{d}$	$I\frac{4}{a}cd$
	$P4_2mc$	$P4mc$		$P\frac{4}{n}\frac{2}{b}\frac{2}{m}$	$P\frac{4}{n}bm$	$C_3^{(1-4)}$	$P3$	
	$P4_2bc$	$P4bc$		$P\frac{4}{n}\frac{2}{n}\frac{2}{c}$	$P\frac{4}{n}nc$		$P3_1$	
	$I4mm$	$I4mm$		$P\frac{4}{m}\frac{2_1}{b}\frac{2}{m}$	$P\frac{4}{m}bm$		$P3_2$	
	$I4cm$	$I4cm$		$P\frac{4}{m}\frac{2_1}{n}\frac{2}{c}$	$P\frac{4}{m}nc$		$R3$	
	$I4_1md$	$I4md$		$P\frac{4}{n}\frac{2_1}{m}\frac{2}{m}$	$P\frac{4}{n}mm$	$C_{3i}^{(1-2)}$	$P\bar{3}$	
	$I4_1cd$	$I4cd$		$P\frac{4}{n}\frac{2_1}{c}\frac{2}{c}$	$P\frac{4}{n}cc$		$R\bar{3}$	
$D_4^{(1-10)}$	$P422$	$P42$		$P\frac{4_2}{m}\frac{2}{m}\frac{2}{c}$	$P\frac{4}{m}mc$	$C_{3v}^{(1-6)}$	$P3m1$	$P3m$

续表

	$P42_12$	$P42_1$		$P\frac{4_2}{m}\frac{2}{c}\frac{2}{m}$	$P\frac{4}{m}cm$		$P31m$	
	$P4_122$	$P4_12$		$P\frac{4_2}{n}\frac{2}{b}\frac{2}{c}$	$P\frac{4}{n}bc$		$P3c1$	$P3c$
	$P4_12_12$	$P4_12_1$		$P\frac{4_2}{n}\frac{2}{n}\frac{2}{m}$	$P\frac{4}{n}nm$		$P31c$	
	$P4_222$	$P4_22$		$P\frac{4_2}{m}\frac{2_1}{b}\frac{2}{c}$	$P\frac{4}{m}bc$		$R3m$	
	$P4_22_12$	$P4_22_1$		$P\frac{4_2}{m}\frac{2_1}{n}\frac{2}{m}$	$P\frac{4}{m}nm$		$R3c$	
	$P4_322$	$P4_32$		$P\frac{4_2}{n}\frac{2_1}{m}\frac{2}{c}$	$P\frac{4}{n}mc$	$D_3^{(1-7)}$	$P312$	
	$P4_32_12$	$P4_32_1$		$P\frac{4_2}{n}\frac{2_1}{c}\frac{2}{m}$	$P\frac{4}{n}cm$		$P321$	$P32$
	$P3_112$		$D_{3h}^{(1-4)}$	$P\bar{6}m2$			$I23$	
	$P3_121$	$P3_12$		$P\bar{6}c2$			$P2_13$	
	$P3_212$			$P\bar{6}2m$			$I2_13$	
	$P3_221$	$P3_22$		$P\bar{6}2c$		$T_h^{(1-7)}$	$P\frac{2}{m}\bar{3}$	$Pm3$
	$R32$		$C_{6v}^{(1-4)}$	$P6mm$	$P6mm$		$P\frac{2}{n}\bar{3}$	$Pn3$
$D_{3d}^{(1-6)}$	$P\bar{3}1\frac{2}{m}$	$P\bar{3}1m$		$P6cc$	$P6cc$		$F\frac{2}{m}\bar{3}$	$Fm3$
	$P\bar{3}1\frac{2}{c}$	$P\bar{3}1c$		$P6_3cm$	$P6cm$		$F\frac{2}{d}\bar{3}$	$Fd3$

续表

	$P\bar{3}\frac{2}{m}1$	$P\bar{3}m$		$P6_3mc$	$P6mc$		$I\frac{2}{m}\bar{3}$	$Im3$
	$P\bar{3}\frac{2}{c}1$	$P\bar{3}c$	$D_6^{(1-6)}$	$P622$	$P62$		$P\frac{2_1}{a}\bar{3}$	$Pa3$
	$R\bar{3}\frac{2}{m}$	$R\bar{3}m$		$P6_122$	$P6_12$		$I\frac{2_1}{a}\bar{3}$	$Ia3$
	$R\bar{3}\frac{2}{c}$	$R\bar{3}c$		$P6_522$	$P6_52$	$T_d^{(1-6)}$	$P\bar{4}3m$	
C_{3h}^1	$P\bar{6}$			$P6_222$	$P6_22$		$F\bar{4}3m$	
$C_6^{(1-6)}$	$P6$			$P6_422$	$P6_42$		$I\bar{4}3m$	
	$P6_1$			$P6_322$	$P6_32$		$P\bar{4}3n$	
	$P6_5$		$D_{6h}^{(1-4)}$	$P\frac{6}{m}\frac{2}{m}\frac{2}{m}$	$P\frac{6}{m}mm$		$F\bar{4}3c$	
	$P6_2$			$P\frac{6}{m}\frac{2}{c}\frac{2}{c}$	$P\frac{6}{m}cc$		$I\bar{4}3d$	
	$P6_4$			$P\frac{6_3}{m}\frac{2}{c}\frac{2}{m}$	$P\frac{6}{m}cm$	$O^{(1-8)}$	$P432$	$P43$
	$P6_3$			$P\frac{6_3}{m}\frac{2}{m}\frac{2}{c}$	$P\frac{6}{m}mc$		$P4_232$	$P4_23$
$C_{6h}^{(1-2)}$	$P\frac{6}{m}$		$T^{(1-5)}$	$P23$			$F432$	$F43$
	$P\frac{6_3}{m}$			$F23$			$F4_132$	$F4_13$
	$I432$	$I43$		$P\frac{4}{n}\bar{3}\frac{2}{n}$		$Pn3n$	$F\frac{4_1}{d}\bar{3}\frac{2}{m}$	$Fd3m$

续表

	$P4_332$	$P4_33$	$P\frac{4_2}{m}\bar{3}\frac{2}{n}$	$Pm3n$	$F\frac{4_1}{d}\bar{3}\frac{2}{c}$	$Fd3c$
	$P4_132$	$P4_13$	$P\frac{4_2}{n}\bar{3}\frac{2}{m}$	$Pn3m$	$I\frac{4}{m}\bar{3}\frac{2}{m}$	$Im3m$
	$I4_132$	$I4_13$	$F\frac{4}{m}\bar{3}\frac{2}{m}$	$Fm3m$	$I\frac{4_1}{a}\bar{3}\frac{2}{d}$	$Ia3d$
$O_h^{(1-10)}$	$P\frac{4}{m}\bar{3}\frac{2}{m}$	$Pm3m$	$F\frac{4}{m}\bar{3}\frac{2}{c}$	$Fm3c$		

2.3.3 空间群推导举例

属于同一对称类型的晶体，其晶体内部结构的对称可以有所不同，首先是空间格子型式（布拉维格子型式）可以不同；其次对称要素也可以不同，当然后者的不同是有限制的，即结晶多面体的旋转轴。在晶体内部构造中不仅可以仍然是旋转轴，同时还可能是各种不同的螺旋轴，但它们的轴次不能改变。而结晶多面体的对称面，在晶体内部构造中不仅仍然可以是对称面，同时还可能是各种滑移面。但不管是旋转轴还是各种的螺旋轴，是对称面还是各种滑移面，它们的方向则必须一致。因此，只要确定出可能存在的空间格子型式，同时将对称型中的每个旋转轴与对称面“分裂”成若干种可能的螺旋轴与滑移面后，再将它们进行数学组合，就可以得出相应的空间群。

空间群目前都采用国际符号表示。它是由两部分组成：第一部分的大写英文字母代表空间格子型式；第二部分则与对称类型的国际符号相对应，只是将其中的宏观对称符号换以相应的微观对称要素，而且同方向组合产生的对称要素不列入符号中。

现举例推导相应于 $2/m$ 对称类型的所有空间群。$2/m$ 对称类型属于单斜晶系。它可能出现的空间格子可以有单斜 P 格子和单斜 C 格子。其次 2 次对称轴，既可能仍是 2，也可能是螺旋轴 2_1；对称面仍可能为 m 外，还可能是滑移面 a、c 或 n，但不可能出现 b 和 d 滑移面。

于是将上述所有可能的空间格子型式以及对称要素组合后，则可得出如下形式符号的 16 个空间群符号。

$P2/m$	$P2/a$　$P2/c$　$P2/n$	$C2/m$　$C2/a$	$C2/c$　$C2/n$
$P2_1/m$	$P2_1/a$　$P2_1/c$　$P2_1/n$	$C2_1/m$　$C2_1/a$	$C2_1/c$　$C2_1/n$

但在这里还存在重复。首先，对于单斜 P 格子来说，如果把空间格子中的结晶轴 a 轴和 c 轴名称对换一下，则原来的滑移面 a 相应地就变成了滑移面 c，类似地只要像图 2－15 那样适当地改变一下单位平行六面体的划分方式，滑移面 n 就变为滑移面 c。

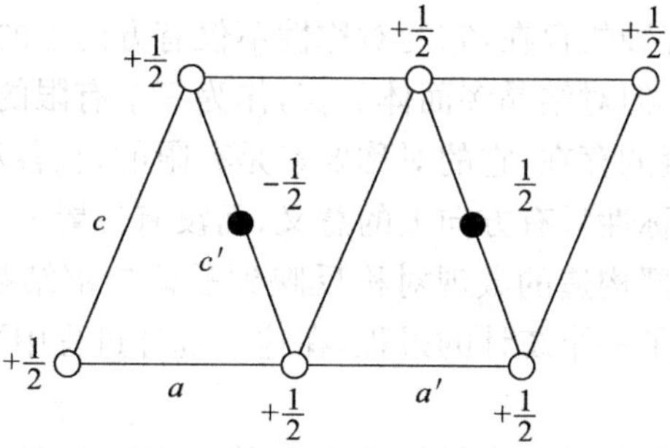

图 2－15　虚线划分的 n 滑移面可画出实线划分的 c 滑移面

其次在 C 格子中，由于距离为 $(a \pm c)/2$ 的平移轴与其他对称要素组合的结果，滑移面 a 必然与对称面 m 平行相间地共同出现在滑移面 n 与 c 之间，以及在 2_1 与 2 对称轴之间情况也都一样。因此，以上所列的 16 个空间群符号中，凡在同一方框内者，它们实际都是等价的。这样去掉重复的以后，属于 $2/m$ 对称型的不同空间群，实际上总共只有 6 个

$$P2/m \qquad P2_1/m \qquad C2/m$$
$$P2/c \qquad P2_1/c \qquad C2/c$$

在充分考虑晶体内部空间点阵排列规律与微观对称性可能出现的基础上，1889 年费多罗夫（Fedorov 1853—1919）运用数学的方法推导出了晶体结构中一切可能的对称要素组合方式，即 230 种空间群。

2.3.4 微观对称性和宏观对称性的关系

结晶多面体和晶体内部构造两者是相互依存的，前者以后者为根据，而后者则以前者为其存在的形式，它们是统一的，但同时它们又是有区别的。这点差异同样地反映在它们的对称性上。首先，结晶多面体中的对称要素必定与相应的晶体内部构造中相同方向上的对称要素相对应。但它们并不是简单的相等，而是有区别的。作为一个无限图形，晶体内部构造中必定存在无限多的平移轴。因而它的各种对称要素总是在空间作周期性重复而排列，其数目是无限的。同时它还可以有滑移面和螺旋轴的存在，它的对称性不仅有方向上的意义，同时还有位置上的意义。但对结晶多面体而言，作为一个有限的图形，它不可能有微观对称要素的存在，它的对称要素是有限的，且各对称要素必须共交一点，它的对称性只有方向上的意义，而没有位置上的意义。这就意味着，从晶体内部构造的微观对称反映到晶体外部结晶多面体的宏观对称，其间经过了一个统计的过程，在这个统计过程中平移的因素被消除了。

具体说来，假如晶体内部构造中在某一方向上存在一族成周期性重复而排列的某种对称要素时，则反映到晶体外部结晶多面体中就必定在相同的方向上出现相应的对称要素，但此时其数目只有一个。同时，如果原来的对称要素是带有平移变换的滑移面或螺旋轴，则它们在结晶多面体中表现出来的将是消除了平移因素后而得出的对称面或对称轴(轴次不变)。此外，在晶体内部构造中的相同方向上，可以存在相互分离的不同对称要素，而结晶多面体中则只能反映出它们之中轴次最高的那个对称要素，其余的就都包含在其中而不再独立出现。例如，在 NaCl 结构中垂直于(001)面网方向的对称要素，其中对称轴记有 4、4_2、4_1 三类，但它们反映在结晶多面体宏观对称上时就只表现为一个 4。

以上的变换可以看成这样一个过程：假设结晶构造中的平移距离无限缩小而趋向于零，则同一方向上为数有限的一族对称要素就将合并成为一个。且对于滑移面和螺旋轴而言，它们平移动作的距离也趋向于等于零而最后蜕化成为对称面和同轴次的对称轴。此时，无限图形就变成了有限图形，而空间群也就变成了相应的宏观对称类型。

所以每一个空间群都与一定的对称类型相对应，而每个对称类型则各有若干个与之相应的空间群。

习　题

1. 空间点阵中，一个直线点阵和一个平面点阵相交，交点是否一定是结点？如何理解有理数定律的证明过程中下列三式的意义？

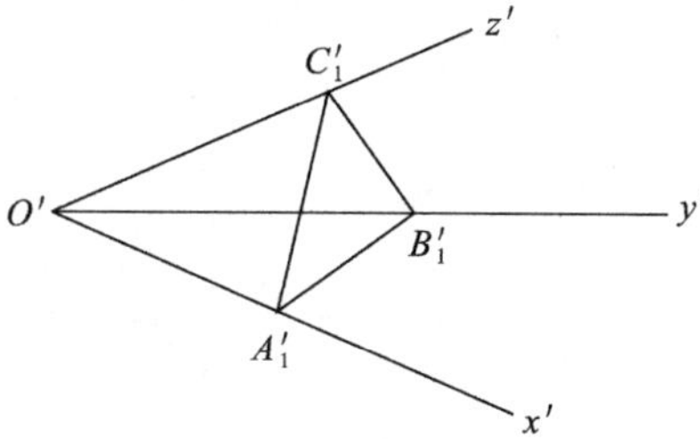

$$O'A_1' = p_1\underline{a}$$
$$O'B_1' = q_1\underline{b}$$
$$O'C_1' = r_1\underline{c}$$

2. 怎样用微粒排列的规律性来解释晶态有固定熔点，而非晶态无固定熔点？
3. 宏观对称性中，对称要素的数目是有限的，但又说位置不固定，到处都有对称要素，这应如何解释？
4. 如果晶体不是木制模型那样规则完整，怎样研究晶体对称性？
5. 32 个点群中，有些点群有很多旋转轴而没有反映面。为什么找不到只有很多反映面而无旋转轴的对称类型？
6. 32 个点群中共有几个带心的对称类型？几个只有二度空间对称的点群？分别写出它们的圣佛利斯符号。
7. 请找出正四方柱、正三方双锥、正四面体晶体外形的宏观对称要素，并画出极射赤平投影图，指出上述晶体所属点群、晶系及特征对称要素。

8. 点群相同的晶体其几何外形是否一定相同？为什么？
9. 为什么 14 种点阵型式中有正交底心而无四方底心，也没有立方底心型式？有立方面心而无四方面心型式？
10. 利用晶体构造理论解释晶面角守恒定律。

第 3 章 晶体 X 射线结构分析

19 世纪末以来，许多科学家在研究晶体的许多宏观性质时不断总结和归纳出晶体内部构造的几何理论和对称性理论，并通过完善已成为一套完整的理论。人们不但观测到晶体具有 32 种宏观对称类型，并且推测到晶体内部阵点排列的周期性，从而建立了 230 个空间群的理论。这一套完整的晶体结构理论必须用实践加以证明。伦琴于 1895 年发现了 X 射线（伦琴射线）以后，从实验上证实晶体结构的几何理论就成为可能，而且将 X 射线作为测定晶体内部结构强有力的实验工具。证实晶体结构的几何理论及测定晶体结构的工作，是从 1912 年德国物理学家劳厄（Laue）发现了 X 射线在晶体中的衍射现象以后开始的。

近一百年来，人们利用 X 射线衍射的方法作为测定晶体结构的主要方法，积累了许多晶体内部构造的数据资料，从而更深入地、定量地了解了微粒排列的规律性。现在 X 射线结构分析已经成为科学技术上最广泛使用的实验方法之一。例如，在化学、物理学、生物学、天文学、矿物学、金相学、冶金与机械工业等方面，常用 X 射线来研究物相的结构、生命起源与演变、金属制品的内部结构等。

本章主要是介绍 X 射线结构分析的基本原理和实验方法。

3.1 X 射线的产生及其性质

3.1.1 X 射线的产生

以高速运动的电子在撞击到任何障碍物时，都能产生 X 射线，由于运动中的电子被急剧地阻止而失去自己的动能，此动能的大部分转变为热能，一小部分变为 X 射线的能量。因此为了获得 X 射线，必须有这样的一种装置：(1) 用某种方法得到足够量的自由电子；(2) 迫使这些电子在一定的方向上做高速运动；(3) 在电子运动的路途上设置一个急剧阻止电子的障碍物(阳极靶)。

3.1.2 X 射线的性质

X 射线是一种电磁波。其波长(λ)很短，光子能量($h\nu$)很大，穿透力很强。X 射线波长一般为 0.01～10Å，X 射线结构分析中常用0.5～2Å 波长的 X 射线。

X 射线的波长分布有两种：(1) 连续光谱(白色 X 射线)；(2) 不连续光谱(单色 X 射线、特征 X 射线、标识 X 射线)。产生连续光谱的原因是高速运动的电子撞到(阳极)原子上速度突然降低而产生能量辐射。连续 X 射线谱与靶金属的性质无关，常用的 X 射线管如图 3-1 所示。

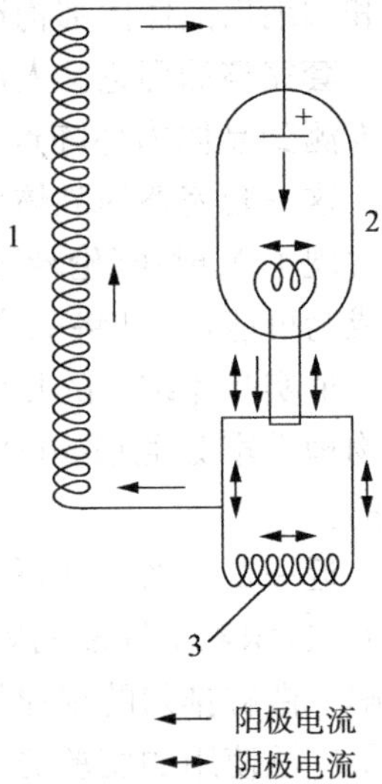

图 3-1 X 射线发生装置

1—X 射线管高压变压器；
2—X 射线管；
3—加热变压器

高速电子的能量大到某一定数值时(即 X 射线管加入电压高达一定值时)，不仅得到连续 X 射线，而且还得到单色 X 射线，这是因为电子的能量很大。足以将靶金属原子中 K 电子打走，L 电子补回到 K 上即得 $K_\alpha(h\nu=E_2-E_1)$，若 M 电子补回则得 K_β……，总称 K 系 X 射线。

根据莫塞莱(Moseley)定律，特征 X 射线的波长 λ 与靶材料有关，与加入 X 射线管电压无关。

K_α 射线有两条，这是因为两种 L 电子(s，p)的能量稍有不同。

如果 X 射线的衍射实验需要用单色 X 射线，就需要将其他波长滤去，一般选用比靶材料原子序数小 1～2 的另一种金属来吸收，如图 3－2 所示。

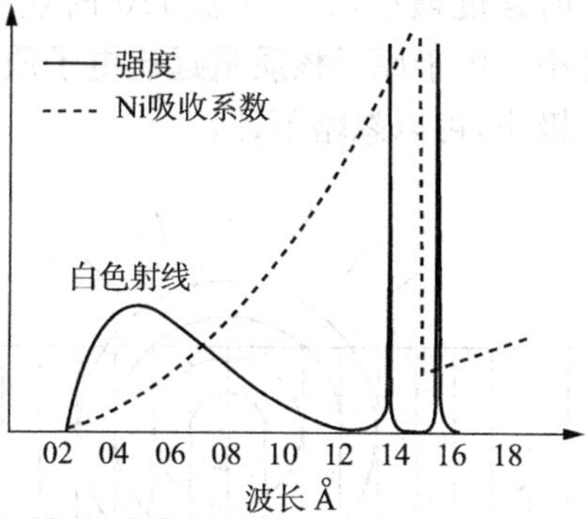

图 3－2　Cu 的 X 射线光谱(50 千伏时)和 Ni 的吸收曲线

X 射线与晶体作用，可能发生下列几种情况。

(1) 大部分穿透。

(2) 非散射能量转换——热能，光电效应。

(3) 散射 $\begin{cases}\text{相干散射——衍射；}\\\text{不相干散射——康普顿(Compton)散射。}\end{cases}$

在晶体中，电子能够以相同的位相散射 X 射线，并作为一个新波源，散射出波长与入射波相同的球面波。

由于 X 射线是一种电磁波，在位于来自远处 X 射线平面波路途中的电子，受到 X 射线周期变化的电场作用，而被迫产生相应的振动。这样振动着的电子就成为发射电磁波的新波源，其振动的频率及其位相和入射X射线电磁波频率及其位相相同，即电子散射出来的次生X射线与入射的X射线的波长相同，步伐一致（位相相同），如图3－3所示。此时在各方向上电子散射的次生X射线的强度可用下列的汤姆生（Thomson）公式来表示

$$I_e=\frac{I_0e^4}{r^2m^2c^4}\cdot\frac{1+\cos^2 2\theta}{2}$$

式中，I_0 为入射X射线的强度，e 为电子电荷；m 为电子静质量；c 为光速；2θ 为散射方向与入射方向的交角；I_e 为距电子 r 远处的散射光强度。由此式可以知道，当其他条件不变时散射光的强度与 2θ 的数值有关系，$2\theta=90°$ 时强度最小，$2\theta=0°$ 及 $180°$ 时强度最大。当 θ 不变时，r 愈大则强度愈小。由于原子核质量远比电子质量大，所以原子核散射的X射线强度极小，可以忽略不计。

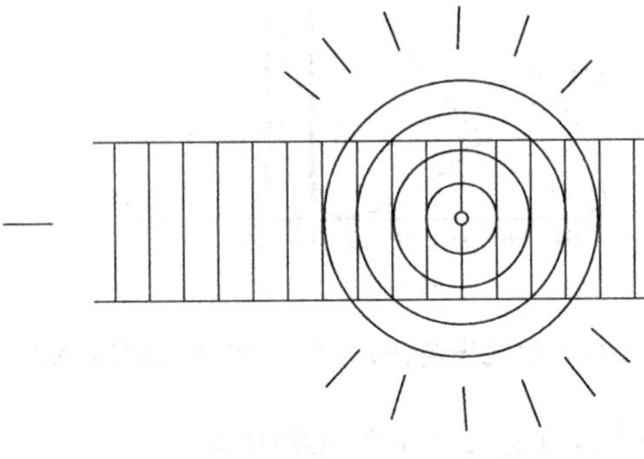

图3－3　电子散射X射线

显然原子散射X射线的能力是和该原子中所含电子数目有关，原子序数愈大，则散射能力就愈强。

3.2　X射线在晶体中的衍射效应

X射线在晶体中能够发生衍射效应，主要是由于下列原因：(1) 晶

体中的电子能散射 X 射线；(2) 晶体内部是点阵结构，点阵排列的周期大小和 X 射线的波长属于同一数量级；(3) 电子散射出来的次生 X 射线能够产生干涉现象。

晶体衍射 X 射线的现象也是一种基于波振动叠加原理的干涉现象，干涉的结果随 Δ / λ 不同而有所不同(Δ 为差程，λ 为波长)，Δ / λ 为整数的方向上，各波列间出现最大程度的相互加强干涉，结晶学中将最大程度的加强干涉称为衍射，而发生最大程度的干涉方向称为衍射方向，在衍射方向上前进的波叫做衍射波。

我们首先考虑一个直线点阵的衍射情况。在这个直线点阵中每一阵点假设都为一点原子(原子中的电子与原子核都集中于一点的假想原子)。来自远方的 X 射线平面波列向着以相同间隔的直线排列的点原子前进，当点原子受迫振动时，点原子中的电子立刻散射 X 射线而产生出波长相同的球面波来，它的波前进如图 3-4 中的圆弧线表示。这些球面波前进的时候，必然发生相互干涉现象。由于在不同的方向上两波列的差程不同，所以干涉结果也不同。如果在某些特定的方向上产生了衍射，也就是在这些方向上，波列之间的差程为波长的整数倍，

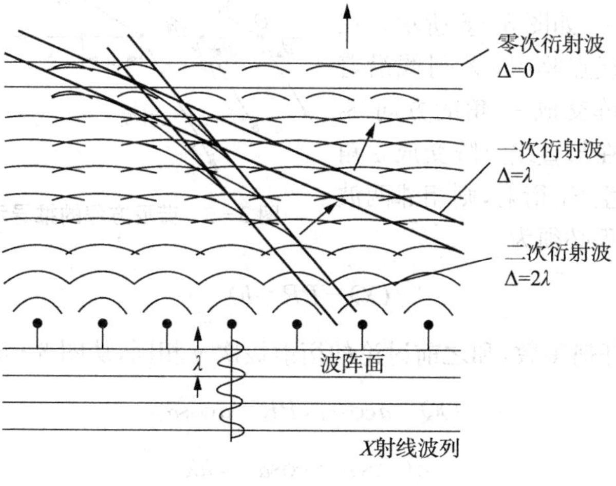

图 3-4　衍射原理的示意图

而产生最大限度的加强干涉。图中以直线画出的波列前进的方向即为衍射方向，相邻两波列之间的差程 $\Delta=\lambda$ 时，称为一级衍射波；差程 $\Delta=2\lambda$ 时，称为二级衍射波；$\Delta=n\lambda$ 时，称为 n 级衍射波；$\Delta=0$ 时，称为零级衍射波。并不是在所有的方向上都能产生衍射，也并不是所有的方向上都可观察到衍射波，只有在某些特定的方向上才能观察到衍射波。

产生衍射波的方向与晶体的点阵周期、入射 X 射线波长、入射方向等因素有关，其衍射结果可用劳厄方程式及布拉格(Bragg)方程式表示。

3.3 劳厄方程和布拉格-乌尔夫方程

3.3.1 直线点阵衍射条件

设有一个基于直线点阵的周期结构，其点阵周期为 a，结构基元是点原子，如图 3-5 所示。在这样的直线点阵中，X 射线沿着与直线点阵交成 α_0 角的方向 S_0 入射。若在与直线点阵交成 α 角的方向发生 S_1 衍射，则相邻两波列间的差程必须为

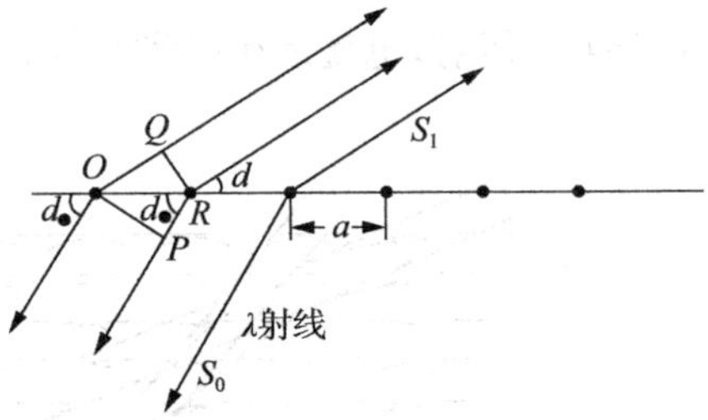

图 3-5 劳厄方程的推导示意图

$$OQ-PR=h\lambda$$

h 是任何整数，和之前讨论的衍射级次 n 相同，从图 3-5 可知

$$OQ=a\cos\alpha_h, PR=a\cos\alpha_0$$

得
$$a(\cos\alpha_h-\cos\alpha_0)=h\lambda$$

或
$$\alpha_h=\cos^{-1}(h\lambda/a+\cos\alpha_0)$$

这就是直线点阵产生衍射的条件。

事实上，由于电子散射 X 射线生成的是球面波，所以与直线点阵成 α 角的衍射方向是无数的，它们的轨迹显然是以直线点阵为轴线，以 2α 为顶角的圆锥面，如图 3－6 所示。若在与直线点阵平行方向上放置一照相底板，这些衍射的圆锥面将在照相底板上显示出如图 3－7 所示的一组双曲线衍射图。

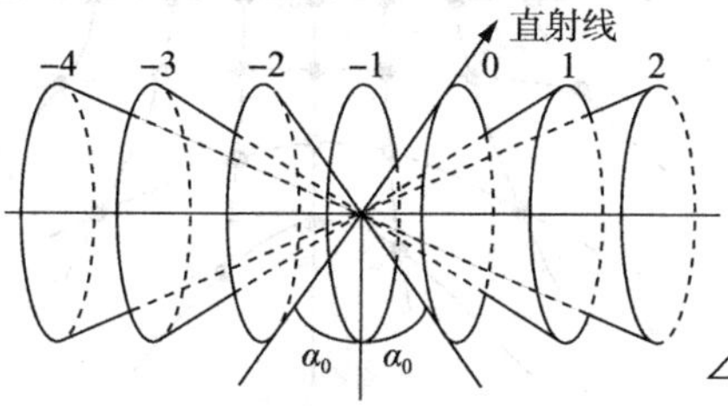

图 3－6　直线点阵衍射的干涉圆锥

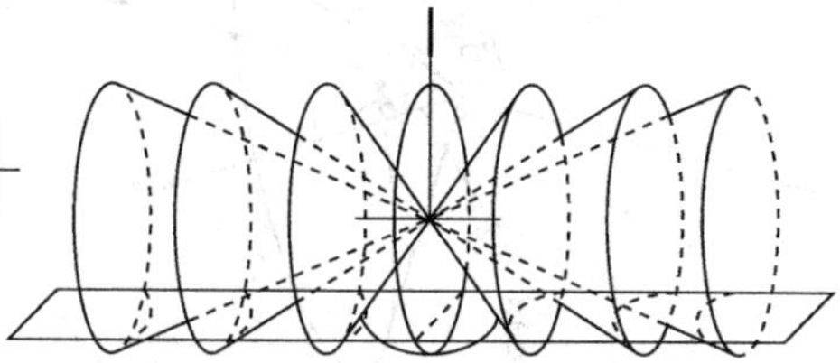

图 3－7　直线点阵的衍射图片

3.3.2　平面点阵衍射条件

设有一个平面点阵的周期结构，其点阵周期为 a 及 b，结构基元是点原子。这个平面点阵可以看作为两个直线点阵的结合。周期为 a 的直线点阵发生衍射的条件是

$$a(\cos\alpha_h - \cos\alpha_0) = h\lambda$$

同理，周期为 b 的直线点阵发生衍射的条件是

$$b(\cos\beta_k - \cos\beta_0) = k\lambda$$

由于这两个直线点阵中散射的球面波互相之间被干涉，所以对平面点阵而言，其平面点阵中发生衍射的方向必须同时满足上面两个方程式。也就是说，产生衍射的方向是与衍射级次 h 和 k 相应的圆锥面交线的方向上，如图 3－8(a)所示。同理，在平面点阵垂直位置上放置照相底板，则获得的图案是一组点。这组点相应为两组曲线的交点，如图 3－8(b)所示。

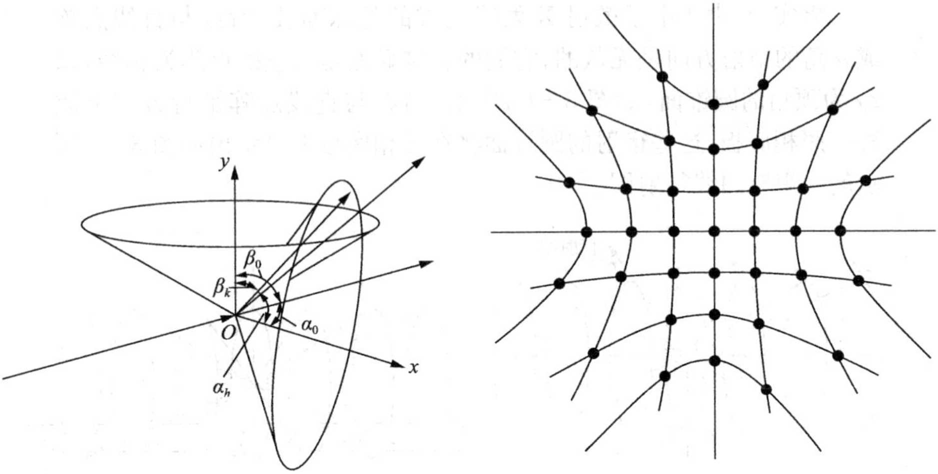

(a) 干涉圆锥　　(b) 衍射图片

图 3-8　平面点阵衍射

3.3.3　空间点阵衍射条件

同理，类似上述讨论可以导出，空间点阵产生衍射的方向必须同时满足下列三个方程式，其衍射方向如图 3-9 所示。

$$a(\cos\alpha_h-\cos\alpha_0)=h\lambda$$
$$b(\cos\beta_k-\cos\beta_0)=k\lambda$$
$$c(\cos\gamma_l-\cos\gamma_0)=l\lambda$$

这三个方程式称为晶体空间点阵的劳厄方程式，式中 a，b，c—为三个直线点阵周期；α_0，β_0，γ_0—入射 X 射线与三个直线点阵的交角；α_h，β_k，γ_l—衍射线与上述三个直线点阵的交角；h，k，l—衍射指标，其直线点阵上最相邻两点的衍射波相差的波数；λ—

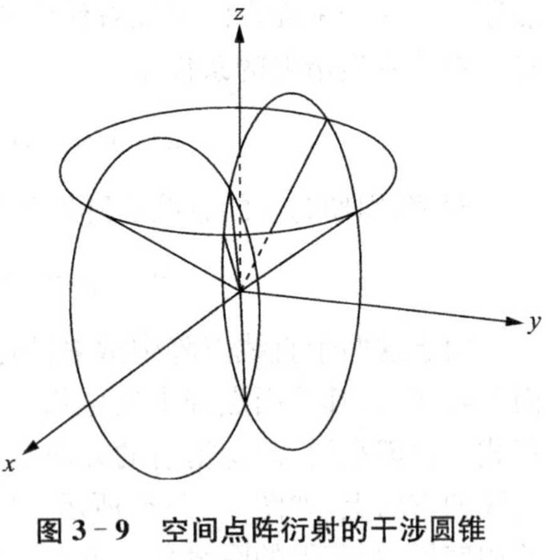

图 3-9　空间点阵衍射的干涉圆锥

入射 X 射线波长。

上面所讨论的三种不同点阵发生 X 射线衍射的条件中，以空间点阵的结构最为重要。因为实际上晶体的结构都是空间点阵的结构（只有少数可以近似地看作是直线或平面点阵的结构）。因此有必要更详尽地研究空间点阵结构发生衍射的条件以及它的实验方法。

在上述三个劳厄方程式中，方向角 α_h，β_k，γ_l 之间存在着一定的关系，如 a，b，c 相互垂直时，则有

$$\cos^2\alpha_h + \cos^2\beta_k + \cos^2\gamma_l = 1$$

受其条件的限定，要使其衍射发生，就必须在劳厄方程式中增加变量。增加变量的方法有以下两种。

(1) 使用白色 X 射线（即含有各种波长的 X 射线）使波长 λ 为一个变量，这种衍射实验的方法称为劳厄照相法。

(2) 将单色 X 射线（只含有一种波长）入射到取向连续变化的晶体上，使 α_0，β_0，γ_0 中有一个或两个变量。这样的实验方法有回转法、布拉格法、粉末法等。

上面已经讨论了晶体发生 X 射线衍射的条件，同时也说明了实验方法的基本原理。

3.3.4 X 射线在平面点阵上的“反射”

布拉格和乌尔夫从另一个角度将空间点阵看作是一族平面的原子点阵，从而讨论它的衍射条件。

现在先来考虑平面点阵对 X 射线的“反射”。假设在一个空间点阵中产生 h，k，l 的衍射。也就是说，由原子 O 及原子 A 在衍射方向上所散射的波程差相差 h 个波。由原子 O 及原子 B 在衍射方向上所散射的波程差相差 k 个波。由原子 O 及原子 C 在衍射方向上所散射的波程差相差 l 个波。在 x 轴上取原子 R，令它与坐标原点的距离为周期 a 的 kl 倍；在 y 轴上取原子 S，令它与坐标原点的距离为周期 b 的 $h\,l$ 倍；在 z 轴上取原子 T，令它与坐标原点的距离为周期 c 的 $h\,k$ 倍。这些原子(R，S，T)在衍射方向上所散射的波与坐标原点 O 原子

所散射的波都相差 $h\ k\ l$ 个波，因而由原子 R,S,T 所发出的射线，其波程差为零，见图3－10。

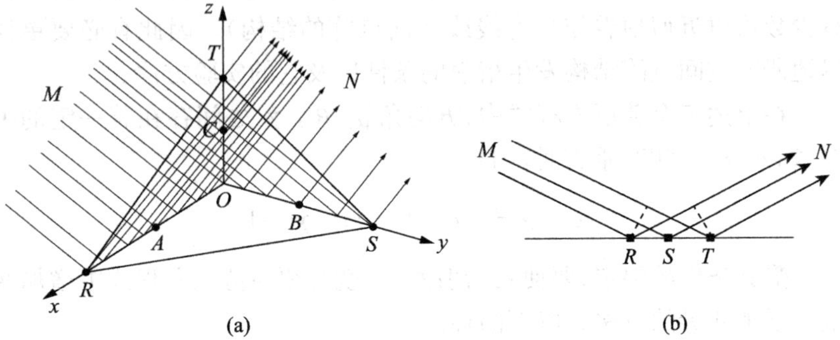

图 3－10　等程点面相当于反射面

现通过 R,S,T 三个原子作一平面，在这个平面上的 $h\ k\ l$ 衍射波是等程的，只有反射线才能满足这个要求。所以由 R,S,T 原子组成的平面是所讨论的 $h\ k\ l$ 衍射线的反射平面。这个平面是由原子组成的平面，在三维空间点阵中，存在有一族和它相平行的原子平面。

平面 $R\ S\ T$ 在三个晶轴上的截数，分别为 $k\ l, h\ l$ 和 $h\ k$，根据平面点阵符号的定义，平面 $R\ S\ T$ 的晶面符号为

$$\frac{1}{k\,l}:\frac{1}{h\,l}:\frac{1}{h\,k}=h:k:l=nh^*:nk^*:nl^*=h^*:k^*:l^*$$

这里 $h\ k\ l$ 可以有公约数，而 $h^*\ k^*\ l^*$ 是没有公约数的一套整数

$$h=nh^*,\ k=nk^*,\ l=nl^*$$

也就是说，对于 h,k,l 衍射波来说，并不是所有平面点阵都是反射平面，只有那些满足$h=nh^*,k=nk^*,l=nl^*$ 的平面点阵$(h^*k^*l^*)$才能作为反射平面。例如，(110)平面点阵可以作为 110，220，330 等衍射的反射平面，所以把衍射当作“反射”是有条件的，所谓“反射”是指特殊的衍射。

3.3.5 布拉格-乌尔夫方程

如图 3-11 所示，PP'和QQ'是$(h^* k^* l^*)$平面点阵族中相邻的两个点原子平面点阵，它们之间的距离为$d_{(h^* k^* l^*)}$，通过两个点原子平面点阵的衍射波列 11′和 22′互相加强干涉而衍射的条件是

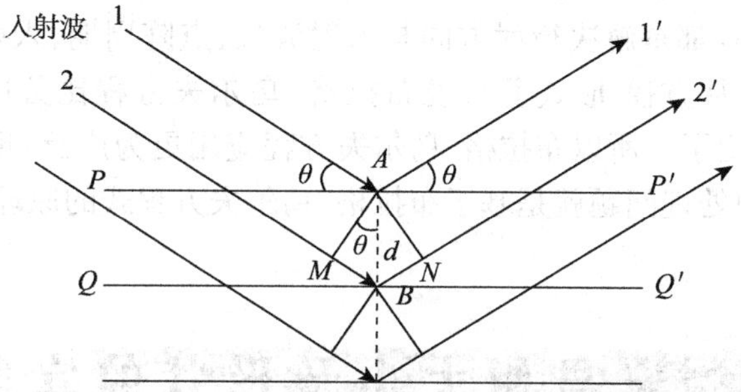

图 3-11　布拉格-乌尔夫方程的推导示意图

$$BM = BN = d\sin\theta$$

得
$$2d_{(h*k*l*)}\sin\theta_{hkl} = n'\lambda$$

式中，n'是相邻的两个平面点阵 $h\ k\ l$ 衍射波波程差相差的波长数，它是一个整数。这里的n'就是联系平面点阵符号$(h^* k^* l^*)$与衍射指标 $h\ k\ l$ 的整倍数 n。因此，上式也可写成

$$2d_{(h^* k^* l^*)}\sin\theta_{nh^* nk^* nl^*} = n\lambda$$

由布拉格-乌尔夫方程可以表明：(1) 平面点阵符号、衍射指标、反射级数三者间的关系。例如，在(110)平面点阵族中，通过相邻两个平面点阵的 330 衍射波相差三个波，但(110)平面点阵上的 331 衍射波就不是“反射”，就不能用此方程式处理；(2) 就平面点阵$(h^* k^* l^*)$来说，并不是在所有的方向上入射就能产生衍射(除非在波长 λ 可变的情况下)，而只有入射角 θ 满足此方程时，才能在相应的反射角 θ 的方向上产生衍射，这些 θ 角分别为

$$\theta = \sin^{-1}\frac{\lambda}{2d};\theta = \sin^{-1}\frac{2\lambda}{2d};$$

$$\theta=\sin^{-1}\frac{3\lambda}{2d};\theta=\sin^{-1}\frac{n\lambda}{2d}$$

$$\left(n\text{是有限整数},\frac{n\lambda}{2d}<1\right)$$

这就是布拉格-乌尔夫方程式的物理意义。

布拉格-乌尔夫方程式和劳厄方程式虽然形式上不同,但方程的本质是一样的,都是解决衍射方向与入射波长、点阵周期、入射角度等之间的关系。从方程 形式上来说布拉格-乌尔夫方程比劳厄方程更简单,更直接明了。所以布拉格-乌尔夫方程应用更为广泛,现代X射线结构分析中处理问题就是基于布拉格-乌尔夫方程式的原理。

3.4 测定晶胞大小及形状的实验方法

3.4.1 劳厄法

1912年劳厄和他的学生利用闪锌矿(ZnS)晶体作为X射线的衍射光栅进行了实验,结果发现X射线透过晶体时发生了衍射现象。

在劳厄的实验中,所用晶体是静止不动的单晶体,X射线是多波长的白色X射线。

实验装置如图3-12所示,A,B为钻有小孔的两个屏隔,一束白色X射线沿S_0方向通过A,B屏隔射向K单晶体,F是感光照相底片。通常置于晶体后面,且与入射光束S_0垂直。

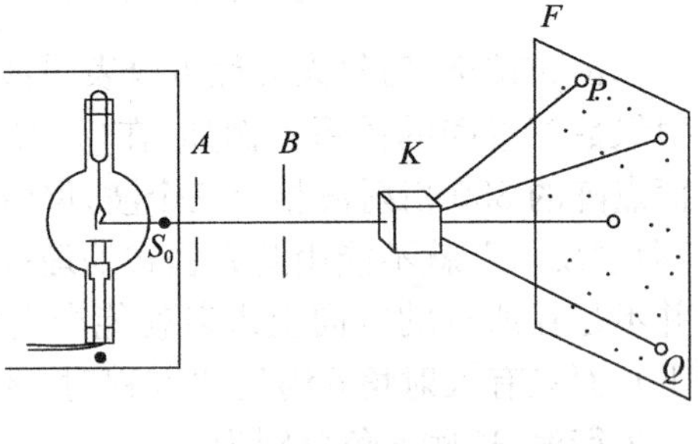

图3-12 劳厄法照相示意图

在晶体中存在方向各异的平面点阵,不同平面点阵具

有不同的间距 $d_{(h^*k^*l^*)}$。这些平面点阵以不同的角度与入射 X 射线 S_0 相交。由于所用的 X 射线为多波长的白色 X 射线，因此有很多的 d,θ,λ 可以满足布拉格-乌尔夫方程，都可"反射"X 射线而产生衍射线，从而使照相底片感光。所记录的结果，除中间黑点（由 S_0 入射光造成）外，还有一组斑点，所得照片称为劳厄图。

衍射斑点在照片上的分布情况，可由晶体晶胞大小和形状、入射光方向以及晶体的对称性所决定。由于实验采用静止不动的单晶体，所以晶体中与入射线平行方向的对称性质被显示在照片上，图 3-13 为红宝石晶体(a)和硅单晶体(b)的劳厄图。X 射线沿某一对称轴方向入射，图中衍射斑点呈现该对称轴方向的对称性分布。

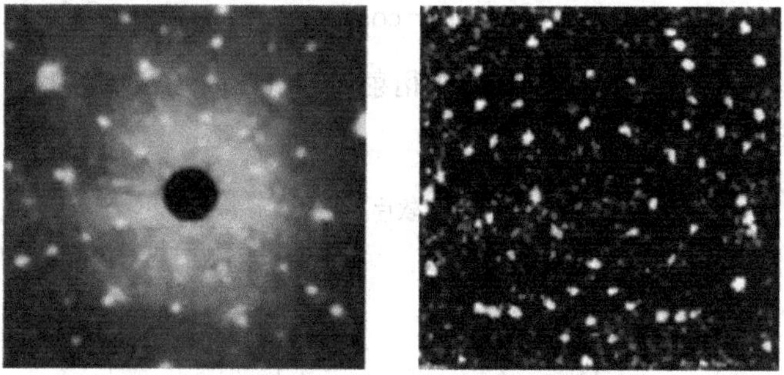

(a) 红宝石晶体　　(b) 硅单晶体

图 3-13　晶体劳厄图

因此采用劳厄法进行晶体结构分析时，主要用于帮助我们获得晶体的宏观对称性。

3.4.2 回转法

回转法是晶体结构分析中最常用的方法之一，此方法与劳厄法相似，采用单晶体。但单晶体必须转动，所用 X 射线为单色 X 射线。

实验装置如图 3-14 所示。

假设此时晶体绕着 a 轴转动，入射 X 射线波长 λ 是常数，则所有

能够产生衍射方向都必须满足下列劳厄方程式

$$a(\cos\alpha_h-\cos\alpha_0)=h\lambda$$

因此，一切衍射方向都分布在以 a 轴为转轴的一套圆锥面上，但晶体是三维结构，除了满足上述方程以外，还必须满足另外两个方程式

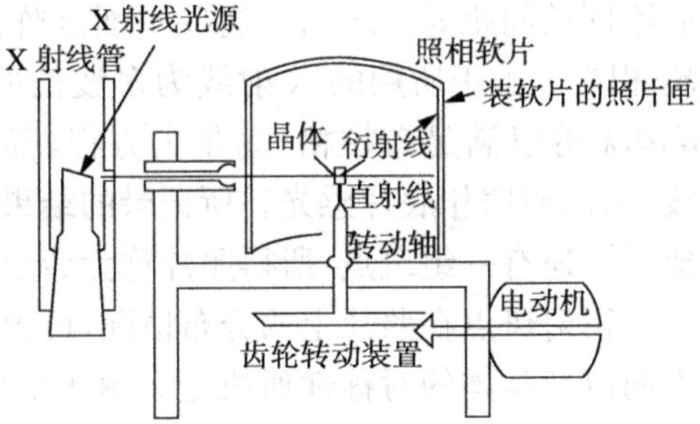

图 3-14　回转法照相示意图

$$b(\cos\beta_k-\cos\beta_0)=k\lambda$$
$$c(\cos\gamma_l-\cos\gamma_0)=l\lambda$$

所以在照相底片上所得到的衍射图形不是一条连续的线，而是一些分离的斑点，如图 3-15 所示。

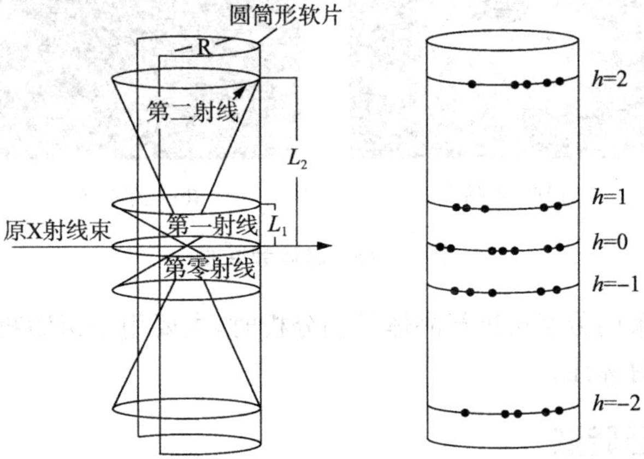

图 3-15　回转法照相图

把圆筒形照相底片展开，即得如图 3-16 所示的回转图。每一条由分立斑点所组成的线叫做层线，与 $h=0$ 相对应的层线叫中央层线，而 $h=+1$ 或 -1 相对应的叫第一层线，依此类推。

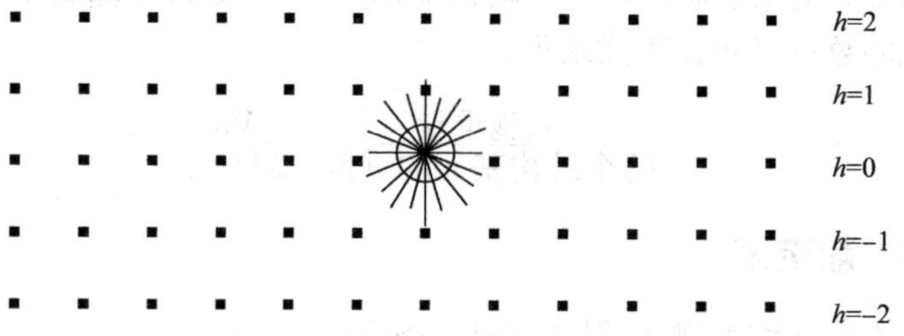

图 3-16　展开的回转图

根据回转图,可以求出晶体中平行于转动轴方向直线点阵的周期。

当晶体绕 a 轴旋转时,所有圆锥面(层线)都应满足

$$a(\cos\alpha_h - \cos\alpha_0) = h\lambda$$

当

$$\alpha_0 = 90°$$

则

$$a\cos\alpha_h = h\lambda$$

由图 3-17 可知

$$\cos\alpha_h = \frac{H_h}{\sqrt{R^2 + H_h^2}}$$

得 $a = \dfrac{h\lambda}{\cos\alpha_h} = \dfrac{h\lambda\sqrt{R^2 + H_h^2}}{H_h}$

若已知 X 射线波长,照相机圆筒半径 R,从照片上量得第 h 条层线至中央层线的距离 H_h,即可求得周期 a。

同理若晶体围绕 b 轴或 c 轴旋转,即可求得周期 b 或 c,从而可以计算晶体的晶胞大小以及晶胞体积。

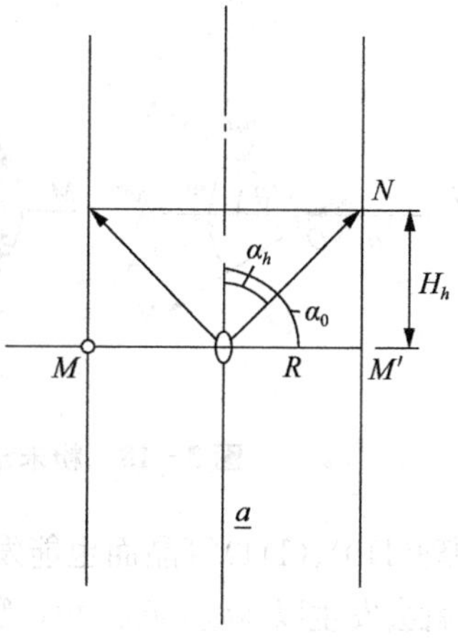

图 3-17　由回转图求算单胞参数的示意图

假设晶胞中结构基元的数目为 Z,ρ 为晶体的密度,M

为结构基元的摩尔质量，N_0 为阿伏加德罗常数，则每个晶胞中所含结构基元的数目 Z 可由下式求得。

$$Z=\frac{\text{晶胞重量}}{\text{每个结构基元的重量}}=\frac{V\rho}{M/N_0}$$

3.4.3 粉末法

粉末法又称为德拜-雪拉(Debye-Seherrer)法。

粉末法的研究对象不是单晶体，而是许多取向不同的小晶体的集合体(多晶体)作为样品。粉末法也是采用单色X射线。

因为样品是各种取向不同的小晶体，因而对于一级“反射”来说($n=1$)，只要晶面与入射X射线间的夹角 θ_{hkl} 能满足布拉格-乌尔夫方程即能发生衍射。例如，(100)面与X射线交角为 $\sin\theta_{100}=\frac{\lambda}{2d_{(100)}}$ 时，即可发生衍射。衍射线束与X射线的交角为 2θ，如图 3－18 所示。事实上，在粉末样品中，必可找到无数都能满足上式的(100)面的小晶体，而这些小晶体在(100)面上发生的一级“反射”就不仅是一个方向，而是以 4θ 为顶角的圆锥面，这就是粉末法的基本原理。

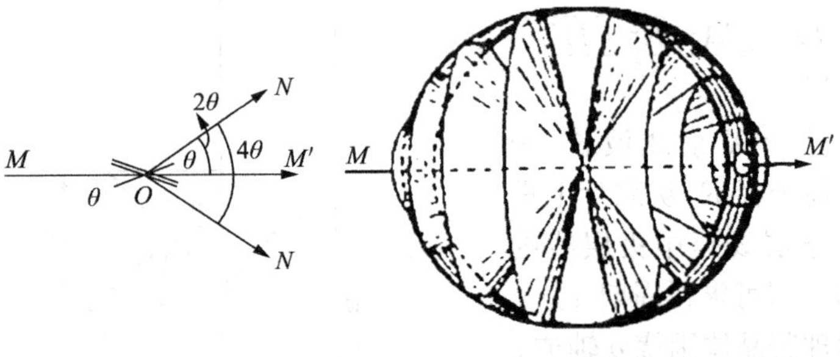

图 3－18　粉末法衍射的基本原理图

同理(110)、(111)等晶面也能发生“反射”，所以当X射线入射到粉末样品时就会发生以 $4\theta_{100}$，$4\theta_{110}$，$4\theta_{111}$ 等角度为顶角的一套同轴圆锥面。

粉末法所用的摄谱装置如图 3－19 所示。粉末样品装在极薄的轻质玻璃管或璐珞管中。为了保证所得粉末谱图线的匀度，样品还必须转动。粉末谱线接收器(照相机)的形状为圆筒状,照相底片 FF 沿着照相机内部表面弯曲装着,入射 X 射线经过过滤器 A 进入照相机中,射在位置与图面垂直的圆形粉末样品 K 上。

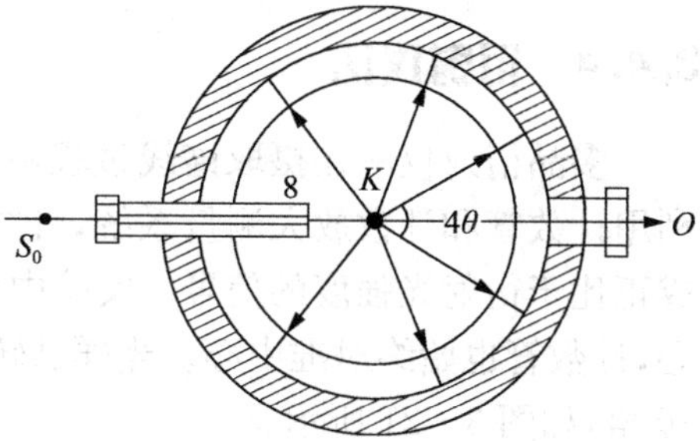

图 3-19 粉末法装置示意图

当衍射获得一套同轴圆锥面遇到照相底片时,会收集得到如图 3-20 所示的粉末图(德拜-雪拉图)。若圆筒照相机的半径为 R,则一对对称的圆弧距离为

$$l=4\theta R$$

从实验量得 l 后,即可由此式计算出布拉格-乌尔夫角度 θ(θ 以弧度为单位)。

粉末法的最大优点是它不需要一个大晶体,而任何物质均可制成粉末样品。因而粉末法衍射方法的发现更扩大了 X 射线的应用范围。如金属、合金、无数的微晶质、化学沉淀物、磨碎的晶体矿物以及岩石等材料的结构,均可利用粉末法进行研究。

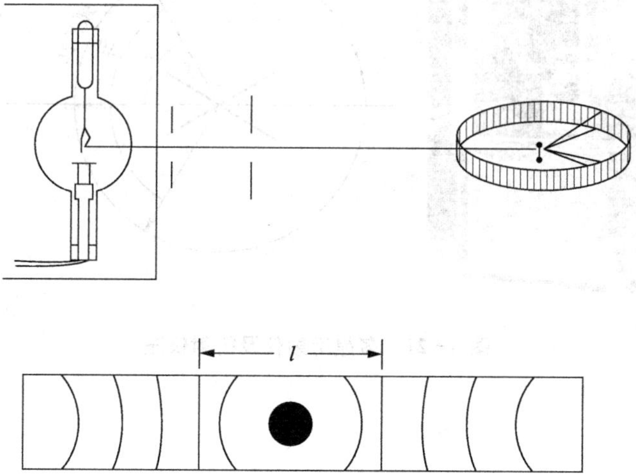

图 3-20 粉末衍射谱图

3.4.4 衍射仪法

多晶衍射仪法在摄取谱线过程不用照相底片记录衍射圆锥，而是利用计数管和计数放大测量系统，计数管将接收到的衍射光信息转换成正比于衍射光强度的信号。实验中多晶样品始终放在衍射仪圆的中心，计数管也始终对准中心。当样品转过 θ 角时，计数管必须同步转过 2θ 角，如图 3－21 所示。

同步转动的记录仪会逐一记录各衍射线的强度，并在记录纸上画出谱线。谱线横坐标为 2θ，纵坐标为衍射强度 I。

由多晶衍射得到的基本数据是晶体衍射面间距(d)和衍射强度(I)之间的关系值“$d \sim I$”，每种晶体都有一套自己特征的“$d \sim I$”值。对化合物样品进行物相的定性分析时，可将录谱的数据与国际粉末衍射标准联合会(简称 JCPDS)收集的 X 光粉末标准衍射谱图进行比较以确定化合物的物相。

多晶衍射得到的数据通过指标化可以计算晶体的晶胞参数，由系统消光规律可确定晶体的点阵型式。

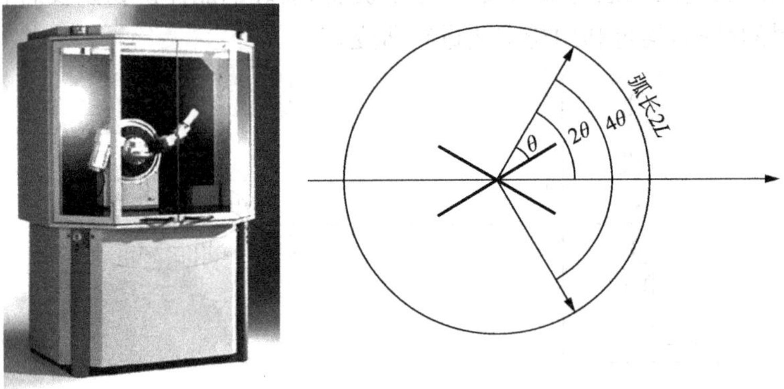

图 3－21 多晶衍射仪及衍射仪法

3.5 衍射强度公式——晶胞中原子位置的确定

前面我们主要讨论了晶体产生衍射的条件，可以知道通过衍射的方向关系能够求得晶胞的大小和形状。现在关键还要搞清楚晶体衍射的强度问题，它是与晶胞中原子（或离子）的数目、种类性质、坐标位置有关系的。如果知道了晶胞的大小和形状，再知道晶胞中各种原子（或离子）的坐标位置，晶体结构分析的问题就算基本解决了。

在复杂的点阵结构中，可以发现晶体的某些衍射消失的情况。例如，在简单立方 P 的点阵结构中，在(100)面上能发生 100、200、300 等"反射"。在立方体心 I 点阵中如图 3－22 所示，由于中间一层平面点阵的干涉，100、300 衍射就消失了。也就是说，晶胞中原子的位置等因素会影响到衍射线的强度大小，甚至使强度消失。

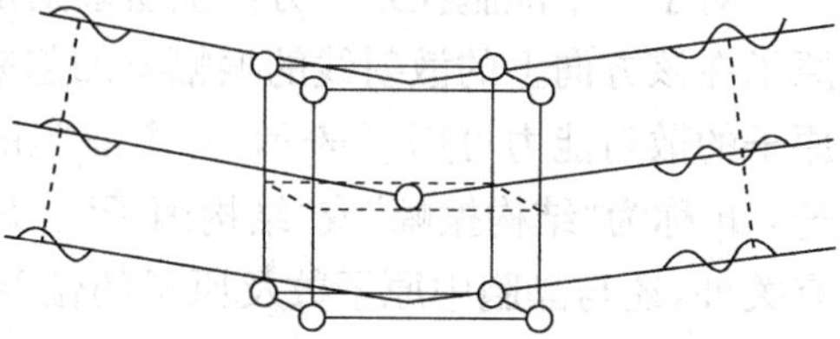

图 3－22　体心立方点阵的"反射"

假设空间中有一个电子，它所散射 X 射线的强度大小是由汤姆生公式来表示

$$I_e = \frac{I_o e^4}{r^2 m^2 c^4} \cdot \frac{1+\cos^2 2\theta}{2}$$

原子序数为 Z 的原子含有 Z 个电子。如果近似地认为该原子中所有电子散射的射线位相相同（视电子集中于原子中心一点的点原子），则原子散射出来的射线的振幅，等于电子散射振幅的 Z 倍（位相相同时，总振幅为各振幅之和）。由于强度与振幅平方成正比，则原子散射的 X 射线的强度为

$$I_a = \frac{I_o (Z \cdot e)^4}{r^2 (Z \cdot m)^2 c^4} \cdot \frac{1+\cos^2 2\theta}{2} = I_e \cdot Z^2$$

实际上，由于电子不是集中于一点，因此原子中各电子散射线的位相存在着微小的差别，而产生部分干涉抵消。实际原子散射的总强度比计算所得的原子散射强度 I_a 小一些。为此，可把上式中原子序数 Z 进行校正，校正后表达式为

$$I_a = I_e \cdot f^2$$

f 的数值要比 Z 来得小一些，相当于原子散射 X 射线时的有效电子数。近似计算时就以 Z 计算，但由于 I_a 正比于 f^2，所以把 f 叫做“原子振幅”或“原子因子”。所有元素的 f 值皆可从手册查得。

对于一个晶胞在某一方向上所散射的 X 射线强度，就要考虑把各原子在该方向上的散射线的振幅叠加起来（位相不一定都相同）。一个原子的散射能力可用 f 表示，一个晶胞的散射能力则以 F 表示。$I \propto F^2$，F 称为“结构振幅”或“结构因子”。F 的数值除了与原子的性质 f 有关外，还与晶胞中原子数及原子的位置有关，也与衍射的方向（衍射指标）有关。可以证明，衍射线的强度与原子的种类性质、数目、坐标位置的关系可用下列强度公式表示

$$I_{hkl} \propto F_{hkl}^2 = \left[\sum_i f_i \cos 2\pi (x_i h + y_i k + z_i l)\right]^2 + \left[\sum_i f_i \sin 2\pi (x_i h + y_i k + z_i l)\right]^2$$

式中，x、y、z 为原子在晶胞中的坐标。

衍射强度公式是 X 射线结晶学中最重要的关系式之一。利用强度公式可以决定晶胞中各种原子（或离子）的坐标位置。在具体应用这个公式时，先假定一个试用结构代入公式，计算出各个 hkl 衍射的相对强度。然后用试验测得强度结果与计算结果进行比较，如强度比较有偏差，则再另假定一个试用结构来进行计算比较，直至确定出晶胞中各种原子的位置。这一系列的工作是相当繁杂的，但是随着计算机科学的发展，对简单晶体结构的分析已不存在任何的困难。

下面以金属钠晶体为例来说明强度公式的用法。已知金属钠属立方晶系，一个晶胞中含有两个原子，假设试用结构确定 Na 原子在晶胞

中的位置为

$$\mathrm{Na}:0\,0\,0,\frac{1}{2}\,\frac{1}{2}\,\frac{1}{2}$$

代入强度公式

$$\begin{aligned}F^2 &= \left\{Z_{\mathrm{Na}}\left[\cos 2\pi(oh+ok+ol)+\cos 2\pi\left(\frac{h}{2}+\frac{k}{2}+\frac{l}{2}\right)\right]\right\}^2 \\ &\quad +\left\{Z_{\mathrm{Na}}\left[\sin 2\pi(ok+oh+ol)+\sin 2\pi\left(\frac{h}{2}+\frac{k}{2}+\frac{l}{2}\right)\right]\right\}^2 \\ &= \{Z_{\mathrm{Na}}[1+\cos\pi(h+k+l)]\}^2 \\ &\quad +\{Z_{\mathrm{Na}}[o+\sin\pi(h+k+l)]\}^2\end{aligned}$$

当 $h+k+l=$ 奇数时，$F^2=0$，无衍射强度；

当 $h+k+l=$ 偶数时，$F^2\neq 0$，有衍射强度。

再由粉末法实验测得金属钠粉末线中，只出现 $h+k+l=$ 偶数的衍射，而没有 $h+k+l=$ 奇数的衍射，故知道金属钠是立方体心的点阵结构。

在衍射强度公式的实际应用中，可根据其衍射线出现与不出现的特定规律来确定晶体的点阵形式，例如

I（体心点阵） $h+k+l=$ 奇数，无衍射；

C（底心点阵） $h+k=$ 奇数，无衍射；

F（面心点阵） h,k,l 奇偶数混杂时，无衍射；

P（简单点阵） 无限制。

3.6 晶体结构分析内容

所谓晶体结构分析，就是采用 X 射线衍射的方法测定一种晶体的内部结构，一般来说要进行以下几项内容的工作。

(1) 决定宏观对称类型

外形——晶面大小形状、晶面夹角关系等。

物理性质——蚀象、光学性质、热电性、压电性、铁电性等功能转化性质；晶体宏观对称性。

(2) 决定晶胞大小

晶体回转法——求 a、b、c。

粉末法——求立方晶系的单胞参数 a。

(3) 决定点阵型式

① 一般以某些特定的衍射不出现来决定(强度公式);

② 立方晶系还可通过粉末法求得 $\sin^2\theta_1 : \sin^2\theta_2 : \sin^2\theta_3 : \cdots$ 比值来确定。

(4) 计算每个晶胞中所含的原子数或分子数

$$Z=\frac{V\rho}{M/N_0}$$

各晶系中晶胞体积的计算可用下列计算公式

$$V=a\cdot b\cdot c\sqrt{1-\cos^2\alpha-\cos^2\beta-\cos^2\gamma+2\cos\alpha\cos\beta\cos\gamma}$$

(5) 决定微观对称类型(空间群)

根据各种 hkl 的消光情况决定各方向上的微观对称要素。

(6) 决定晶胞中原子位置

通过试用结构的方法,利用强度公式进行计算。

上面这六项是一般晶体结构分析的基本内容。当然并不是所有的晶体都必须确定这六项内容,可视具体情况与具体要求而定。但也不是说这六项内容就一定能够完全解决一个晶体的结构,有时因样品关系,或晶体结构太复杂,还必须借助其他表征方法辅助加以解决。

3.7 多晶粉末法的应用

以上已经初步介绍了粉末法实验及结构分析的一般原理,现就粉末法在某些方面的应用进行介绍。

3.7.1 确定简单晶体结构点阵型式

晶胞参数与结构的测定可由布拉格方程 $2d_{(h^*k^*l^*)}\sin\theta_{hkl}=n\lambda$ 可导出

$$\sin^2\theta=\left(\frac{\lambda}{2}\right)^2\left(\frac{n}{d_{h^*k^*l^*}}\right)^2$$

对于立方晶系的晶体，晶面间距 $d_{(h^*k^*l^*)}$ 与晶胞参数 a 有下列关系

$$d_{(h^*k^*l^*)}=\frac{a}{\sqrt{h^{*2}+k^{*2}+l^{*2}}}$$

将上式结合可得

$$\sin^2\theta_{hkl}=\left(\frac{\lambda}{2}\right)^2\frac{n^2}{a^2}(h^{*2}+k^{*2}+l^{*2})=\frac{\lambda^2}{4a^2}(h^2+k^2+l^2)$$

根据消光规则，立方简单(P)点阵的衍射 hkl 中无消光；立方体心(I)点阵的衍射 hkl 中 $h+k+l=$奇数的无衍射(系统消光)；立方面心(F)点阵的衍射 hkl 中指标数奇偶混杂的无衍射(系统消光)，据此可得表 3-1 所示的系统消光规律。

表 3-1　立方点阵的可能衍射指标及其平方和

指标平方和	可能衍射指标			指标平方和	可能衍射指标		
$h^2+k^2+l^2$	简单(P)	体心(I)	面心(F)	$h^2+k^2+l^2$	简单(P)	体心(I)	面心(F)
1	100			14	321	321	
2	110	110		15			
3	111		111	16	400	400	400
4	200	200	200	17	410		
5	210				322		
6	211	211		18	411	411	
7					330	330	
8	220	220	220	19	331		331
9	300			20	420	420	420
	221			21	421		
10	310	310		22	332	332	
11	311		311	23			
12	222	222	222	24	422	422	422
13	320			25	500		
					430		

对立方晶系而言，$\sin^2\theta$ 值与衍射指标的平方和$(h^2+k^2+l^2)$成正比。根据上表，依照每对粉末线之间距离($l=2L$ 或 θ 由小到大)的顺序，算出 $\sin^2\theta$ 值的比值规律，即可确定其点阵型式。

立方简单(P)：1∶2∶3∶4∶5∶6∶8∶9∶…(缺 7)

立方体心(I)：2∶4∶6∶8∶10∶12∶14∶16∶18…＝1∶2∶3∶4∶5∶6∶7∶8∶9∶…(不缺 7)

立方面心(F)：3∶4∶8∶11∶12∶16∶19∶20∶24∶…(二密、一疏交替分布)

三种点阵型式的衍射线分布有各自的特征：(P)点阵没有出现 $h^2+k^2+l^2=7$ 的线；(F)点阵是二密、一疏交替分布(即头两条线比较靠近，中间隔一条单线，下面又是两条线靠得较近)；而(I)点阵的 $\sin^2\theta$ 比例顺序中则出现 7。据此，不仅能区别立方晶系的三种点阵型式，而且可以将各条衍射线进行指标化。图 3－23 中表示出三种立方晶系晶体：立方简单(P)，NH_4Cl(室温)；立方体心(I)，α－Fe；立方面心(F)，Cu 粉末线的分布规律和指标化情况。

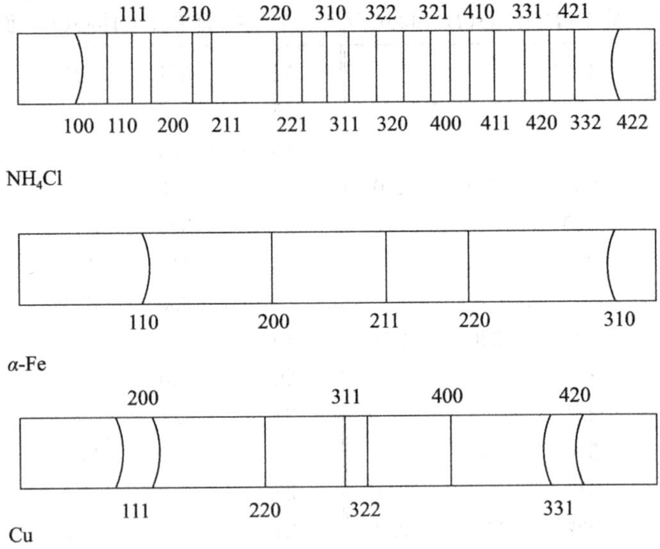

图 3－23　三种立方晶系晶体衍射图的指标化

经指标化后即可求出晶胞参数。为求得精确度较高的晶胞参数值，应尽量选取高角度区的衍射线。用 Cuk_α 射线摄取的 Al 的 333 衍射线，其 $\theta=81°17'$，波长取 Cuk_α（在高角度区 $k_{\alpha1}$ 与 $k_{\alpha2}$ 已能分辨开），由此求得 Al 的晶胞参数为

$$a=\frac{1.5405}{2\sin 81°17'}\sqrt{3^2+3^2+3^2}=4.0490(\text{Å})$$

对于最简单的晶体结构，根据粉末图有可能确定晶胞中的原子位置。例如，金属钨，由其粉末图可知它的诸衍射线 $\sin^2\theta$ 值的比值中不缺 7，故可确定其为立方体心点阵，指标化后求出晶胞参数 $a=3.157$Å。结合实验测定的晶体密度 $\rho=19.1\text{g/cm}^3$，钨原子摩尔质量 $M=183.92\text{g/mol}$，可算出晶胞中原子数。

$$Z=\frac{V\cdot\rho}{\frac{M}{N_0}}=\frac{(3.157\times10^{-8})^3\times19.1}{\frac{183.92}{(6.023\times10^{23})}}\approx2(\text{个})$$

立方体心点阵晶胞中包含两个点阵点。现确定晶胞中有两个钨原子，因此一个点阵点代表一个钨原子。从而可确定两个钨原子在晶胞中的分坐标分别为 0,0,0 及 1/2,1/2,1/2。这种结构分析未涉及衍射强度计算，只根据对称性已将原子位置完全确定，是无结构参数的结构分析。一般结构分析主要靠单晶样品和特定的单晶衍射法，而粉末法主要用于固体的物相分析。

3.7.2 固体样品的物相分析

X 射线粉末法研究的是多晶物质对 X 射线的衍射现象。自然界中的固体物质绝大多数是晶体，并且多数是以多晶形式存在。每一种结晶物质都有它特定的结构（原子的种类、数目及其在空间的排列结合方式）。根据布拉格方程

$$2d_{(h^*k^*l^*)}\sin\theta_{hkl}=n\lambda$$

$$\frac{d_{(h^*k^*l^*)}}{n}=\frac{\lambda}{2\sin\theta_{hkl}}$$

从实验上得到每一种结晶物质的粉末衍射图样都有其特定的衍射线位置(θ)和强度(I)的分布。由此可得出一套相应特定的“$d \sim I$”数据，就好像人的指纹一样。反过来，根据实验得到的一套“$d \sim I$”数据，可以确定相应的结晶物相，这种分析方法称为X光多晶(粉末)物相分析。

一般的化学分析只能确定试样的化学组成。而X光多晶物相分析却能确切地指出试样的物相组成，这是X光物相分析的特点，也是它的优点。同时实验所需要的试样少(1～2g)，尤其是照相法只需要几毫克即可，又不破坏样品。这使它已成为生产和科学研究中一种重要的分析工具。

例如，Al_2O_3在不同条件下可以形成α、β、γ、δ等不同物相，它们用一般的化学分析方法不能加以区分，但由于不同物相的晶体结构不同，它们有各自特征的X光多晶衍射图谱，因此通过X光多晶物相分析比较容易就可以确定Al_2O_3的不同物相。

粉末法对许多固态多相体系的研究往往能得出很有利的结果。例如，水泥是由石灰石、黏土、石膏、沙子混合经煅烧、磨细而制成的硅酸盐产品。水泥的性能与配料、操作、工艺条件关系很大。通常根据化学分析只能以CaO、SiO_2、Al_2O_3、Fe_2O_3等含量表示物料的总组成，但并不能很好反映其性能。用粉末图配合显微术基本上可确定水泥的物相组成与其性能间的关系：硅酸三钙$3CaO \cdot SiO_2$物相对水泥强度差，其含量不宜过高；$3CaO \cdot Al_2O_3$物相对水化后三天内的强度影响很大，增加这一物相可加快水泥硬化强度；MgO物相在缓慢硬化过程中会使水泥产生裂纹，应尽量减少。这些研究结果对水泥生产工艺起到了很好的指导作用。

X光多晶物相分析也有其局限性。首先试样必须是晶体，其次灵敏度不高。一般含量在1%～3%以下的物相就不容易被鉴定出来。对于多项组成的混合物分析也比较困难，需要其他分析方法配合。

用粉末法进行X光多晶物相定性分析时无需知道该物质的晶胞参数和晶体结构，只要把实验得到的衍射强度值与JCPDS卡上的标准值比较，就可进行鉴定。

JCPDS 卡片是国际粉末衍射标准联合会收集世界各国发表的各种单相结晶物质的 X 光粉末衍射图谱。经过审定、整理、汇编成 JCPDS 粉末衍射卡片出版发行，到 2005 年已收集 310000 多种各种物相的结构数据。卡片分无机类和有机类两大部分，并编有无机类和有机类卡片索引，以便查阅。

卡片索引分为字母顺序索引和 d 值索引两大类：(1) 字母顺序索引是按化合物英文名称的第一个字母顺序编排的。根据试样中所含元素可初步估计出可能组成物相，再根据估计的可能物相查找字母索引，将查找的卡片与实验数据比较，确定鉴定结果；(2) d 值索引是按各种物质粉末衍射的 d 值大小顺序排列的，它是进行未知物相鉴定时的主要索引，按排列方式不同又可分为 Hanawalt 和 Fink 两种索引。

Hanawalt 索引列出每种标准物的 8 条最强衍射线的 d 值和强度值(按衍射强度大小的顺序排列)。Fink 索引同样列出标准物的 8 条衍射线，但以 d 值大小顺序排列的。

JCPDS 卡片上最强衍射线的强度为 100%，其他的粉末衍射线强度依此给出相应的相对衍射强度。卡片上除列出了化合物的“$d \sim I$”数值外，还列出其他的一些结晶学数据和化合物的性质。

3.7.3 平均粒度的测定

在实际应用中对于许多固体材料，如金属、陶瓷、硅酸盐等大部分是由为数极多的小晶粒构成的聚集体。这些材料的物理、机械性能与其晶粒大小有一定关系。

测定晶粒大小的方法有多种，如沉淀分析、电子显微镜、光散射、X 射线小角度散射、X 射线粉末线条宽化法等方法，各有特色。下面着重介绍 X 射线粉末线条宽化法。

当晶粒度大于 10^{-3} cm 时，多晶衍射线是由许多分立的小斑点所构成。当晶粒度小于 10^{-3} cm 时，由于单位体积内试样的晶粒数增多，能同时参与“反射”X 射线的晶粒数也相应增加，衍射线逐渐变为明锐连续。通常当晶粒度小到 10^{-4} cm 数量级时，衍射线可达到完全连续明锐。反过来，当观察到试样的衍射线连续明锐时，可判断其晶粒度在

10^{-4} cm 数量级。

当晶粒度小于等于 10^{-5} cm 时，由于晶粒中晶面族所含的晶面数目减少，因而对理想晶体的偏离增大，使衍射线条变宽，趋于弥散。对某一确定波长的 X 射线，衍射角变化范围由 $\theta \to \theta + \Delta\theta$。晶粒越小，衍射线弥散越厉害。这就是粉末衍射线条宽化法测定晶粒大小的依据。

谢乐(Schestes)提出衍射线宽化程度与晶粒大小间的关系式，称为谢乐方程

$$D = \frac{k\lambda}{\beta\cos\theta}$$

式中，θ——布拉格角(衍射角)；λ——所用 X 射线波长；D——垂直于"反射"晶面方向晶粒的平均线度，设有 m 个晶面，间距为 d，则 $D = md$，见图 3-24，D 的单位为 Å；β——经各项校正后，纯粹由于晶粒大小而引起衍射线条变宽时衍射线峰的半高宽度或积分宽度；K——晶体的形状因子，亦称 Schesses 常数，它与晶体的形状、晶面指数、β 及 D 的单位有关，当 β 用弧度，D 用 Å 时，K 值约等于 1，一般取 0.89。

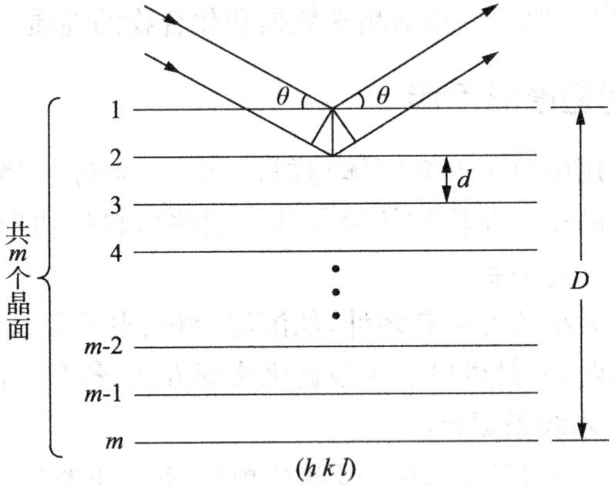

图 3-24　测量晶粒度大小的"反射"晶面

如果我们从实验中测定了 β，那么根据谢乐方程式可以计算出在垂直于"反射"晶面方向晶粒平均大小 D。但是我们从衍射图上直接测

定的衍射线的“半高宽度”(或积分宽度)B_0 是由几个因素综合引起的。这些因素包括样品本身、X 射线的双线重叠和仪器的宽化作用等。为了要得到纯粹由于晶粒大小产生的衍射线峰的“半高宽度”β，对样品本身有一定要求，对后两个因素要进行适当校正。

在一般情况下，测量晶粒的大小并不要求那么精确(实际上也不可能很精确，而只是一个平均值)。β 可以直接用试样衍射线峰的积分宽度(或半高宽度)B_o 减去相应 2θ 处标准样品(即晶粒较大，无晶格畸变，因而衍射峰尖锐，无宽化效应的样品)衍射线峰的积分宽度(或半高度)b_o 值得到，如图 3-25 所示，即

$$\beta = B_o - b_o$$

因为 b_o 中实际已包括了 K_α 双线宽化和仪器宽化效应的主要部分，因此$(B_o - b_o)$相当于对 K_α 双线宽化和仪器宽化效应也作了部分校正。

在实际操作时，可将标准样品与试样混合均匀，同时记录两者的衍射图谱。将标准样品各衍射线峰的积分宽度 b_o 与对应的 2θ 作图，得到一条 $b_o \sim 2\theta$ 工作曲线，以备查用。测量出试样衍射图中某一衍射线峰的积分宽度 B_o 后，从 $b_o \sim 2\theta$ 工作曲线上可以查到与 B_o 相对应的 2θ 处的 b_o。由 $\beta = B_o - b_o$ 得到试样中该衍射线的 β 值，导入谢乐方程式，即可求出晶粒在相应方向上的大小 D。

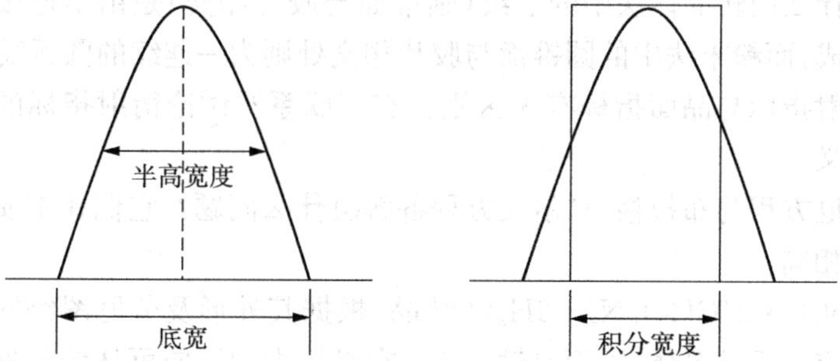

图 3-25　衍射线峰的半高度与积分宽度

应用X射线粉末线条宽化法测量晶粒大小的极限，在一般情况下为20～1000Å。若用精密的衍射仪，并精确调试仪器，仔细测量，试用专用的校正曲线等，测量范围可能扩展到大约为3000Å的最大值。因为随着晶粒逐渐变大，衍射线条趋向变窄，测量的精确度逐渐减小，直至衍射线条的宽度接近由于仪器因素造成的宽度为止。因此，仪器的宽化效应成为用X射线衍射线条宽化法测定晶粒大小的上限。这种方法所测量的晶粒大小是一个平均值(偏重于较大的晶粒)。精确度约为绝对值的25%～50%，误差的主要来源是晶体形状因子K的不确定性。如果能得到精确一些的K，并用对某物质专用的校正曲线，可以提高晶粒测量的精确度。

习　题

1. 阐明劳厄方程中各个符号的物理意义，并说明实验拍摄劳厄图时为何需用白色X射线，而在使用单色特征X射线摄取单晶回转图时需使晶体沿某一个晶轴旋转？

2. 明矾具有八面体的理想外形，现在想用劳厄法来证实它确为立方晶系，考虑一下进行工作的大致步骤如何？

3. 为什么回转晶体法中的层线(圆锥面与胶片相交)是由不连续的点组成，而粉末法中的圆锥面与胶片相交处则为一连续的圆弧线？

4. 衍射指标与晶面指标有无区别？有何联系？讨论衍射指标的物理意义。

5. 劳厄方程与布拉格-乌尔夫方程各解决什么问题？它们在本质上是否相同？

6. $MnCl_2 \cdot 2(CH_2)_6N_4 \cdot 2H_2O$ 结晶，根据其外形及劳厄图经鉴定为正交晶系结晶体，因而晶轴a、b、c在晶体中的取向可从结晶外形来决定。先将晶体沿c轴旋转，得一旋转图，其中央层线($l=0$)与相邻层线($l=\pm1$)间距为1.144cm；又将晶体沿b轴旋转，得一旋转图，其中央层线($k=0$)与相邻层线($k=\pm1$)间距为 0.352cm；最后再将晶体沿 a 轴旋转，得一旋转图，其中央层线($h=0$)与相邻层线($h=\pm1$)间距为 0.670cm。结晶体与胶片间距为 5cm，所用射线是 Cuk_α 线($\lambda=1.5418$Å)，试计算晶轴 a、b、c 的长度。若结晶的密度为 1.570g/cm^3，计算每个晶胞中含有几个 $MnCl_2 \cdot 2(CH_2)_6N_4 \cdot 2H_2O$ 分子？

7. 在劳厄方程式中，h，k，l 的数值并没有限制，只要它们是点阵点，就在 α，β，γ 的方向上有衍射；但又说在立方体心点阵的晶体中，只有 $h+k+l=$偶数的衍射，而无 $h+k+l=$奇数的衍射？怎样用衍射原理来解释这个问题？(为了把问题简化一些，以平面点阵来考虑，只需考虑 h 和 k 两个指标就可以了)。

8. 在直径为 57.3mm 的相机中拍摄得金属铜的粉末谱图一张，摄图时所用 X 射线为 Cuk_α 射线。根据图上所量的八对粉末线的间距值 $l=2L$(mm)按下表进行指标化并求算晶胞参数 a 值，并确定晶体点阵型式。

粉末线序数	$2L$/mm	θ(°)	$\sin^2\theta$	$h^2+k^2+l^2$	hkl	$\frac{\lambda^2}{4a^2}$
1	44.0					
2	51.4					
3	75.4					
4	90.4					
5	95.6					
6	117.4					
7	137.0					
8	145.6					

9. 利用 λ 为 1.790Å 的 X 射线对某一立方晶系晶体进行粉末衍射实验，其衍射角依次为 10.6°、12.3°、17.6°、20.8°、21.7°、25.4°、31.6°、

33.8°，试计算该晶体的 a 值，并确定其晶体点阵型式。

10. α-Fe 属于立方体心结构，用强度公式计算 112 和 333 衍射的强度（Fe 的原子序数=26）。

11. CsCl 晶体属于立方晶系的立方简单点阵，$\lambda=1.54$Å，$R=500$mm，$a=4.11$Å，试计算粉末图中 θ 最小的三条线的位置（以 $\frac{1}{2}l$ 值表示）及强度。

12. 讨论晶体衍射与“反射”的关系，说明什么条件下晶体衍射就是“反射”？

13. 利用 X 射线可作某些组分的定性分析及定量分析，试比较这种分析法与光谱分析法的异同。

14. 设相邻两个点原子散射出来的球面波在某方向上相差 $\frac{1}{10}\lambda$，在该方向上是否可以观察到衍射波？

15. 硫磺晶体属于正交晶系，经晶体回转法测定的晶轴长度为：$a=10.48$Å，$b=12.92$Å，$c=24.55$Å。

(1) 求每个晶胞中有几个 S_8 分子（晶体密度为 2.07g/cm^3）。

(2) 计算衍射 224 的布拉格-乌尔夫角 θ（所用的 X 射线为 Cuk_α）。

(3) 在硫磺的粉末衍射图中推算 224 线的位置（照相机半径为 5cm）。

16. 比较连续 X 射线谱与不连续 X 射线谱产生的机理。

第4章 晶体化学

1912年德国学者劳厄发现X射线在晶体中能发生衍射现象后，至今为止，已跨过100年历史。随着科学技术与生产力的发展，在许多科学工作者科学研究工作积累的基础上，发展了一门年轻的学科——晶体化学。

晶体化学主要研究晶体内部的微粒分布情况，找出其分布的规律，并根据这些分布规律推测出晶体的物理化学性质。现代晶体化学的中心任务是研究晶体的化学组成、结构与其性能之间的相互关系。

晶体化学是许多学科的基础。就地球化学来看，为了了解原子在地壳中的分布以及元素的集中和分散等作用的规律，也必须利用晶体化学的研究成果。晶体化学的知识对于矿物学、物理学、化学、生物学及金相学都有重大的意义。

利用晶体化学知识，人们有可能制备出预知规定性能的特殊材料。例如，利用晶体化学知识已经制备出良好非线性光学性能的晶体材料。晶体化学知识还可以指导我们更加合理地利用结晶物质。

由此可见，晶体化学无论在理论研究还是在技术应用方面都具有重大的意义，是一门不可缺少的基础学科。

4.1 单质的晶体结构

4.1.1 金属键和金属的一般性质

在一百多种化学元素中，金属约占80%。它们存在许多共同的性质：不透明、有金属光泽、良好的导电导热能力、富有延展性、可锻性等。金属的这些性质是金属内部结构的外在表现。金属元素的电负性较小，电离能也较小，最外层价电子容易脱离原子核的束缚，而在金属晶粒中作相对自由运动。这些在核外自由运动的电子，形成"自由电子"或称"离域电子"。"自由电子"把失去价电子的正离子吸引"胶合"在一起形成金属晶体。金属的这种结合力，称为金属键力。金属的一般特性都是和金属中存在的这种"自由电子"有关。自由电子能吸收可见光并能随时放出可见光能量，使金属表现不透明，具有金属光泽。由于自由电子的"胶合"作用，当晶体受到外力作用时，原子间容易进行滑动，所以金属能锻打成薄片，抽拉成细丝，表现出良好的延展性和可锻性。金属间能形成各种合金，也是由金属键性质决定的。

金属能带理论认为，价电子在晶体点阵形成的三维周期性势场中运动，在一个晶粒中的价电子的波函数互相重叠。作为整体，它们组成许多分子轨道，每个分子轨道空间上延伸到整个晶粒，形成离域的金属键。由于分子轨道数目很多，而且能级间隔极小，形成能带金属的价电子按分子轨道理论的基本原理，填充在这些能带中，整个金属晶粒就是由这些离域键结合在一起的原子的集合体。充满电子的能带叫满带，未充满电子的能带叫导带。满带和导带之间的能量间隔叫禁区。根据禁区的宽度可以将物体区分为导体、半导体和绝缘体。能带理论能很好地说明金属和非金属的导电性质。

金属键的强度可用金属的原子化热来衡量，1mol的金属变成气态原子所需要吸收的能量称为金属的原子化热。金属的许多性质和原子化热有关。若金属的原子化热数值较小时，这种金属通常比较软，熔点较低。当原子化热数值较大时，这种金属通常比较硬，熔点也较高。

金属键没有方向性，每个原子中电子的分布基本上是球形对称的。自由电子的"胶合"作用，将使球形的金属原子作紧密堆积，形成能量较低的稳定体系。因此我们可以把金属单质的结构型式归结为一个个等径圆球的密堆积问题。

根据 X 射线晶体结构测定结果，绝大多数金属单质都具有较简单的等径圆球密堆积结构。

下面我们先来讨论等径圆球密堆积结构的特点和几种基本堆积类型。

4.1.2　等径圆球的堆积

如果一组等径圆球在二维平面上作尽可能地紧密堆积，其堆积结果如图 4-1(a)所示。可以看到，圆球中心位于等边三角形的每个顶点 A 上，而每个球与位于正六角形顶点上的六个球相接触。为了把圆球之间接触的空隙表示得更清楚一些，可以把圆球画得小一些，那么这种紧密堆积可以用图 4-1(b)来表示。这种二维的密堆积层存在有一系列的三角形空隙，而且它们中心可以清楚地表示在 B 和 C 位置上。如果把图形翻转过来，正负两面并无本质的区别，并注意单独的 B 点阵或者单独的 C 点阵是和 A 点阵完全一样(除了平移之外)。

现在若将第二密置层尽可能紧密地叠放在第一层上，第二层球可安放在上述 B 和 C 两组中一组的位置上。比如叠放在 B 组上(也可同等合适地叠放在 C 组上，但对这两种叠放方式在无限伸展的结构中显然是没有差别的)，这样得到的密置双层的结构中，每个球会和 9 个近邻球相接触，其中 6 个在该球的同层中，而 3 个在上一层中。此时，B 组密置层上同样也出现两组空隙，其中心位于 A 和 C 上。空隙 A 垂直地位于第一层球的上方，而空隙 C 则不是。所以，随之就有叠放第三层的两种根本不同的方法，即叠放在 A 处还是在 C 处。若取第一种方式(即第三层球放在 A 处)，第三层则与第一层等同，这时重复的周期为两层，形成周期为 $ABABAB$…无限地周期排列。这种排列如图 4-1(c)所示，它的排列规律具有六方对称性，所以称为六方密堆积。它的晶胞平面图在图 4-1(c)中以虚线表示，并在图 4-2 中分别表示出平

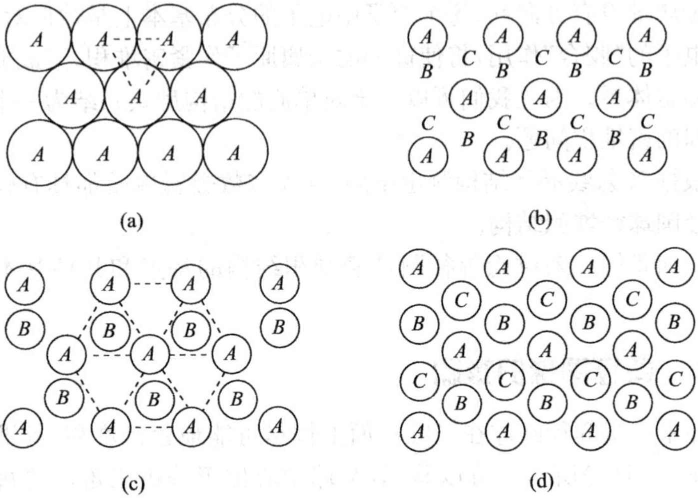

(a) 二维密堆积层；

(b) 二维密堆积层，并示出两组 B 和 C 不同的空隙；

(c) 六方密堆积，各层按…$AB\ AB\ AB$ 重复，晶胞平面图用虚线画出；

(d) 立方密堆积，各层按…$ABC\ ABC\ ABC$ 重复。

图 4-1　圆球的二维密堆积

面投影图和斜视投影图，其轴率 $c/a=1.633$。要注意，在这种堆积的三维结构中每个球与 12 个近邻球接触，6 个在该球同一层中，3 个在上一层，另 3 个在下一层，在几何上等径圆球密堆积不可能有更高的邻近球。

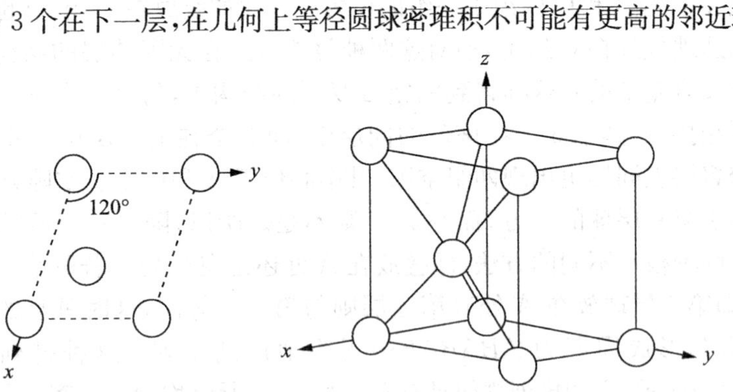

(a) 平面投影　　(b) 斜视投影

图 4-2　六方密堆积晶胞投影图

若第三层叠放采取后一种排列方式(即第三层叠放在 C 处)，那么这一层就不同于第一层了，这时重复周期为三个层，这三层就形成周期为 $ABCABCABC$…无限地周期排列。如图 4-1(d)所示，这种排列可抽取出立方晶胞，因此具有立方对称性，它是一种圆球位于立方晶胞顶点和面心上的排列，所以这种排列构成立方面心密堆积。如图4-3(a)所示，其轴率 $c/a=1$。图 4-3(b)中有该结构的 2 7 个晶胞，但是垂直于立方体体对角线之一的密置层情况，通过略去一些球后在该图中被明显地显示出来。和六方密堆积一样，这种堆积每个球也与 12 个最近邻球接触。

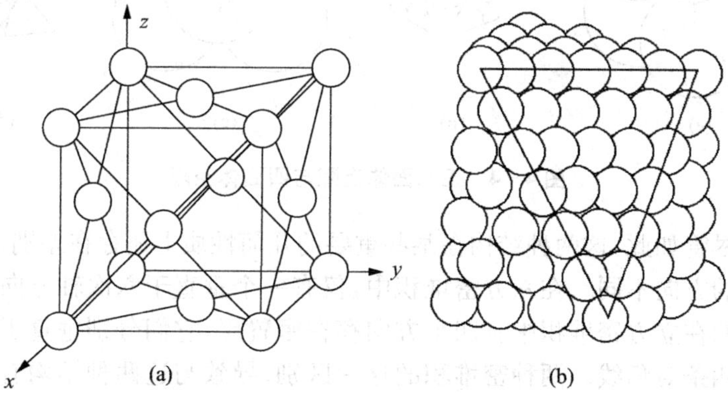

图 4-3　晶胞斜视投影

(a) 立方密堆积晶胞的斜视投影，各球占据立方晶胞顶点和面心上；
(b) 27 个立方密堆积晶胞的斜视投影，示出该方向球接触情况。

上述两种密堆积的紧密度显然是没有差别的，因此它们具有相同的空间利用率。可以证明，假设每个球的半径为 r，则两种堆积情况下，每个球所占的结构体积为 $5.66r^3$。所以这两种堆积的空间利用率为：$(4/3)\pi r^3/(5.66r^3)=74.05\%$。

这两种密堆积在空间可以产生同样的两种空隙：一种是由三个同层相邻的 A 球和一个 B 球或三个同层相邻的 B 球与一个 A 球所组成的空隙，称为四面体空隙，见图 4-4(c)(将四个包围空隙球的球心连接起来为一正四面体形状而得名)；另一种空隙是由三个同层相邻的 A

球与三个另一层相邻的B球所组成的空隙，称为八面体空隙(将六个包围空隙球的球心连接起来为一正八面体形状而得名)。两层球的投影位置相互错开60°，见图4-4(a)。图4-4(a)中所示的小球代表空隙中所能容纳球的大小，显然八面体空隙要比四面体空隙大。这种密堆积结构中，球数∶八面体空隙数∶四面体空隙数=1∶1∶2。

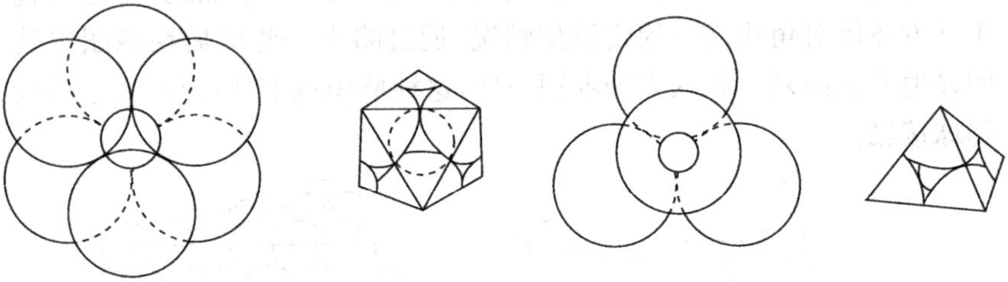

(a) (b) (c) (d)

图4-4 正八面体空隙与四面体空隙

尽管如此，这两种结构在某些重要的几何性质上还存在差别，即密置层的方向不同。在六方密堆积中，仅有一个垂直于六次轴方向密置层。而在立方密堆积中有四个方向存在密置层，它们分别垂直于立方体的四条对角线。两种密堆积的这一区别，导致与这两种结构有关的材料的机械性能之间存在差异。

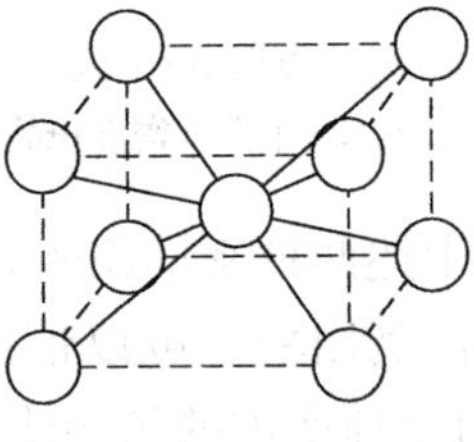

图4-5 立方体心堆积结构图

立方密堆积结构和六方密堆积结构习惯上分别用符号A_1和A_3来表示。金属晶体除了出现A_1和A_3结构外，常常还出现第三种A_2结构。A_2结构是非常简单的立方体心堆积，如图4-5所示。其中每个原子被八个位于立方体顶点上的最近邻原子所围绕，但是除了这八个最近邻原子外，每个原子还有另外六个稍许远一点的近邻原子(也即对于任一晶胞的体心原子有六个位于邻接晶胞体心上的原子)。所以立方体心结构的堆积密度与A_1和A_3密堆积结构的堆积密度差别不大，每个球占有的结构体积是$6.16r^3$，其空间利用率为68.02%。

4.1.3　金属元素的晶体结构

根据对球的密堆积问题的分析，我们知道晶体中配位数愈高空间利用率也就愈大，空间利用率高的球的堆积方式有 A_1、A_2 和 A_3 三种类型。在金属元素的晶体结构中，绝大多数金属属于 A_1、A_2 和 A_3 三种类型的结构，如表 4-1 所示，以 A_1、A_2 和 A_3 来表示金属元素的晶体结构，符号 X 代表其他更复杂的结构。在三种金属结构型式中，A_1 型和 A_3 型不论从堆积的紧密程度或以键角来看都非常相似，因此，这两种堆积型式的稳定程度也很相近。例如 Ca、Co、Ni 等元素都可分别在 A_1 型与 A_3 型结构中存在。在 A_1 型和 A_3 型结构中，原子间距离几乎相等，一般说来（Ca 例外），这些元素在室温下为 A_3 型，在较高温度下为 A_1 型。在 A_2 型结构中，原子配位数为 8，较 A_1 型和 A_3 型为低，但是就同一元素来说，在 A_2 型结构中原子接触距离比 A_1 型或 A_3 型中缩短了 0.04～0.06Å，约为 3%，键长因配位数而改变的这种情况是甚为普遍的。

表 4-1　周期表中部分金属单质的晶体结构型式

	1A	2A	3B	4B	5B	6B	7B	8B			1B	2B	3A	4A	5A	6A
2	Li	Be														
	A_2	A_2														
3	Na	Mg											Al			
	A_2	A_3											A_1			
4	K	Ca	Sc	Ti	V	Cr	Mn	Fe	Co	Ni	Cu	Zn	Ga	Ge	As	Se
	A_2	A_3	A_1	A_3	A_2	A_2	X	A_2	A_3	A_1	A_1	X	X	X	X	X
5	Rb	Sr	Y	Zr	Nb	Mo	Tc	Ru	Rh	Pd	Ag	Cd	In	Sn	Sb	Te
	A_2	A_3	A_2	A_3	A_2	A_2	A_3	A_3	A_1	A_1	A_1	X	X	X	X	X
6	Cs	Ba	镧	Hf	Ta	W	Re	Os	Ir	Pt	Au	Hg	Tl	Pb	Bi	Po
	A_2	A_2	系	A_3	A_2	A_2	A_3	A_3	A_1	A_1	A_1	X	A_1	A_1	X	X
7	Fr	Ra														
	—	—														

续表

	1A	2A	3B	4B	5B	6B	7B	8B			1B	2B	3A	4A	5A	6A
镧系元素																
	La	Ce	Pr	Nd	Pm	Sm	Eu	Gd	Tb	Dy	Ho	Er	Tm	Yb	Lu	
	A_1	A_1	A_1	X	—	X	A_2	A_3	A_3	A_3	A_3	A_3	A_3	A_1	A_3	

A_1—立方密堆积；A_3—六方密堆积

A_2—立方体心结构；X—其他更复杂的结构

4.1.4 金属的原子半径

根据金属原子之间的接触距离，就可以推算出金属原子的半径。例如对于 A_1 型的结构，只要把原子间的最近接触距离除以 2 即得金属原子半径。钢具有 A_1 结构，金属原子间的接触距离为 2.556Å，钢的原子半径则为 1.278Å。由于配位数和半径有关，配位数高，半径显得大。原子半径的数据是通过室温下稳定晶型的实际原子接触距离求得，若要把这个数据对应于配位数 12 的情况，则其他配位数下的原子相对半径值应给以换算。

配位数	12	8	6	4
原子半径	1.00	0.97	0.96	0.88

哥希密特与鲍林等人先后从金属单质的结构中推引出金属的原子半径，见表 4-2。金属原子半径的意义在于了解和掌握金属元素在金属与合金晶体结构中排列的规律性。

表 4-2 金属元素的原子半径

	Li	Be														
	1.520	1.112														
	Na	Mg											Al	Al		
	1.858	1.599											1.432	1.432		
	K	Ca	Sc	Ti	V	Cr	Mn	Fe	Co	Ni	Cu	Zn	Ga	Ge		
	2.272	1.974	1.628	1.448	1.311	1.249	1.366	1.241	1.253	1.246	1.278	1.333	1.233	1.225		
	Rb	Sr	Y	Zr	Nb	Mo	Tc	Ru	Rh	Pd	Ag	Cd	In	Sn	Sb	
	2.475	2.152	1.798	1.583	1.429	1.363	1.362	1.325	1.345	1.376	1.445	1.490	1.626	1.405	1.45	
	Cs	Ba	La	Hf	Ta	W	Re	Os	Ir	Pt	Au	Hg	Tl	Pb	Bi	Po
	2.662	2.174	1.873	1.564	1.48	1.371	1.371	1.338	1.357	1.388	1.442	1.50	1.704	1.750	1.548	1.673
		Ra	Ac													
		2.229	1.878													
镧系	Ce	Pr	Nd	Pm	Sm	Eu	Gd	Tb	Dy	Ho	Er	Tm	Yb	Lu		
	1.825	1.825	1.814	1.81	1.794	1.995	1.786	1.763	1.752	1.743	1.743	1.724	1.940	1.727		
锕系	Th	Pa	U	Np	Pu	Am	Cm	Bk								
	1.798	1.606	1.385	1.31	1.513	1.73	1.55	1.703								

4.1.5 非金属元素单质的晶体结构

(1) 惰性气体

惰性气体元素的晶体是它们的原子按 A_1 或 A_3 堆积而成，Ne、Ar、Kr、Xe 等为 A_1 型结构，He 为 A_3 型结构，其 c/a 与理论值(1.633)一致。惰性气体元素的原子具有完整的电子层，故具有球形对称性，以无方向性的分子间键(微弱的范德瓦尔斯力)形成晶体，与金属相仿形成晶体时就按照圆球的密堆积方式排列。

(2) 其他非金属元素

其他非金属元素不同于惰性气体，每个原子具有一定的原子价，也即具有与其他原子进行共价结合的能力，并且这种键合力的分布是具有高度的方向性。所以在这些非金属元素的单质晶体中，原子间先相互以共价键结合形成分子，然后再聚集成为晶体。

在这些晶体中，组成部分可以是有限的分子(如 I_2、P_4 等)；也可以是无限的链状“分子”(如 Te_x)或无限的层状“分子”(如石墨、As_x);也有的整个晶体就是一个大“分子”(如金刚石)。非金属元素晶体结构如图 4-6 所示。

设某非金属元素在周期表中的族次为 N,假如该非金属元素在单质中确能以共价单键与其他原子结合,则该元素的原子在进行共价结合时能与 8～N 个最邻近其他原子形成 8～N 个共价单键,这个规律称之为 8～N 规则。现举例如下

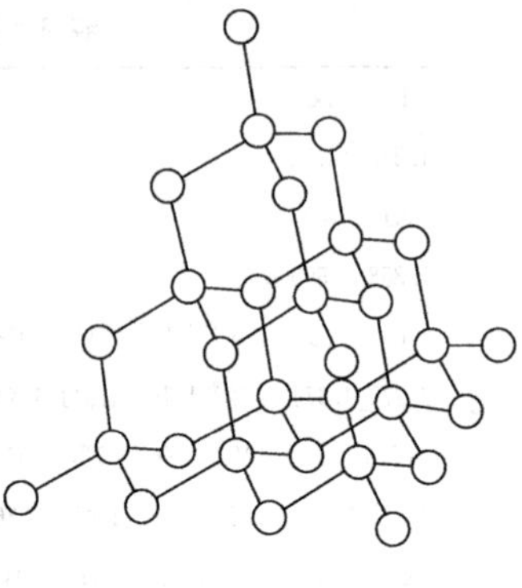

C(金刚石), Si, Ge, Sn(灰锡)

图 4-6 非金属单质的 8－N 规则说明图

Ⅶ族:$8-N=8-7=1$。

例如

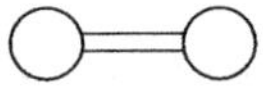

x

x—— Cl_2、Br_2、I_2

Ⅵ族:$8-N=8-6=2$。

例如

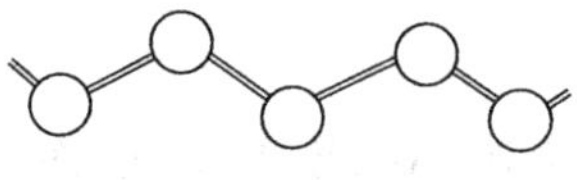

Se_x, Te_x

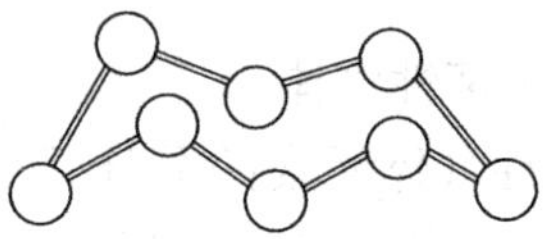

S_8

Ⅴ族:$8-N=8-5=3$。

例如

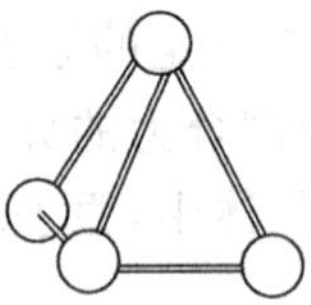

P_4

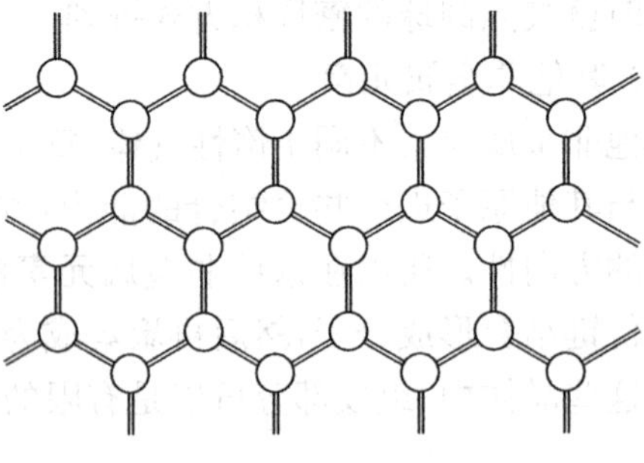

As_x,Sb_x, Bi_x

Ⅳ族：8－N＝8－4＝4。

例如

在石墨中，碳原子与相邻原子间形成的不是纯共价单键。在 N_2 和 O_2 分子中，原子间的共价键亦非共价单键。因此，它们在形式上并不遵守 8－N 规则。

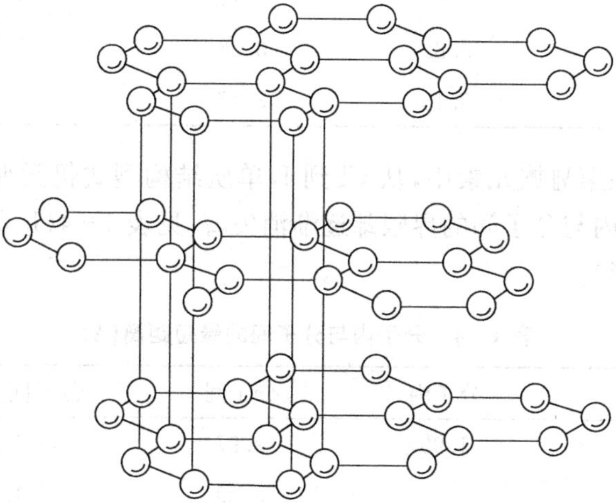

图 4－7　石墨的晶体结构

对非金属元素的单质结构来说，用球的密堆积来说明原子组成晶体的过程是不恰当的。在这里，为了降低体系的能重，即达到最稳定的结构方式，晶体中的每个原子要求具有一定数量和一定方向的共价键结合，若满足这一要求，在形成非金属单质晶体结构时就不得不破坏密堆积的方式了。

4.1.6　单质晶体结构的过渡

在门捷列夫元素周期表中，元素的性质随电子层构型而递变，由金属性递变到非金属性，或由非金属性递变到金属性。我们知道化学组成通过结构而决定物质的性能，因此它们的单质晶体结构也必然反映出这种性质的递变过程。例如在第Ⅴ族元素中，从 As、Sb 到 Bi 单质的结构形式并无变化，但层形分子间的界限却愈来愈模糊，这可从表 4－3 中的数据看出。

表 4－3 层内层间的最短距离(Å)

	层内	层间	层间/层内
As	2.51	3.14	1.25
Sb	2.89	3.35	1.16
Bi	3.10	3.47	1.12

又如在第Ⅶ族元素中，从 Cl 到 I，单质结构型式仍无变化（图 4－8），但分子内与分子间的界限却逐渐消失着，见表 4－4（I_2 晶体已表现有金属光泽）。

表 4－4 分子内与分子间的最短距离(Å)

	分子内	分子间	分子间/分子内
Cl	1.99	2.97	1.50
Br	2.27	3.33	1.45
I	2.70	3.54	1.31

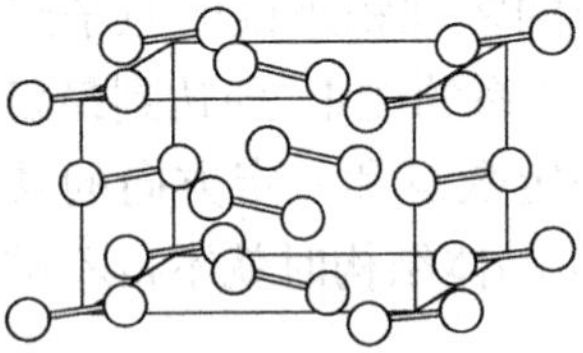

(a) 晶体结构

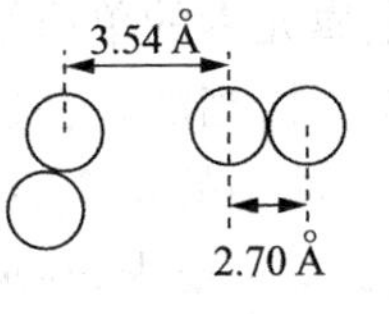

(b) 碘分子内与分子间的最短距离

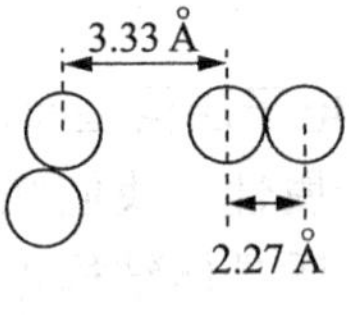

(c) 溴分子内与分子间的最短距离

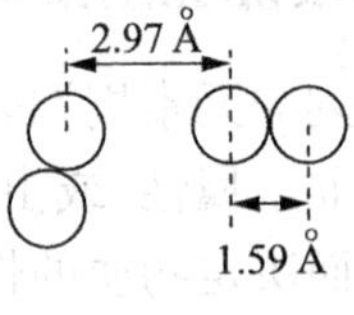

(b) 氯分子内与分子间的最短距离

图 4－8 氯、溴与碘的晶体结构

4.2　合金的结构

合金是两种或两种以上金属经过熔化过程后所得的生成物，在形成合金的过程中，热效应一般比较小，从单质金属到合金的变化过程一般不像其他化学反应那么显著，合金一般都具有一定的金属性能。研究合金的结构化学，在于了解合金的晶体结构，并联系合金的性能，阐明它们的相互关系及规律性。

按照合金的相图、化学图和结构的特点，合金物相一般可分为金属固溶体、金属化合物和金属间隙固溶体三种类型。当两种金属元素的电负性、化学性质和原子半径大小都比较接近时，容易生成金属固溶体。若电负性和原子半径差别较大，生成金属化合物的倾向就比较大。金属化合物又可分为组成可变的金属化合物和组成确定的金属化合物两种不同型式。过渡金属元素与半径很小的 H、B、C、N 等非金属元素形成的化合物，称为金属间隙固溶体，它是由半径很小的非金属原子填在金属原子堆积的间隙中形成的。

4.2.1　金属固溶体

两种金属组成的固溶体，其结构型式一般与纯金属时结构相同，不同之处在于晶体中一部分原子被另一种原子统计地置换。在金属固溶体中，每一原子的位置上两种原子均有可能存在，其概率正比于该金属在合金中的组成比例。这样的原子在很多效应上相当于一个统计原子。例如组成为 A_xB_{1-x} 置换固溶体中，原子 A 和 B 占据着完全相同的结构位置，只是每个原子的位置上存在 A 原子的概率是 x(x 是金属固溶体相中组分 A 的分子分数)，存在 B 原子的概率是 $1-x$。这样每个原子相当于一个统计的原子 A_xB_{1-x}，如图 4－9 所示。

一般来说合金体系中生成金属固溶体物相的倾向，决定于如下三个因素。

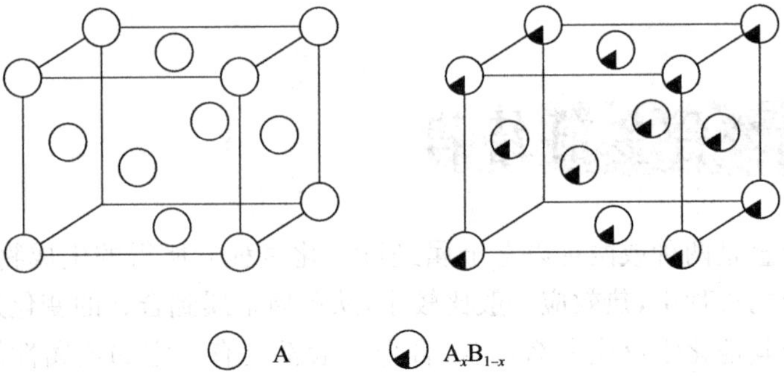

图4-9 纯金属与组成为 A_xB_{1-x} 置换固溶体结构的原子位置分布

(1) 两种金属元素在周期表中的位置及其化学性质和物理性质的接近程度。

(2) 两种金属元属在原子半径上的近似程度。

(3) 两种纯金属单质的结构型式相似性。

金属固溶体与液态溶液虽有相似之处,但仍有重要的差别。首先,在金属固溶体中是金属键占主导地位,这与一般溶液不同。最主要的差别还在于合金体系基本上认为仍属有序的点阵结构,对金属固溶体体系来说,晶胞的概念仍然适用。

4.2.2 金属化合物

金属化合物物相有两种主要型式:一种是组成确定的金属化合物物相,另一种是组成可变的金属化合物物相。易于生成组成可变的金属化合物物相,是合金独有的化学性能。

金属化合物的结构特征一般表现在两个方面:(1) 金属化合物的结构型式一般不同于纯组分在独立存在时的结构型式;(2) 在金属 A 和 B 形成的金属化合物中,各种原子在结构的位置上已经分化为两套不同的结构位置,而两种原子分别占据其中的一套。例如 $AuCu_3$ 有序结构中,结构虽具有与单质结构(A_1 型)相似的晶胞大小。但结构中四个阵点位置已经分化,由 Au 原子占据顶点位置,Cu 原子占用三对面心位置,如图 4-10 所示。

金属化合物一般可分为组成确定和组成可变的两大类型，如 Mg_2Sn、Mg_2Pb、Mg_2Si 等属于组成确定的金属化合物。由 Cu 和 Zn 组成的 β—黄铜属于组成可变的金属化合物，其中 Cu 原子数可在 52%～55%变化，其极限化合物为 Cu 与 Zn 原子数成 1∶1 的合金，在立方晶胞中 Cu 与 Zn 分别占据顶点和体心位置。而生成组成可变的金属化合物物相是合金体系独特的化学现象。这一类物相在组成偏离简单化学计量的场合，可以看作一种金属原子的结构位置部分被另一种金属原子所取代，或者是一种金属原子的结构位置有少数空着，没有被原子所占据。

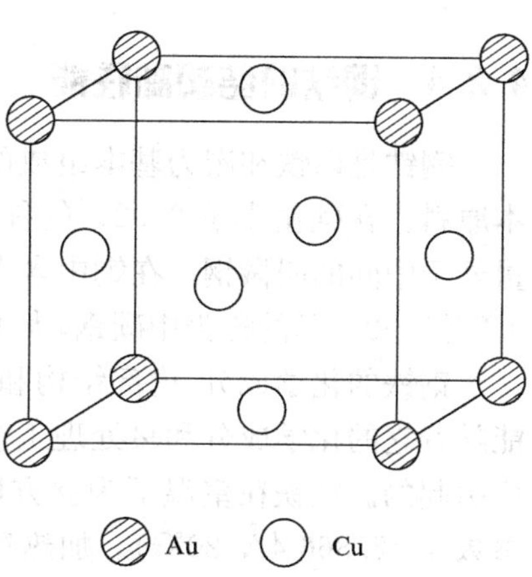

图 4－10 $AuCu_3$ 化合物的有序结构

4.2.3 间隙固溶体

间隙固溶体是过渡金属和 B、C、N 等非金属元素形成的化合物。此时可将金属原子看成紧密堆积，或形成简单的结构，而把 B、C、N 等很小的非金属元素填入金属原子堆积的间隙之中，形成间隙化合物或间隙固溶体。

AlN 具有六方 ZnS 型的结构，可将铝原子看成六方密堆积，而氮原子填在四面体空隙中，氮和铝原子之间主要靠共价键结合。ScN、TiC、VC 等具有 NaCl 型构型，可将金属原子看成立方密堆积，而氮和碳原子填在八面体空隙中。Fe_4N 结构中，铁原子按立方密堆积，氮原子也是填在八面体空隙中。

间隙固溶体具有下列特征：(1) 不论纯金属的结构型式如何，大多数间隙固溶体取 NaCl 型构型；(2) 具有很高的熔点和很大的硬度，少量的非金属原子即可使纯金属的性质发生很大的变化；(3) 导电性能良好，有金属光泽等一般金属所具有的特殊性质。

4.2.4 钢铁的结构和性能

钢铁是以铁和碳为基本组成的合金体系的总称，是工业建设的基本原料。含碳量小于 0.02%的称为纯铁，大于 2%的称为生铁，含碳量处于中间的叫做钢。在钢中含碳量小于 0.25%的称为低碳钢，介于 0.25%～0.6%的称为中碳钢，大于 0.6%的称为高碳钢。

钢铁的化学成分，内部结构和机械性能是相互关联的。钢铁的性能随着它的化学成分和热处理工艺而变，其原因是由于内部结构变化而引起的。纯铁在室温下为立方体心结构（A_2 型），称为 α-Fe，晶胞参数 a=2.866 4Å(20℃)。加热到 910℃时转变为 γ-Fe，为立方面心结构(A_1 型)，晶胞参数 a=3.560 2Å。温度上升到 1 390℃时又转变为立方体心结构(δ-Fe)，直到 1535℃熔化。铁在 768℃有磁性转变，低于这个温度具有磁性，高于这个温度没有磁性，碳钢随含碳量不同具有多种形式的金相组织及不同的机械性能，但是组成这些组织的晶体主要有下面四种含碳物相。

(1) 奥氏体：它是碳在 γ-Fe 中的间隙固溶体，在 723℃时，奥氏体中溶入的碳约为 0.8%(质量分数)，相当于铁原子和碳原子数之比约为 27∶1，即平均 6～7 个立方面心晶胞中才有一个碳原子，碳原子无序地分布在如图 4－11 中小球所示的位置上，此位置是八面体空隙，空隙的最小半径为 0.54Å。

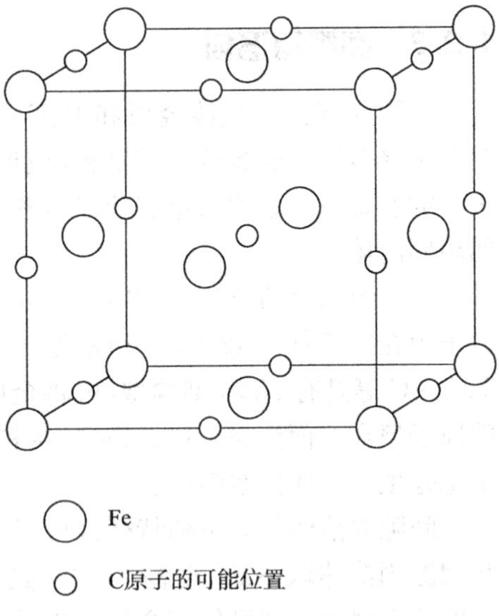

图 4－11 奥氏体的结构

(2) 铁素体：它是碳在 α-Fe 中的固溶体。由于 α-Fe 中的八面体空隙较小，只能容纳半径为 0.19Å 的圆球，所以铁素体溶碳能力很低，723℃时最高含碳量约为 0.02%。所以几乎就是纯的 α-Fe。只是在晶体的各种缺陷处填入极少量的碳。铁素体的性质和纯铁很相似。

(3) 渗碳体：它是铁和碳化合物，化学式为 Fe_3C，含碳量高达 6.67%。渗碳体的结构属于正交晶系。由于样品来源不同，晶胞参数略有差异，较慢冷却所得样品的晶胞参数为 $a=4.523\,0$ Å，$b=5.083\,0$ Å，$c=6.742\,8$ Å。每个晶胞中包含 4 个 Fe_3C。渗碳体是一种非常坚硬而脆的化合物。

(4) 马氏体：它是碳在α-Fe中饱和间隙固溶体，由奥氏体骤冷转变而成。在骤冷过程中，铁原子和碳原子都来不及扩散，溶进奥氏体中的碳原子不能通过扩散析出成为渗碳体。这时只好 Fe 原子进行错动，将原来立方面心晶体转变为四方体心的马氏体。图 4-12表示马氏体的结构，碳原子无序地分布在图中小球的位置上。

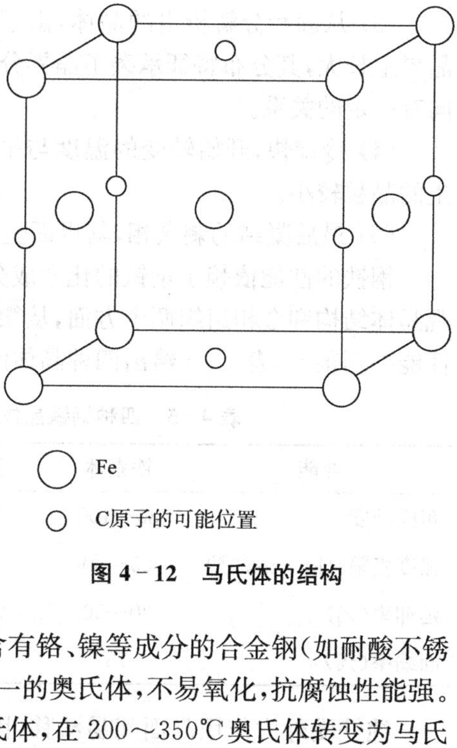

图 4-12　马氏体的结构

室温下铁素体和渗碳体是稳定的晶型，不同成分的钢铁，冷却较缓慢时都可得到这两种晶型。奥氏体在高温时稳定。含有铬、镍等成分的合金钢(如耐酸不锈钢)通过淬火可在室温下得到单一的奥氏体，不易氧化，抗腐蚀性能强。碳钢迅速冷却开始是过冷的奥氏体，在 200～350℃奥氏体转变为马氏体。碳钢淬火得到的主要是马氏体，马氏体是一种不稳定的晶型，在相图上显示不出来。生铁主要由渗碳体和铁素体组成，因而显得硬而脆，断口呈白色，故称为白口铁。它具有优良的切削加工性能，广泛应用于机械制造上。

在钢铁中存在哪些相，以及各相的形状、大小和分布特征称为铁的金相组织，金相组织可用显微镜进行观察研究，又称为显微结构。钢铁的结构虽千变万化，但有一些共同的特点。

(1) 共晶混合物和共析混合物晶粒都较细，例如由奥氏体冷却时共析所得的铁素体和渗碳体，分布特别纤细匀称、有珍珠光泽，常称为珠光体。

(2) 从液相中初生的晶体，由于沿各个方向生长的速度不一样，常出现树枝状结晶。

(3) 从固相分解析出的晶体，由于其晶核首先在晶界上生成并在晶界上长大，其分布特征承袭了晶界分布特点，其取向和母体晶体的取向有一定的关系。

(4) 冷却快，开始转变的温度与平衡温度之差大，即过冷度大，产生的晶粒较小。

(5) 最后凝结的剩余相，其界面呈现向内凹的形状。

钢铁的性能依赖于钢铁的化学成分和内部结构。钢铁的结构指微观晶体结构和金相组织两个方面，从微观的晶体结构来看，不同的结构性能差别很大，表 4-5 给出四种晶体的机械性能。

表 4-5　四种钢铁晶体结构的机械性能

性能	铁素体	奥氏体	渗碳体	马氏体
布氏硬度	80～100	120～180	800	650～760
强度极限/($kg \cdot mm^{-2}$)	25～30	40～85	85	175～210
延伸率(%)	30～50	40～50	～0	2～8
面缩率(%)	75	—	～0	—

纯铁受外力作用晶面间易滑移，因此纯铁质地较软，延展性好，可拉制成铁丝。当铁中含碳时，由于铁原子和碳原子之间有牢固的结合力，在碳原子周围形成一个不易滑移而较固定的硬化点，这时原子之间不易滑动，也不易变形，因此钢比纯铁坚硬，而塑展性不如纯铁。

钢锭经过锻炼轧制，原先的铸造状态，即粗大的粒状晶粒和粗晶粒结构能破碎为小晶粒，而原来的微小气孔和晶界间的微隙能被焊合，成为致密的结构，从而大大提高了机械性能。可见，即便是钢铁，也要经过锻炼才能成为性能良好的材料。

4.3　离子化合物晶体的结构通论

4.3.1　离子型化合物晶体结构的描述

通常在描述简单离子型化合物晶体结构时，常需要注意下列几项内容：

(1) 晶系；(2) 对称类型(宏观的，微观的)；(3) 组成部分及键型；(4) 配位数；(5) 一个晶胞中的结构基元数目及位置；(6) 点阵型式。

以下列出六种最常见的简单离子型结构类型(AB 型四种，AB_2 型两种)。

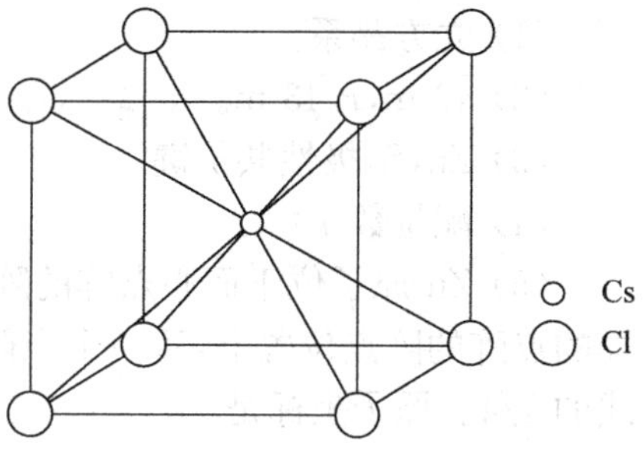

图 4－13　CsCl 型晶体

CsCl 型

(1) 立方晶系。

(2) $m\,3\,m$；$P\,m\,3\,m$。

(3) Cs^+，Cl^-，离子键。

(4) 配位数 8∶8。

(5) Cs^+ 离子位于简单立方点阵的阵点位置上，Cl^- 离子也位于另一个这样的点阵的阵点位置上，它对于前者的位移为体对角线的 1/2。原子坐标是

$$Cl^-:0\ 0\ 0$$

$$Cs^+:\frac{1}{2}\frac{1}{2}\frac{1}{2}$$

(6) 立方简单点阵(Cl^-，Cs^+ 各一套)。

NaCl 型

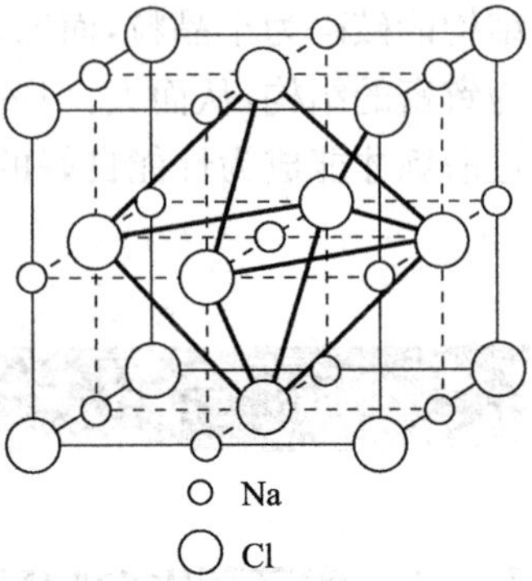

图 4-14 NaCl 型晶体

(1) 立方晶系。

(2) $m\,3\,m$，$F\,m\,3\,m$。

(3) Na^+，Cl^-，离子键。

(4) 配位数 6∶6。

(5) Na^+ 离子位于面心点阵的阵点位置上，Cl^- 离子也位于另一个这样的点阵上，后一点阵与前一点阵相距 1/2 晶棱的位移。原子坐标是

$$4Cl^-:000,\frac{1}{2}\frac{1}{2}0,\frac{1}{2}0\frac{1}{2},0\frac{1}{2}\frac{1}{2}$$

$$4Na^+:\frac{1}{2}\frac{1}{2}\frac{1}{2},00\frac{1}{2},0\frac{1}{2}0,\frac{1}{2}00。$$

(6) 立方面心点阵(Na^+、Cl^- 各一套)。

立方 ZnS 型

(1) 立方晶系。

(2) $\bar{4}3\,m$，$F\bar{4}3\,m$。

(3) Zn，S，极性共价键。

(4) 配位数 4∶4。

(5) Zn 原子位于面心点阵的阵点位置上，S 原子也位于另一个这样的点阵的阵点位置上，后一个点阵对于前一个点阵的位移是体对角线的 1/4。原子坐标是

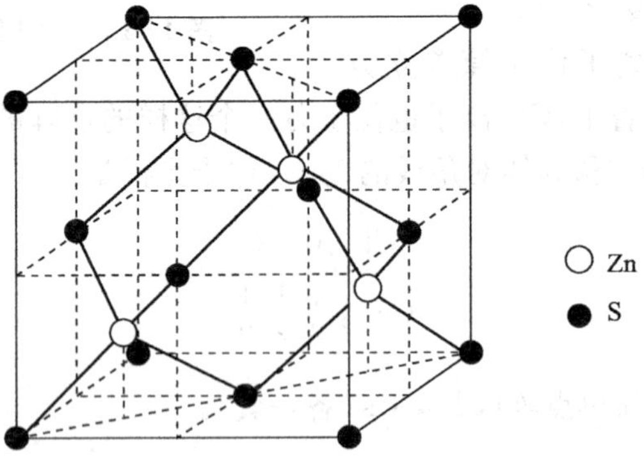

图 4-15 立方 ZnS 型结构

$$4S:000,\frac{1}{2}\frac{1}{2}0,\frac{1}{2}0\frac{1}{2},0\frac{1}{2}\frac{1}{2}$$

$$4Zn:\frac{1}{4}\frac{1}{4}\frac{1}{4},\frac{3}{4}\frac{3}{4}\frac{1}{4},\frac{3}{4}\frac{1}{4}\frac{3}{4},\frac{1}{4}\frac{3}{4}\frac{3}{4}。$$

(6) 立方面心点阵(S、Zn 各一套)。

六方 ZnS 型

(1) 六方晶系。

(2) 6 mm, $P6mc$。

(3) Zn, S, 极性共价键。

(4) 配位数 4∶4。

(5) 原子坐标是　$2S:000,\frac{2}{3}\frac{1}{3}\frac{1}{2}$

$2Zn:00\frac{5}{8},\frac{2}{3}\frac{1}{3}\frac{1}{8}$。

(6) 六方点阵(S、Zn 各两套)。

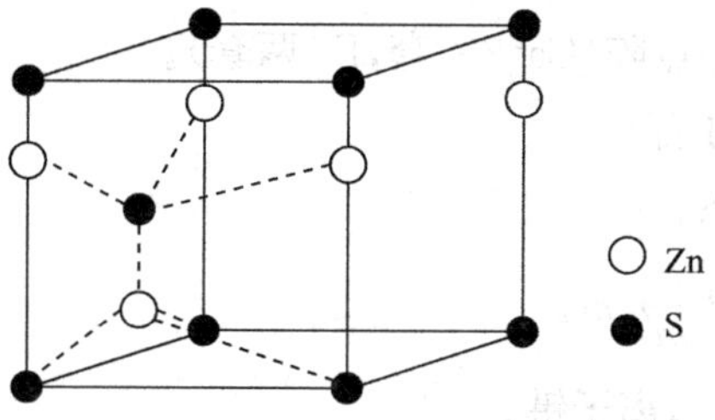

图 4-16　六方 ZnS 型结构

CaF_2 型(萤石)

(1) 立方晶系。

(2) $m3m$, $Fm3m$。

(3) Ca^{2+}, F^-, 离子键。

(4) 配位数 8∶4。

(5) Ca^{2+} 离子位于立方面心点阵的阵点位置上，F^- 位于 Ca^{2+} 离子点阵的各位移体对角线 1/4、3/4 的两个面心点阵的阵点位置上。原子

坐标为

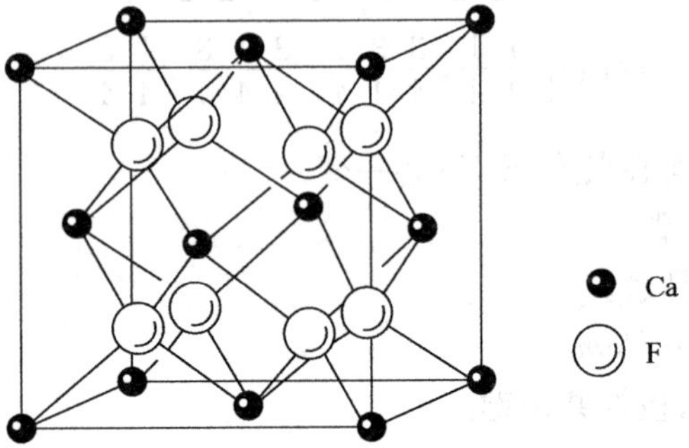

图 4-17 立方 CaF_2 型结构

$4Ca^{2+}$：$000, \frac{1}{2}\frac{1}{2}0, \frac{1}{2}0\frac{1}{2}, 0\frac{1}{2}\frac{1}{2}$

$8F^{-}$：$\frac{1}{4}\frac{1}{4}\frac{1}{4}, \frac{3}{4}\frac{3}{4}\frac{1}{4}, \frac{3}{4}\frac{1}{4}\frac{3}{4}, \frac{1}{4}\frac{3}{4}\frac{3}{4}, \frac{3}{4}\frac{3}{4}\frac{3}{4}, \frac{1}{4}\frac{1}{4}\frac{3}{4}, \frac{1}{4}\frac{3}{4}\frac{1}{4}, \frac{3}{4}\frac{1}{4}\frac{1}{4}$。

(6) 立方面心点阵(Ca^{2+}一套，F^{-}两套)。

TiO_2 型(金红石)

(1) 四方晶系。

(2) $\frac{4}{m}mm, P\frac{4}{m}mm$。

(3) Ti^{4+}, O^{2-}，离子键。

(4) 配位数 6∶3。

(5) 原子坐标是

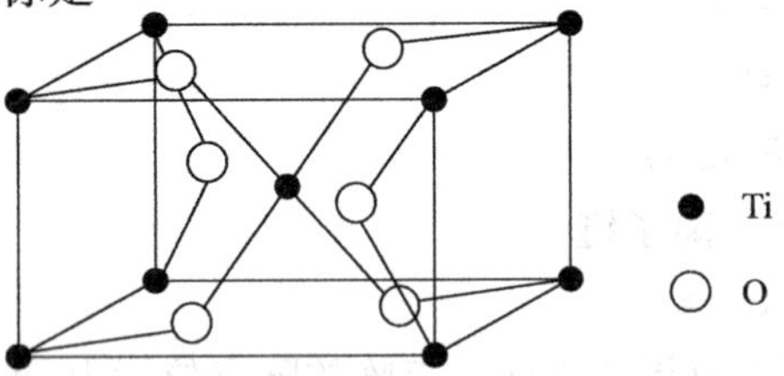

图 4-18 四方 TiO_2(金红石)型结构

$2Ti^{4+}$：000，$\frac{1}{2}\frac{1}{2}\frac{1}{2}$

$4O^{2-}$：$uu0$，$1-u\ 1-u\ 0$，$\frac{1}{2}+u\ \frac{1}{2}-u\ \frac{1}{2}$，$\frac{1}{2}-u\ \frac{1}{2}+u\ \frac{1}{2}$（$u\approx0.31$）。

（6）四方简单点阵（Ti^{4+}两套，O^{2-}四套）。

4.3.2　点阵能

离子键的强弱可以用点阵能的大小来表示。点阵能是指 0K 时 1mol 离子化合物中的正、负离子从相互分离的气态结合成为稳定离子晶体时所释放出的能量。离子从分离的气态过渡到结晶状态，体系位能的降低是与所释放出来的能量相适应的。点阵能亦称晶格能或结晶能。

$$M^{+}(\text{气})+X^{-}(\text{气})=MX(\text{晶格})+U(\text{点阵能})$$

点阵能的理论计算可用波恩（Born）公式。波恩公式推导如下：

离子与离子之间的作用力主要是库仑作用力。两个相距 R 的点电荷 Z_1e 与 Z_2e 所构成的体系，其库仑位能为$\frac{Z_1Z_2e^2}{R}$（设相距无穷远时的位能为零）。

但是离子并非点电荷，当两个离子相当接近时，它们的电子云之间将产生斥力，这种排斥作用在 R 很大时可以忽略不计。但当 R 接近平衡距离时，则迅速增加。波恩和兰德（Lande）认为这种排斥作用的位能与距离的高次方成反比，可写成$\frac{\beta e^2}{R^n}$，其中 n 为波恩指数，β 为两个离子的排斥常数，所以两个离子构成的体系总的位能为

$$V=V'_{\text{库仑}}+V'_{\text{排斥}}=\frac{Z_1Z_2e^2}{R}+\frac{\beta e^2}{R^n} \tag{4.3.1}$$

当体系中有正负两个离子时，它们就在库仑力的作用下互相接近。但当趋近到一定距离时，排斥作用显著增加，直到库仑力与排斥力相等时，两个离子就保持在平衡位置而不再靠近了，这时的距离为平衡距离

Re。稳定晶体中每个离子与其相邻离子间的距离,就是这样的平衡距离。

以 NaCl 晶体为例:当 1mol Na^+ 离子和 Cl^- 离子相互接近形成 1mol NaCl 晶体时,以其中某一个 Na^+ 作为中心,其他所有离子(Na^+ 和 Cl^-)都和它之间有库仑力的作用,其位能为

$$-6\frac{e^2}{R}+12\frac{e^2}{\sqrt{2}R}-8\frac{e^2}{\sqrt{3}R}+6\frac{e^2}{\sqrt{4}R}+\cdots \tag{4.3.2}$$

若以每一个 Na^+ 及每一个 Cl^- 为中心皆可得到类似的这一些项,故对 1mol NaCl 晶体总的库仑位能为

$$V_{库仑}=\frac{-2N_0e^2}{2R}\left(\frac{6}{\sqrt{1}}-\frac{12}{\sqrt{2}}+\frac{8}{\sqrt{3}}-\frac{6}{\sqrt{4}}+\cdots\right) \tag{4.3.3}$$

式中,$2N_0$ 是指 Na^+ 和 Cl^- 总数,但因任何两个离子的相互作用皆重复计算了一次,故式子又用 2 除。将括号中的数目加和以 A 表示,称为马德伦常数。其数值与晶体结构类型有关。各种结构类型的马德伦常数值列于表 4-6 中。

表 4-6 不同晶体结构类型的马德伦常数

晶体结构类型	马德伦常数 A	* $\sum n$
CsCl 型	1.76	2
NaCl 型	1.7475	2
立方 ZnS 型	1.638	2
六方 ZnS 型	1.641	2
CaF_2 型	2.52	3
TiO_2 型	2.40	3
β-SiO_2 型	2.22	3
Cu_2O 型	2.06	3

* 表中最后一列为化学式中正负离子总数,即 $\sum n=n_+ + n_-$。

现在我们再来考虑由于电子云排斥作用而产生的位能。

$$V_{排斥}=\frac{\beta e^2}{R^n}\quad (\beta\text{为摩尔分子排斥常数}) \tag{4.3.4}$$

因而体系的总位能为

$$V=V_{库仑}+V_{排斥}=\frac{-N_0Ae^2}{R}-\frac{\beta e^2}{R^n} \tag{4.3.5}$$

总位能 V 是正负离子间距 R 的函数。当晶体中各个离子都处在平衡位置时，位能 V 具有最低值，对 R 的微商为零，即

$$\left(\frac{\partial V}{\partial R}\right)_{R=Re}R=Re=\frac{N_0Ae^2}{R^2}-\frac{n\beta e^2}{R^{n+1}}=0 \tag{4.3.6}$$

解上式，得

$$\beta=\frac{N_0AR^{n-1}}{n} \tag{4.3.7}$$

将 β 值代入总位能式子中，可得

$$V=\frac{-N_0Ae^2}{R}\left(1-\frac{1}{n}\right) \tag{4.3.8}$$

这就是 1－1 价型晶体的波恩位能公式。式中的波恩指数 n 值与离子的电子层构型有关，其数值如表 4－7 所示。

表 4－7　离子的电子层构型对应的波恩指数 n 值

离子的电子层构型	波恩指数 n
He	5
Ne	7
Ar, Cu^+	9
Kr, Ag^+	10
Xe, Au^+	12

如果晶体中正负离子属于不同的类型，波恩指数则取平均值，如对 NaCl 晶体而言

$$n=\frac{1}{2}\times(7+9)=8$$

一般情况下，n 可以近似地用 9 来计算。

离子从分离的气态变成晶体时，体系位能的降低就是点阵能，故得

$$U=-V=\frac{N_0Ae^2}{R}\left(1-\frac{1}{n}\right) \tag{4.3.9}$$

若正负离子的价数分别为 Z_1 和 Z_2，则波恩点阵能公式可以写成

$$U=\frac{Z_1Z_2N_0Ae^2}{R}\left(1-\frac{1}{n}\right) \tag{4.3.10}$$

波恩位能公式和点阵能公式合称波恩公式。利用波恩公式可以计算离子型晶体的点阵能。

对形成 1mol NaCl 晶体来说，其点阵能等于 749.95 kJ/mol，即

$$Na^+(气)+Cl^-(气)=NaCl(晶格)+749.95\ kJ/mol$$

在下列波恩-哈伯(Born-Haber)热化学循环中，我们可以看到点阵能(U)亦被包括在化学循环内，例如对 NaCl 晶体生成反应来说：

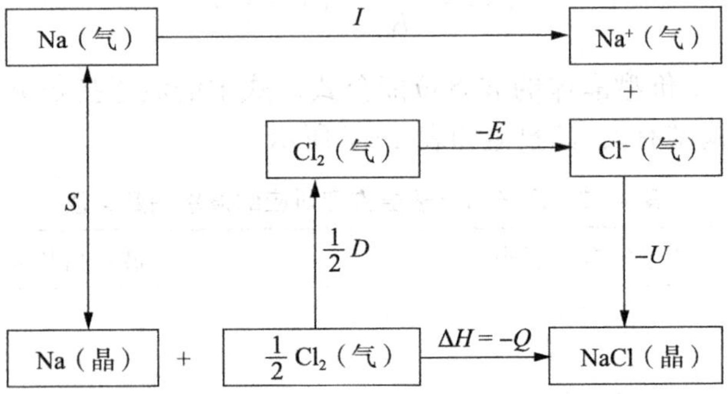

$$\Delta H=S+I+\frac{1}{2}D-E-U \tag{4.3.11}$$

又 $Na(晶)+\frac{1}{2}Cl_2(气)=NaCl(晶)\quad \Delta H=-Q(生成热)$

因此可得

$$S+I+\frac{1}{2}D-E-U=-Q \qquad (4.3.12)$$

即

$$U=Q+S+I+\frac{1}{2}D-E \qquad (4.3.13)$$

将 Q、S、I、D、E 等实验数据代入，则可求得 NaCl 的点阵能。

4.3.3 点阵能的意义

化学上，点阵能提供晶体稳定性的定量关系，点阵能的大小决定着一个离子型晶体的稳定性。

矿物学上，点阵能可以解释很多关于矿物从溶液或熔触状态中生成的自然过程，用于研究矿物生成的过程与时间。

地球化学上，点阵能可以帮助我们研究地球的构造和演变历史。

4.3.4 离子半径

(1) 离子半径的定义

我们在讨论单质晶体结构时，曾把原子看作一个圆球。在考虑某些简单的离子型晶体结构时，亦可将正负离子看作大小不同的圆球。但我们将晶体中离子看成一个圆球的理论依据是什么呢？

就原子的电子云分布来说，任何一个具有惰性气体原子构型的离子，或 18 电子层构型的离子，其电子云分布都具有球形对称性。根据点阵能的计算结果，在典型的离子型晶体中，离子的极化现象并不严重。因而正负离子在相互靠近时，彼此的影响并不大，仍可保持其电子云分布的球形对称(近似地)，所以有可能把晶体中的离子当成圆球来对待。我们知道，在晶体中离子之间有一定的平衡距离，这意味着两个带一定电荷量的圆球，到了互相接触时就不能再靠近了，这仿佛是每个离子具有一定大小的作用圈，这个作用圈是其他离子不能入侵的，这种作用圈的大小称为离子半径。

（2）离子半径的计算

从X射线结晶学的数据中，可以得到正负离子间的平衡距离。在一般场合下，这种离子间的平衡距离可以看作是两个离子半径之和。如果要计算每个离子的半径时，还必须解决离子之间的接触情况等问题。

我们如果能确定一种元素的离子半径，其他元素的离子半径就可以从有关的X射线结晶学的数据以及离子的接触距离推算出来。

例如在晶体中，负离子以圆球的密堆积形式排列互相接触，而正离子小到可以穿插在负离子所围成的间隙中去。那么，负离子半径的数据就可以通过离子相互间的接触情况非常容易地计算出来。

下面四种化合物晶体具有NaCl型的结构，晶体中晶胞参数的$\frac{1}{2}a$数据如下。

MgO	2.10Å	MnO	2.24Å
MgS	2.61Å	MnS	2.60Å

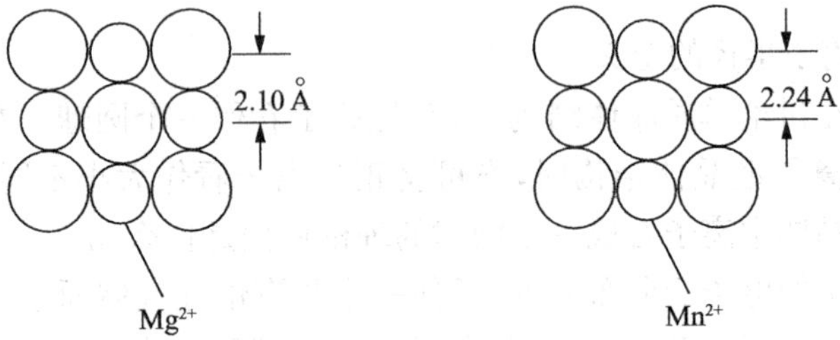

图4-19　锰和镁的氧化物中正负离子的接触情况

分析四种化合物晶体结构中离子的排列规律，可以知道，在镁和锰的氧化物中，O^{2-}相互间可能没有接触到，而O^{2-}与Mg^{2+}或Mn^{2+}可能接触到了。这样看来，$r_{Mn^{2+}}-r_{Mg^{2+}}=0.14$Å（图4-19）。

但在镁和锰的硫化物中，其两种硫化物晶体的晶胞参数基本上是一致的。显然可以断定S^{2-}相互间是接触到了，接触情况如图4-20所示。虽然在这里Mg^{2+}或Mn^{2+}半径大小不等，但它们都只填充在S^{2-}所密堆积的空隙中。根据推论分析，我们可计算S^{2-}的半径为：$r_s=$

$\frac{1}{2}\times2.61\times\sqrt{2}=1.84\text{Å}$

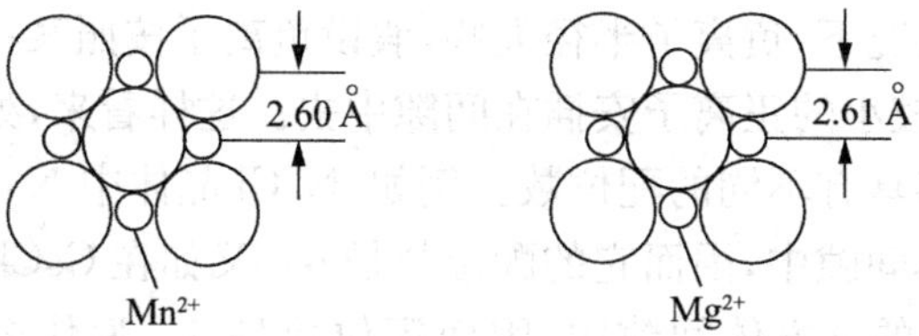

图 4-20　锰和镁的硫化物中负离子之间的接触情况

在锂的卤化物中(LiF 除外),卤素离子也是互相接触着的。因此,我们也可以通过分析离子间接触情况,分别将 Cl^-、Br^-、I^- 的离子半径计算出来。

BeO、Al_2O_3、$BeAl_2O_4$ 三种晶体的摩尔体积分别为 8.44 $cm^3\cdot mol^{-1}$、26.0 $cm^3\cdot mol^{-1}$ 和 34.6 $cm^3\cdot mol^{-1}$,可以知道这三种晶体的摩尔体积之比等于相应化合物中氧原子数目之比,即

$$8.44:26.0:34.6=1:3:4$$

因此,我们也可以断定这些晶体主要由氧原子密堆积起来的,其他离子小到可以穿插在氧离子围成的空隙中,所以其他离子并不影响晶体的摩尔体积。根据这样的推论,我们就可以计算 O^{2-} 的半径。

在 O^{2-} 的 A_1 密堆积中,每个 O^{2-} 的结构体积为$\frac{1}{4}(2\sqrt{2}r_{O^{2-}})^3$。因此,在上述化合物的晶体中,$O^{2-}$ 离子的摩尔体积为$\frac{N_0}{4}(2\sqrt{2}r_{O^{2-}})^3=8.44$,由此可得 $r_{O^{2-}}=1.36\text{Å}$。

有了 S^{2-}、O^{2-} 等离子的半径,某些其他离子的半径也就可以逐一被计算出来了。

4.3.5　离子的堆积

如前所述,正离子与负离子在一定场合下,可以设想为是一些半径不同的圆球,于是在离子形成晶体时,考虑不等径圆球的堆积方式时仍

然是有意义的。不过这种不等径圆球的堆积，与等径圆球的堆积情况不同，必须注意到它们半径大小不同这个特点。

在通常情况下，负离子半径大些，假设负离子按照某一方式堆积起来，然后半径较小的正离子安插在间隙中去。这样看来，处在不同空隙中的正离子将具有不同的配位数。例如，NaCl 晶体中 Na^+ 是处在 Cl^- 形成的八面体间隙中，因而它的配位数是 6。又如在 CsCl 晶体中，Cs^+ 处在 Cl^- 形成的立方体间隙中，因而配位数是 8。为什么同处于第 I 主族的碱金属钠与铯的氯化物会有不同的配位数呢？

要回答这个问题，就不能不考虑离子半径的大小问题。一般来说，配位数决定于正离子与负离子半径的比值，现举配位数为 6 的例子来说明这个问题。

设 r_+ 与 r_- 分别表示正离子与负离子的半径，从图 4-21 可以看出

$$r_+ = \sqrt{2}r_- - r_-$$

所以 $$r_+/r_- = 0.414$$

这是正负离子彼此都相互接触时的情况。

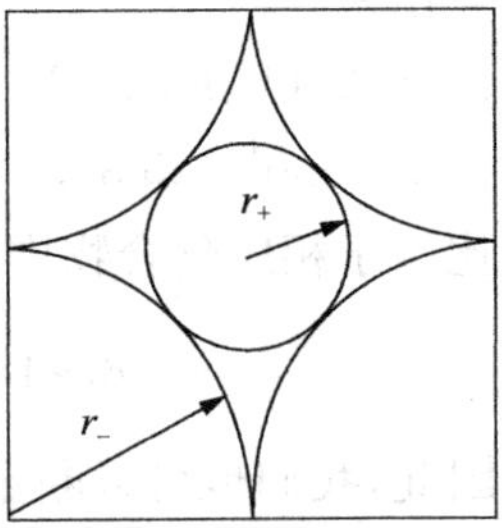

图 4-21　配位数为 6 时正负离子接触截面图

显然，当 r_+/r_- 小于 0.414 时正负离子不相互接触，而负离子本身之间是接触的。在这种场合下，库仑引力小而排斥力大，能量也较高，所以体系就不稳定。当 r_+/r_- 大于 0.414 时，正负离子相接触，而负离子自己不接触，因而库仑引力大，排斥力小，能量相应较低，体系比较稳定。由此看来，正负离子半径的比例直接影响着体系的稳定性。另一方面，正离子周围的负离子愈多(即配位数愈高)，能量也愈低。所以，为使体系稳定，必须是正负离子互相接触，负离子自己不接触，同时又要具有尽可能高的配位数。于是，配位数为 6 的必要条件应为 $r_+/r_- \geqslant 0.414$。

但是当 r_+/r_- 大到 0.732 时，正离子周围即有可能安排八个负离子而不使负离子相互接触。从配位数高低(密堆积原理)来看，配位数

为 8 时，$r_+/r_-=0.732$，故配位数为 6 的条件应为 r_+/r_- 介于 0.414 和 0.732 之间。

依照同样的计算与类似的推理，可以得出其他配位数下正负离子半径比的条件（离子的堆积情况），如表 4-8 所示。

表 4-8　不同配位数下与正负离子半径比值的关系

负离子配位多面体形状	配位数	r_+/r_-
直线形	2	0～0.155
三角形	3	0.155～0.225
四面体	4	0.225～0.414
八面体	6	0.414～0.732
立方体	8	0.732～1
密堆积	12	1

若离子半径已知，则可用表 4-8 中离子半径比与配位数关系确定晶体结构的类型。例如，

$$\mathrm{NaCl}: \frac{r_+}{r_-}=\frac{0.98}{1.81}=0.54$$

所以配位数为 6（NaCl 型）。

$$\mathrm{CsCl}: \frac{r_+}{r_-}=\frac{1.65}{1.81}=0.91$$

所以配位数为 8（CsCl 型）。

这就回答了 NaCl 与 CsCl 为什么应属于不同结构类型的问题。

$$\mathrm{ZnS}: \frac{r_+}{r_-}=\frac{0.39}{1.32}=0.3$$

所以配位数为 4（立方 ZnS 型）。

$$\mathrm{MgO}: \frac{r_+}{r_-}=\frac{0.78}{1.32}=0.59$$

所以配位数为 6(NaCl 型)。

4.3.6 离子的极化

1. 极化现象

从上面的讨论情况以及其他一系列实例,说明离子在晶体中的配位数与结构类型,都取决于正负离子半径的比值。但是这规律也有一些例外。

$$AgI:\frac{r_+}{r_-}=\frac{1.13}{2.20}=0.51$$

配位数应为 6,但实际上 AgI 的配位数为 4,属于 ZnS 型。

$$ZnO:\frac{r_+}{r_-}=\frac{0.83}{1.32}=0.63$$

配位数应为 6,但实际上 ZnO 的配位数为 4,不属于 NaCl 型,而属于 ZnS 型。

$$CaO:\frac{r_+}{r_-}=\frac{1.06}{1.32}=0.80$$

配位数应为 8,但实际上 CaO 不属 CsCl 型,而属于 NaCl 型。

为什么会产生这些例外呢?

到目前为止,我们在讨论离子化合物晶体时,都是把离子当作不可压缩的圆球来处理的。但实际上,离子并不完全是一个圆球,离子在紧密相接触的时候,带有电荷的离子所生成的电场,就要对另一离子的电子云发生作用(吸引或排斥),因而使这个离子外围的电子云的大小和形状要发生改变,这就叫做离子的极化,见图 4－22。离子的极化情况通常用可极化性与极化力来说明。

离子的可极化性是指离子在单位强度电场作用下所产生的偶极矩。用 α 表示离子的极化系数或极化率,也就是可极化性。一些离子的可极化性和离子半径,如表 4－9 所示。

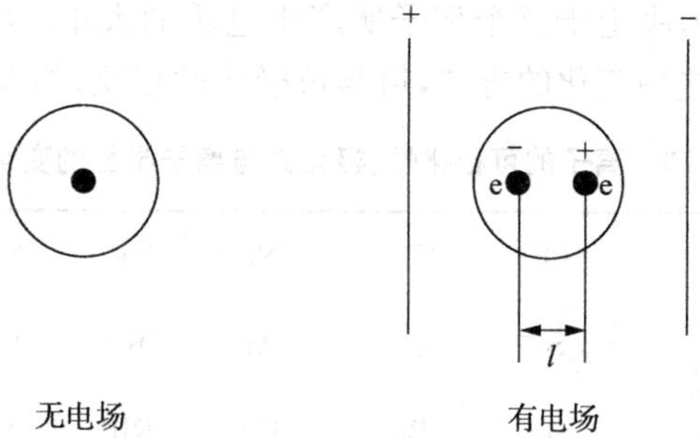

图 4－22 离子受电场的作用产生极化的现象示意图

表 4－9 离子半径与离子的可极化性

离子	Li^+	Na^+	K^+	Rb^+	Cs^+	F^-	Cl^-	Br^-	I^-
$\alpha\times10^{24}$	0.029 5	0.182	0.844	1.42	2.45	0.99	3.05	4.17	6.82
半径/Å	0.78	0.98	1.33	1.49	1.65	1.33	1.81	1.96	2.20

离子	Li^+	Be^{2+}	B^{3+}	C^{4+}	Na^+	Mg^{2+}	Al^{3+}	Si^{4+}
$\alpha\times10^{24}$	0.029 5	0.008 0	0.003 03	0.001 35	0.182	0.12	0.065	0.043
半径(Å)	0.78	0.34	0.20	0.15	0.98	0.78	0.57	0.39

从表 4－9 中数据可以得出如下结论。

(1) 对于价数相同的离子来说，离子半径愈大则可极化性愈大，被极化愈厉害。这是因为，离子半径愈大，外层电子云离原子核更远，此时受电场作用电子云更容易发生变形。负离子半径一般比正离子半径大，故负离子的可极化性一般较大。

(2) 正离子的价数增加(半径减小)，则可极化性减小。

(3) 一般说来，价数愈低以及半径愈大的离子，则表现可极化性愈大。

在晶体中可极化性很强且容易变形的离子有 I^-、Br^-、Cs^+、S^{2-} 等。

另一方面，一个离子能够使其他离子极化的能力称为极化力。一个离子的极化力决定于这个离子所产生电场的大小。电场愈大，则极化力也愈强。这种变化的方向，恰与可极化性相反，如表 4－10 所示。

表 4－10　离子的可极化性、极化力与离子半径的变化情况

↑	O^{2-}	F^{-}	Ne	Na^{+}	Mg^{2+}	Al^{3+}
可极化性下降	S^{2-}	Cl^{-}	Ar	K^{+}	Ca^{2+}	Sc^{3+}
极化力上升	Se^{2-}	Br^{-}	Kr	Rb^{+}	Sr^{2+}	Y^{3+}
离子半径减小	Te^{2-}	I^{-}	Xe	Cs^{+}	Ba^{2+}	La^{3+}
			可极化性下降 极化力上升 离子半径减小 →			

正离子的极化力，除与半径及电价有关外，还与其电子层构型有关。18 电子层构型的正离子比惰性气体构型的正离子具有较大的极化力，例如 Cu^{+}、Ag^{+}、Zn^{2+} 等的极化力较大。

2. 极化对晶体结构的影响

如图 4－23(a)，假定离子在晶体中的位置是固定不变的，则负离子被周围正离子的极化作用可以相互抵消，负离子不显示偶极性。

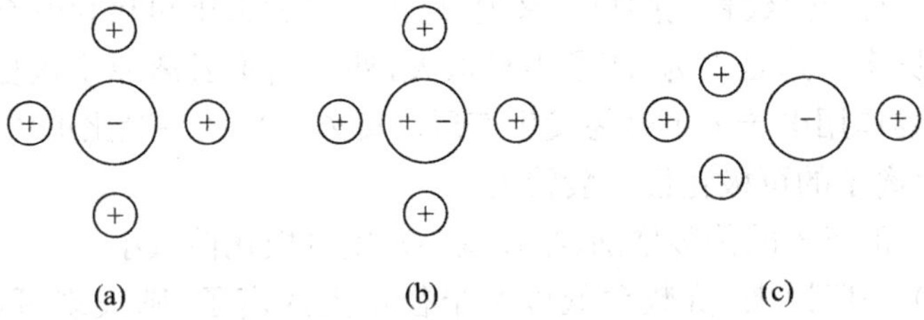

图 4－23　负离子在正离子的电场作用下产生极化情况示意图

事实上，离子在晶体中不是静止的，它是处于不停地振动中，这时正负离子间的距离必然要发生瞬间的变化。这一瞬间变化中便产生了偶极现象，如图 4－23(b)。在这种情况下，如果正离子极化力不大，负离子可极化性也不大时，整个极化现象不很显著，负离子仍按照固有的规律性进行振动，晶体结构也不发生变化。但如果极化现象很强，负离子变形显著，产生很大的偶极矩，加强了与附近正离子间的吸引力，以致破坏了固有的振动规律，此时正负离子更加接近。其结果必然要引起晶体结构类型的改变，如图 4－23(c)所示。也就是说，随着离子间相互极化作用的加强，离子间距离就减小，配位数也减小。在 AB 型化合物中，离子间相互极化作用加强时，晶体结构类型则按下列次序变化

$$\text{CsCl 型} \rightarrow \text{NaCl 型} \rightarrow \text{ZnS 型} \rightarrow \text{分子晶格}$$

例如，Cu^+ 的四种卤化物：CuF($r_+/r_-=0.72$)；CuCl($r_+/r_-=0.53$)；CuBr($r_+/r_-=0.49$)；CuI($r_+/r_-=0.44$)。按离子半径比值来看，都应归于 NaCl 型，但实际上它们都为立方 ZnS 型结构。

此外，温度增高，极化也随之加强，这是因为温度增高时，离子振幅加大，正负离子距离缩短(瞬间)，于是温度增高时结构向减少配位数的方向变化。例如，CsCl 在 455℃即变为 NaCl 型。

3. 极化对于晶体性质的影响

(1) 极化加强，离子间的共价性结合也加强，例如

化合物	NaF	MgO	AlN	SiC
距离/Å	2.31	2.10	1.87	1.89

在四个化合物中，前两者是 NaCl 型离子化合物，后两者是共价化合物。从 NaF 到 MgO，由于离子的电价由 1 增至 2，键长亦有相应的缩短(约缩短 10%)。而从 AlN 到 SiC，由于离子的电价很高，正离子的极化力也很大，结构受到高度的极化作用，结合力已经从离子键转变为共价键。因此，相应的键长变化很小。

(2) 极化加强可以影响晶体的溶解度，例如：

卤化银	离子半径之和	离子半径实验数据	溶解度(g/l)
AgF	2.46	2.46	1818
AgCl	2.94	2.77	1.4×10^{-3}
AgBr	3.09	2.88	1.2×10^{-4}
AgI	3.33	2.99	3.5×10^{-6}

(3) 极化加强改变晶体的熔点,例如

化合物	结构类型	晶胞参数/Å	熔点/℃
AgCl	NaCl	5.54	455
NaCl	NaCl	5.63	800

这是因为极化加强就相当于晶体较"热"了一些(见上述温度对于极化的影响)。

4.3.7 结晶化学定律

哥希密特(1926)指出:"晶体结构型式由晶体结构基元的组成与数量、离子半径的大小以及极化作用的现象所决定",这就叫哥希密特结晶化学定律,简称结晶化学定律。

结晶化学定律概括地指出了影响晶体结构的三个主要因素如下。

(1) 物质的晶体结构一般可按其化学式的类型分类进行讨论。在无机化合物中,一般按化学式 AB_1、AB_2、ABO 等类型来讨论。化学式类型不同(结构基元之间组成数目不同),则晶体结构也不相同。

(2) 结构基元的大小(离子半径比值 r_+/r_-)不同,晶体结构也不相同。

(3) 结构基元的极化程度(π)不同,晶体结构也不相同。

在一般情况下,单位晶胞的构造 S 是结构基元的数量 n、离子的半径比 r_+/r_- 以及极化程度 π 的函数,可表示为 $S=f(n,r_+/r_-,\pi)$。

4.4 鲍林规则及硅酸盐晶体结构

4.4.1 鲍林第一规则（负离子多面体规则）

在前面描述到的离子化合物晶体中，大部分化合物的结构型式都比较简单，一般都很容易用离子在晶胞中的位置来描述与说明整个结构及其中的配位情况。但在一些比较复杂的晶体结构中，用前面介绍的方法来描述晶体结构感到很贫乏，有必要考虑应用其他方法加以描述与说明。

在离子型晶体结构中，正离子位于负离子形成的配位多面体的中央，而配位多面体的形状则取决于离子半径比值 r_+/r_-。离子晶体结构的这一特征，应予以充分重视。在描述与理解一个比较复杂的结构时，一般可将结构看作是负离子多面体在空间按照一定方式连接起来的，而正离子则处在配位多面体的中央。一般说来，正离子的配位多面体（负离子多面体）是有规则的多面体，或近似于有规则的多面体。结构中较常出现正离子的配位多面体的形状与配位数、离子半径比的关系见表 4－8。

鲍林第一规则指出：在正离子的周围形成一个负离子配位多面体，正负离子间的距离取决于离子半径之和，而配位多面体的形状或配位数取决于离子半径比。

在无机化合物中，鲍林第一规则对氧化物及含氧盐具有重要的意义。在这些化合物的结构中，负离子为 O^{2-}，各种正离子的氧离子配位数如表 4－11 所示。

表 4－11 几种正离子的氧离子配位数

配位数	正离子
3	B^{3+}、C^{4+}、N^{5+}
4	Be^{2+}、B^{3+}、Al^{3+}、Si^{4+}、P^{5+}、S^{6+}、Cl^{7+}、V^{5+} Cr^{6+}、Mn^{7+}、Zn^{2+}、Ga^{3+}、Ge^{4+}、As^{5+}、Se^{6+}

续表

配位数	正离子
6	Li^{+}、Mg^{2+}、Al^{3+}、Se^{3+}、Ti^{4+}、Cr^{3+}、Mn^{2+}、Fe^{2+} Fe^{3+}、Co^{2+}、Ni^{2+}、Cu^{2+}、Zn^{2+}、Ga^{3+}、Nb^{5+}、Ta^{5+}、Sn^{4+}
6～8	Na^{+}、Ca^{2+}、Si^{2+}、Y^{3+}、Zn^{4+}、Cd^{2+}、Ba^{2+} Cl^{4+}、Sm^{3+}、Lu^{3+}、Hf^{3+}、Th^{4+}、U^{4+}
8～12	Na^{+}、K^{+}、Ca^{2+}、Rb^{+}、Sr^{2+}、Cs^{+}、Ba^{2+} La^{3+}、Ce^{2+}、Sm^{3+}、Pb^{2+}

4.4.2 鲍林第二规则（电价规则）

设 Z^{+} 为正离子的电荷数，u 为其配位数，从某一正离子至每一个配位负离子的静电键强度 S 可定义为

$$S=Z^{+}/u \tag{4.4.1}$$

或者描述为，在一个稳定的离子型晶体结构中，每一个负离子的电价数值等于或近乎等于从邻近正离子至该负离子各静电键强度的之总和，即

$$Z_{-}=\sum S_i=\sum (Z_i^{+}/u_i) \tag{4.4.2}$$

式中，Z_{-} 为负离子电荷数（电价）；i 是指从某一负离子至每一个以负离子为定点的多面体中央的正离子的静电键，这就是鲍林第二规则，又称电价规则。电价规则表明，若在离子型晶体结构中，正电位比较高的地方安放电价较高的负离子时，结构就会趋于稳定。

在图 4－24(a)中，表示为 NaCl 中配位八面体的连接方式，小球代表 Na^{+}，大球为 Cl^{-}。在 NaCl 结构中，从某一 Cl^{-} 到邻近的 Na^{+}，其静电键强度为 $S=1/6$。而每一个 Cl^{-} 同时是邻近六个配位八面体的顶点，故 $\sum S_i=6\times1/6=1$，其数值刚好等于 Cl^{-} 的电价 1。

在图 4－24(b)中，表示为 TiO_2（金红石）型结构（四方晶系）中 O^{2-} 多面体的连接方式，大球为 O^{2-}，小球为 Ti^{4+}。从某一 O^{2-} 至邻近的

Ti^{4+}的静电键强度为$S=4/6=2/3$。为此，每一个O^{2-}同时作为三个配位八面体的顶点，故$\sum S_i=3\times2/3=2$，其数值刚好等于O^{2-}的电价 2。

电价规则可适用于全部离子型晶体结构中，其静电键强度S的偏差一般不超过 1/6，S的偏差一般发生在稳定性较差的结构中。在很多场合下，电价规则也可以适用于非完全离子型的晶体结构中。在推测结构中负离子多面体相互间的连接方式时，可通过电价规则推测出每个负离子多面体的顶点能被几个这样的负离子多面体所共用。特别在无机化学中，氧化物与含氧酸盐可用电价规则来探索它们的结构特征。有些正离子如C^{4+}、N^{5+}、P^{5+}、S^{6+}、Cl^{7+}与O^{2-}形成氧化物分子或络离子时，根据电价规则，在这些氧化物分子或络离子中，从O^{2-}至正离子的静电键强度$S>1$，从而说明这些分子与络离子基团在结构中的分立性。因为在分子或络离子基团中，每个O^{2-}与正离子结合成一个静电键强度超过 1 的键。这个键显然较强于该O^{2-}与分子或络离子以外的任何正离子间所形成的键。这样的分子或络离子即形成一个分立的基团。

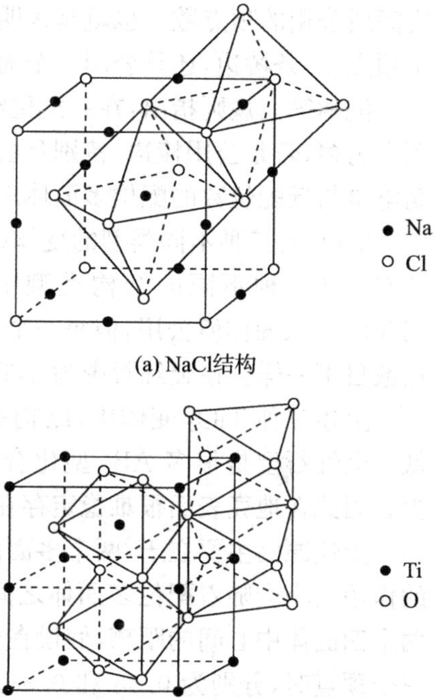

(a) NaCl结构

(b) TiO_2(金红石)结构

图 4-24　不同结构配位多面体的形状及连接方式

4.4.3　鲍林第三规则（负离子多面体公用顶点、棱与面的规则）

在分析离子型晶体结构中负离子多面体相互间的连接方式时，电价规则只能指出公用同一个顶点的多面体数，而并未指出两个多面体之间所公用的顶点数。也就是未明确指出两个多面体之间究竟公用一个顶点、一条棱边，还是公用一个面。

鲍林第三规则指出：在一配位结构中，两个配位体之间通常以公用顶点为多，若是公用棱边，特别是公用面都会降低结构的稳定性。对带高电价与低配位数的配位多面体来说，这个效应显得特别突出。

TiO_2 有三种不同类型的变体结构，它们分别是金红石、板钛矿、锐钛矿。在三种不同的结构类型中，每一个氧离子都为三个邻近的 $[TiO_6]^{8-}$ 八面体所公用，但每一个八面体与相邻八面体之间公用的顶点数目不一样。在金红石中为 2，在板钛矿中为 3，在锐钛矿中为 4 。

上述三种 TiO_2 变体中，结构的稳定性是随公用棱数的增加而降低。金红石型是很多 AB_2 型化合物的存在形式，但后两种则存在较少。因此在地壳表面很难稳定存在板钛矿和锐钛矿变体结构。

上述原因主要在于，两个多面体中央正离子间存在库仑排斥力，它的作用大小会随着配位多面体之间公用顶点数的增加而激增。例如，两个四面体中心间的距离，假设在公用一个顶点时为 1，则公用两个及三个顶点时，分别为 0.58 和 0.33。在八面体的场合下其配位多面体中心间的距离各为 1、0.71 和 0.58。从这些数据可以看出，四面体连接时的这种效应要比八面体场合更为突出（四面体比八面体配位数低）。

4.4.4 硅酸盐晶体的结构特征

硅与氧为地壳中分布最丰富的两种元素，其分布量为硅约占 25%，氧约占 50%。硅在地壳中主要是以硅酸盐与硅石的形式存在，它们是地壳中岩石层的最主要成分。另外，硅酸盐与硅石在工业产品中也占有很重要的地位。

在硅酸盐晶体结构中，由鲍林规则可以推测出，硅与氧间的结合将对硅酸盐晶体结构起着主导的作用。因此，对硅酸盐晶体结构的探讨，可将硅与氧的结合方式以硅氧骨干的型式作为研究的重点。

在硅酸盐结构中，其中 Si—O=1.62Å，O—O=2.64Å，Si^{4+} 与 O^{2-} 的半径分别为 0.39Å 和 1.32Å。根据鲍林第一规则，Si—O 键长近似

等于 Si^{4+} 与 O^{2-} 的有效半径之和(0.39Å+1.32Å=1.71Å),其离子半径比 $r^+/r^-\approx0.3$,这就决定了 Si^{4+} 离子配位数为 4。因此硅酸盐最普遍的结构特征是每一个 Si 处于 $[SiO_4]^{4-}$ 四面体的中央,其硅氧骨干的型式为 $[SiO_4]^{4-}$ 基团。

根据鲍林第二规则(电价规则),$[SiO_4]^{4-}$ 四面体的每一个顶点,即 O^{2-} 离子至多只能公用于两个这样的四面体之间($Z_-=\sum S_i=2\times4/4=2$)。

根据鲍林第三规则,两个这样的 $[SiO_4]^{4-}$ 四面体结合时只能公用一个顶点。鲍林规则对硅酸盐结构推论是正确的,这与一切已知硅酸盐与硅石结构的实际情况相符合的。

4.4.5 硅酸盐的结构分类

根据硅酸盐结构中硅氧骨干型式将硅酸盐分为五类。

(1) 含有有限硅氧基团的硅酸盐

① 具有单四面体 $[SiO_4]^{4-}$ 基团的正硅酸盐。在硅酸盐中,以 O∶Si等于或大于 4∶1 的情况存在,各 $[SiO_4]^{4-}$ 四面体以独立的形式存在,$[SiO_4]^{4-}$ 彼此间被 Mg^{2+}、Ca^{2+}、Fe^{2+}、Mn^{2+}、Be^{2+}、Al^{3+} 金属离子分开,使之形成孤立的“岛状”结构。例如

镁橄榄石 $Mg_2[SiO_4]$

铁橄榄石 $Fe_2[SiO_4]$

钙镁橄榄石 $CaMg[SiO_4]$ 为代表的橄榄石类硅酸盐(正交晶系),即为此类硅酸盐。

② 含有 $[Si_2O_7]^{6-}$ 双四面体及环型硅氧基团的硅酸盐。在这类硅酸盐中,是以 $[Si_2O_7]^{6-}$、$[Si_3O_9]^{6-}$、$[Si_4O_{12}]^{8-}$、$[Si_6O_{18}]^{12-}$ 等有限的硅氧基团或有限的环型硅氧基团的形式存在。四面体间通过氧顶点连接,而阴离子之间则通过 Mg^{2+}、Ca^{2+}、Be^{2+}、Al^{3+} 来联系。例如,含有双四面体及环型硅氧基团的硅酸盐有

异极矿 $Zn_4[Si_2O_7](OH)_2\cdot H_2O$

硅灰石 $Ca_3[Si_3O_9]$

柱状星叶石 $Na_2FeTi[Si_4O_{12}]$

绿宝石 $Be_3Al_2[Si_6O_{18}]$

含有有限硅氧基团的硅酸盐结构如图 4－25 所示。

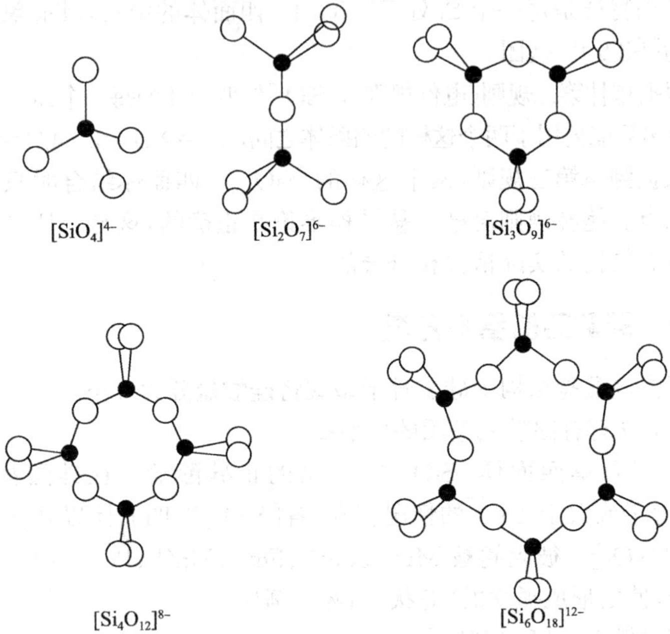

图 4－25　含 $[SiO_4]^{4-}$、$[Si_2O_7]^{6-}$ 与环型硅氧基团的硅酸盐结构

（2）链型硅酸盐

在很多硅酸盐中，硅氧基团如图 4－26 所示以无限的 $[SiO_3]_n^{2n-}$ 单链或 $[Si_4O_{11}]_n^{6n-}$ 双链的形式存在，这种硅酸盐称为链型硅酸盐。

链型硅酸盐中，链内的 Si—O 键要比链间 M—O 键强得多（M 为金属正离子）。因此，这些硅酸盐很容易沿链间结合较弱之处劈裂成柱体或纤维，例如

透辉石　$CaMg[SiO_3]_2$

普通辉石　$(Mg,Fe,Ca)(Al,Fe)[(Si,Al)O_3]_2$

普通角闪石　$(OH,F)_4Ca_4(Na,K)_2(Mg,Mn)_9(Al,Fe)[Si_{13}Al_3O_{44}]$

工业石棉　$(OH)_6Mg_6[Si_4O_{11}]\cdot H_2O$

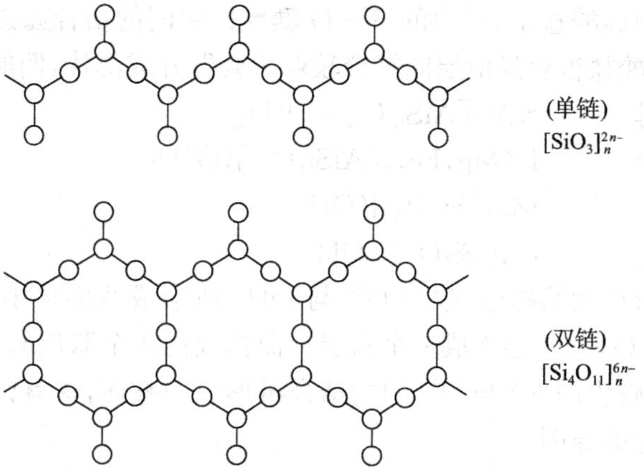

图 4-26　链型硅氧骨干基团的硅酸盐结构

在上述链型硅酸盐中，链间可以形成配位数为 6 与 8 的 O^{2-} 配位体，从而可以分别容纳较小的 Mg^{2+}、Fe^{2+}、Al^{3+}、Fe^{3+} 与较大的 Ca^{2+}、Na^{+} 等离子。

(3) 层型硅酸盐

在另一些硅酸盐中，硅氧基团如图 4-27 中是以无限的 $[Si_2O_5]_n^{2n-}$ 层的形式存在。结构中含有 $[Si_2O_5]_n^{2n-}$ 层或其他硅氧层的硅酸盐，称为层型硅酸盐。

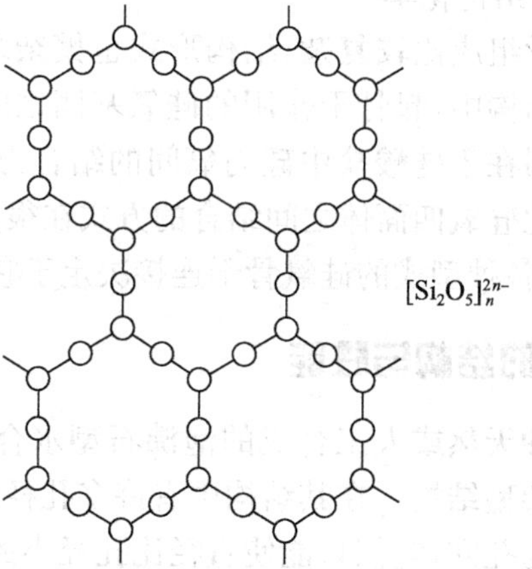

图 4-27　层型硅氧骨干结构

在层型硅酸盐中，层内的 Si—O 键要比层间的结合力强得多。因此，这些硅酸盐很容易沿层间结合较弱之处劈开成薄片，例如

白云母　$KAl_2[AlSi_3O_{10}](OH)_2$

黑云母　$K(Mg,Fe)_3[AlSi_3O_{10}](OH)_2$

滑石　$Mg_3[Si_4O_{10}](OH)_2$

高岭土　$[Al_2Si_2O_5](OH)_4$

在白云母的结构中，位于 O^{2-} 与 OH^- 所形成八面体中的 Al^{3+} 将两个 $[AlSi_3O_{10}]_n^{5n-}$ 层连成一个双层。而构成的每个双层间，则以电价较低，半径较大的 K^+ 与 O^{2-} 间的结合再形成一整体，这就说明云母易于劈成薄片的原因。

(4) 骨架型硅酸盐

在骨架型硅酸盐中，除了 $[SiO_4]^{4-}$ 四面体外，还有一部分为 $[AlO_4]^{5-}$ 四面体。由于铝所带的电荷为正三价，因此，整个骨架结构中带负电荷。所以骨架中还含有一定量的正离子，如 K^+、Na^+、Ba^{2+}、Ca^{2+} 等，它们填在骨架的空隙中。长石类、沸石类、群青类都属于骨架型硅酸盐，例如

钡长石　$Ba(Al_2Si_2O_8)$

钙长石　$Ca(Al_2Si_2O_8)$

(5) 硅酸盐的结构化学

硅酸盐的化学组成比较复杂，结构形式也繁杂多样。但在这些千变万化的硅酸盐结构中，起骨干作用的硅氧基团之间的结合方式是比较单纯的。其原因在于硅酸盐中硅与氧间的结合力是起着主要的、决定性的作用。因此硅氧四面体之间结合的方式在很大程度上决定于它们本身的性质，而各种型式的硅氧骨干连接决定于它们的数量关系。

4.4.6 分子筛的结构与性能

分子筛是一种天然或人工合成的泡沸石型水合铝硅酸盐的晶体，具有很空旷的骨架型结构。在其结构中有许多孔径均匀的通道和排列整齐内表面很大的孔穴，它们只能使直径比孔径小的分子进入孔穴，从而使大小和形状不同的分子予以分开，起着筛选分子的作用。

近年来，我国在分子筛的制备、研究和应用方面都有很大的发展。在化工、冶金、石油、医药、环境、军备等领域都得到广泛的应用。

迄今人工合成的分子筛已有几十种，其中最常用的有 A 型、X 型、Y 型和丝光沸石等几种。它们的化学组成可用下式表示 $M_r^{n+}[Al_pSi_qO_{2(p+q)}]\cdot mH_2O$，括弧中为铝硅酸根，其中 Al^{3+} 和 Si^{4+} 数目总和与 O^{2-} 数之比为 $(p+q):2(p+q)=1:2$，这表明分子筛是一种骨架型硅酸盐。

铝硅酸根中，Al^{3+} 和 Si^{4+} 均处在 O^{2-} 所组成的四面体空隙中。但一般 Al^{3+} 取代 Si^{4+} 的数目不超过总数的一半（即 $p\leqslant q$）。因为铝硅酸根中，若 Al^{3+} 数超过 Si^{4+} 数，势必在结构中出现铝氧四面体直接相连的情况。由于铝氧静电键强度弱于硅氧静电键强度，这会在结构中引入不稳定的因素使骨架强度削弱。一般在硅铝酸根中，硅氧四面体与铝氧四面体呈无序地按硅铝原子数目比交替错开出现，一般硅铝比高的分子筛，因为骨架结合较强，因此表现有较高的耐酸性和热稳定性。

在化学式中 M 代表在硅铝酸根骨架外的金属离子，若 M 为一价正离子，则 $r=p/1$（即骨架中每引入一个 Al^{3+} 代替 Si^{4+}，则骨架外就有一个一价正离子）。若 M 为二价正离子，则 $r=p/2$，这样可保持整个化学式的电中性。最常见的骨架外金属离子有 K^+、Na^+、Ca^{2+} 等。一般人工合成分子筛时，先制成钠盐，然后再用其他的金属离子取代。在用二价或三价离子取代一价离子时，可全部或部分取代。当取代的离子不同时骨架结构并不会有多大变化，但对分子筛的性能却影响很大。对骨架外的离子可以通过离子交换来改变分子筛的性能，这也是分子筛的一个特性。

分子筛化学式中 m 是代表分子筛结构中所含结晶水的摩尔数，当分子筛含有水分子时，一般它会使金属钠离子水化并占满孔穴结构中的空间，这些水分子可以通过加热除去。如 A 型分子筛在空气中加热至 350℃经 350 小时或在 700℃下加热 6 小时，可把水分完全除去。分子筛脱水后，内表面很大，孔穴中可容纳各种分子。每克 A 型分子筛约有 $0.28cm^3$ 的孔穴体积，脱水后的分子筛密度为 $1.33g/cm^3$。

人工合成的 A 型分子筛钠盐，属于立方晶系，晶胞参数 $a=$

24.64Å，其晶胞组成为

$$Na_{96}(Al_{96}Si_{96}O_{384})\cdot 216H_2O$$

若不考虑硅、铝位置的差别，可得近似的假晶胞，其体积为原晶胞体积的 1/8。假设晶胞的晶胞参数 $a=12.32$Å，相应假晶胞的组成为

$$Na_{12}(Al_{12}Si_{12}O_{48})\cdot 27H_2O$$

分子筛的主要特点在于这些晶体物质具有很多的孔穴或笼状的结构。图 4－28 示出硅铝四面体的构型，对硅氧四面体键长 Si—O≈1.62Å，O—O≈2.64Å。对于铝氧四面体键长 Al—O≈1.75Å，O—O≈2.86Å。对硅铝酸根，间距可取两者的平均值。硅（铝）氧四面体通过顶点上的氧原子相互连接可以形成环。由四个四面体形成一个环，叫做四元环；由六个四面体形成一个环叫做六元环。为简单起见可用正方形表示四元环，正六角形表示六元环，依此类推。正方形或六角形每个顶角代表一个硅或铝离子在基团中所处的位置，而每条边的中心代表一个氧离子在基团中所处的位置。在 A 型分子筛晶体结构中存在有四元环、六元环和八元环。在 X 和 Y 型分子筛中还出现十二元环。丝光沸石还有五元环。由硅（铝）氧四面体通过顶点上的氧原子相互连接形成的各种环所围成的孔窗的有效直径如表 4－14 所示。

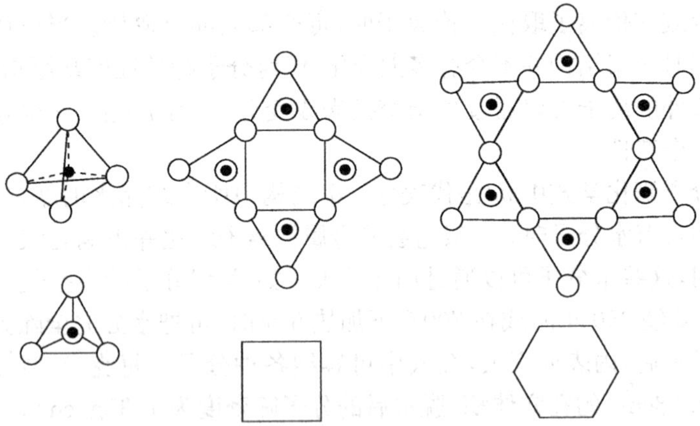

图 4－28　硅铝四面体的构型平面投影图及环形基团的简单表示

表 4－14 各种环所围成孔窗的有效直径

环(孔窗)	四元环	六元环	八元环	十二元环
有效孔径/Å	～1	2.2	4.2	～9

由表 4－14 数据可以看出，环的孔径大小的数量级与一般小分子相当。若分子与离子比孔径小，分子与离子就能钻进去。四元环有效孔径约为 1Å，一般分子钻不进去。

硅(铝)氧四面体通过顶点互相连接形成环，环上四面体再通过未共用的顶点相互连接可形成三维骨架。在分子筛晶体结构中，硅(铝)氧四面体组成许多形状整齐的三维多面体孔穴，这种多面体孔穴就称作"笼"。

分子筛中有多种多样的笼，在 A 型分子筛中常见有 α 笼、β 笼、立方体笼。在 X 和 Y 型分子筛中除有 β 笼外，还有八角沸石笼和六方柱笼等。图 4－29 示出上述五种笼的结构。

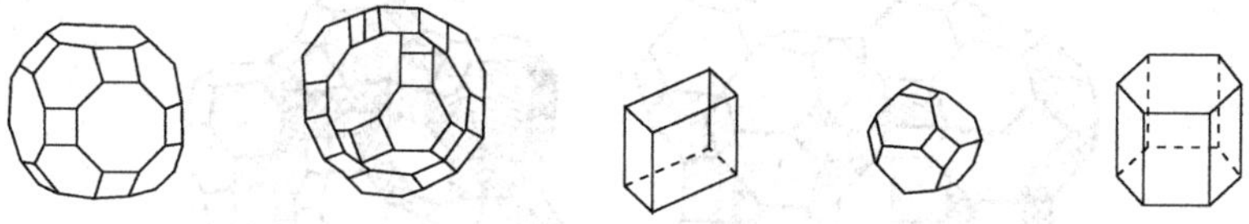

(a) α笼 (b) 八角沸石笼 (c) 立方体笼 (d) β笼 (e) 六方柱笼

图 4－29 分子筛中常见五种笼的结构与形状

α 笼：它是一个由十二个四元环、八个六元环以及六个八元环组成，共有 48 个顶角的 26 面体。笼中平均有效直径为 11.4Å，有效体积为 780Å^3。外界分子可通过八元环进入笼中，每个笼的饱和容量约为 25 个 H_2O，或 19 个 NH_3，或 12 个 CH_3OH，或 9 个 CO_2，或 4 个 C_4H_{10}。

β 笼：它是一个由六个四元环和八个六元环所组成，共有 24 个顶角的十四面体。β 笼可以看作是由立方体和正八面体共同组成的多面体，称为立方八面体。笼中平均有效直径为 6.6Å，有效体积为 166Å^3。将 β 笼与其他笼进一步互相连接就可形成 A 型、X 型和 Y 型分子筛，所以它是形成分子筛晶体结构的基础。

八面沸石笼：它是一个由十八个四元环、四个六元环和四个十二元环所组成的二十六面体。笼的平均有效直径为 12.5Å，有效体积为 850Å^3。笼的饱和容量约为 28 个 H_2O。八面沸石笼是构成 X 型和 Y 型分子筛最主要的基础，其中十二元环有效孔径为 9Å 左右，是分子的主要通道。

立方体笼和六方柱笼体积都很小，一般分子进不去。如图 4－30 所示，由上述各种笼所组成的两种典型的分子筛的立体构型。A 型分子筛的结构类似于 NaCl 的晶体结构，若将 NaCl 晶格中的 Na^+ 和 Cl^- 全部换成 β 笼，并且相邻的两个 β 笼之间通过四元环的四个氧桥相互连接起来这样就得到 A 型分子筛的晶体结构，如图 4－30(a)所示。X 和 Y 型分子筛结构类似于金刚石的晶体结构，如果用 β 笼代替金刚石中的 C 原子，且相邻的两个 β 笼之间通过六元环的六个氧桥相互连接起来，这样就得到 X 和 Y 型分子筛的晶体结构，如图 4－30(b)所示。

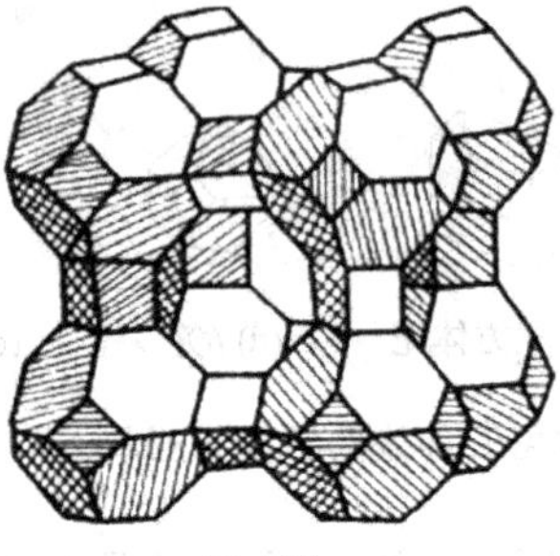

(a) A型

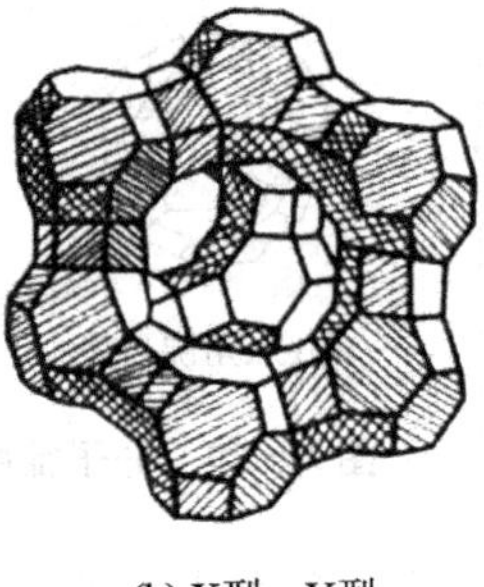

(b) X型、Y型

图 4－30 两种典型的分子筛的立体构型

A 型分子筛脱水后内表面很大，每克分子筛约有 0.28cm^3 的孔穴体积，A 型分子筛的有效孔径随骨架外的金属离子不同而异。当为 Na^+ 时，有效孔径为 4Å，通常称为 4Å 分子筛。用 K^+ 取代 Na^+，有效孔径变小，称为 3Å 分子筛。当 Na^+ 有 70%～80%被 Ca^{2+} 取代，有效孔径扩大，称为 5Å 分子筛。孔径不同的 A 型分子筛有着不同的用途。

人工合成的 X 型、Y 型分子筛与天然矿物的晶体结构形式相同，

硅铝比 SiO_2 ∶ Al_2O_3 在 2.2～3.0 内为 X 型，高于 3.0 者为 Y 型。此类分子筛具有较大的孔穴，脱水后每克分子筛有 0.35～0.36 cm^3 的孔穴体积，它们的主要孔穴是八角沸石笼，9Å 孔径的十二元环为其结构的主要通道。

分子筛在工业上应用，主要是由于它具有优越的吸附性能和催化性能。分子筛具有很大的内表面，以 A 型分子筛为例可作估算如下：按 $a=12.32$Å 的假立方晶胞为基准，每个晶胞含一个 α 笼，其有效直径为 11.4Å。若略去 β 笼不计，按球的表面积估算，每个 α 笼内表面积约为 $4\pi r^2=4\pi\cdot(11.4/2)^2\approx400$($Å^2$)。按每个晶胞含 $Na_{12}(Al_{12}Si_{12}O_{48})\cdot27H_2O$ 计算，每个晶胞含物质的量近似为 334×10^{-23} g。这样估算每克分子筛的内表面积约为 $400\times10^{-20}/334\times10^{-23}$ (m^2/g) ≈ 1200(m^2/g)。实际上由于晶体缺陷或其他因素致使部分表面不能利用，所以实际分子筛晶体内表面积比理论计算值要小。由表 4－15 所列的实验测定数据看出，由理论估算数值与实验测定数据在数量级是相当的。

表 4－15　某些分子筛内表面积实验测定值

分子筛型号	13X（钠型）	10X（钙型）	4Å(钠型)	4Å(钙型)
内表面积/(m^2/g)	1030	1030	～800	750～800

分子筛对极性分子的吸附量一般要比非极性分子的大。由于极性的水分子与分子筛间有较强的相互作用，又由于分子筛的内表面大，分子筛在生产和科研中广泛被用于吸、脱附过程。分子筛的优点不仅表现在脱水容量上，而且突出地反映在它的脱水深度。例如，A 型分子筛可将空气中的水分由原来的 4000μg/g 经吸附脱水下降到 10μg/g 以下。聚合级的乙烯，丙烯单体均要求水分低于 10μg/g 以下，因此在生产工艺流程中，往往在采用其他的脱水步骤后，最后一级靠分子筛来深度脱水。此外分子筛还有不潮解、不膨胀、不易被腐蚀、能反复再生、使用寿命长等特点。

下面再分析一下分子筛骨架外金属离子对其性能的影响。在钠 A 型分子筛中，晶胞中共有 1 2 个 Na^+，由于 Na^+ 半径较小（r_{Na^+} =

0.95Å)，一般倾向于优先占据氧配位数低的位置，所以 12 个 Na^+ 中 8 个 Na^+ 占据了晶胞中所有 8 个六元环的中心，而其余 4 个 Na^+ 则随机地分布在八元环上，如图 4－31 所示。

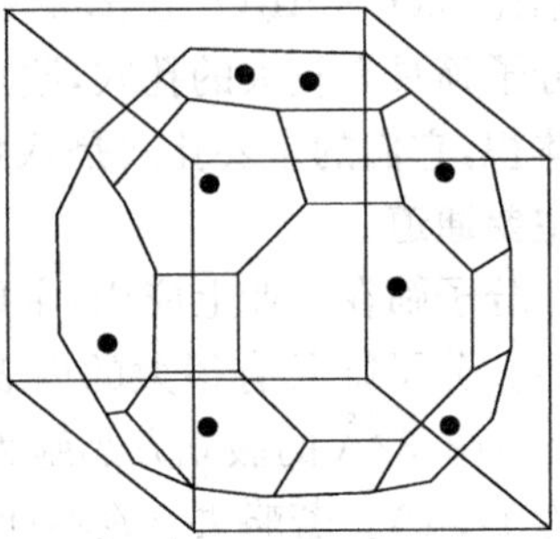

图 4－31　钠 A 型分子筛中 Na^+ 占据了晶胞中的位置

在这里，八元环处在晶胞的六个面上，每个面为相邻两个晶胞所共用。所以在每个晶胞中 4 个 Na^+ 统计分布在三个八元环上，这就造成了 Na^+ 部分阻挡了八元环窗口的情况，使得 Na 的 A 型分子筛八元环有效直径变为 4Å 左右，故称这种分子筛为 4Å 分子筛。当用 K^+ 置换 Na^+ 时，由于 K^+ 半径（r_{K_+}＝1.334Å）比 Na^+ 半径大，K^+ 将优先占据八元环位置，当大部分 Na^+ 被 K^+ 置换，有效孔径缩小至 3Å 左右，故称 3Å 型分子筛。当用 Ca^{2+} 取代 Na^+ 时，由于 Ca^{2+} 的半径（$r_{Ca^{2+}}$＝0.99Å）与 Na^+ 相近，它也优先占据六元环的位置。当晶胞中约有 2/3 的 Na^+ 被 Ca^{2+} 所取代时，则有效孔径增至 5Å 左右，故称 5Å 型分子筛。5Å 型分子筛的典型组成是

$$Ca_4Na_4[Al_{12}Si_{12}O_{48}]\cdot 27H_2O$$

如图 4－32 所示，A 型分子筛中 Ca^{2+} 的交换量与吸附性能的关系。

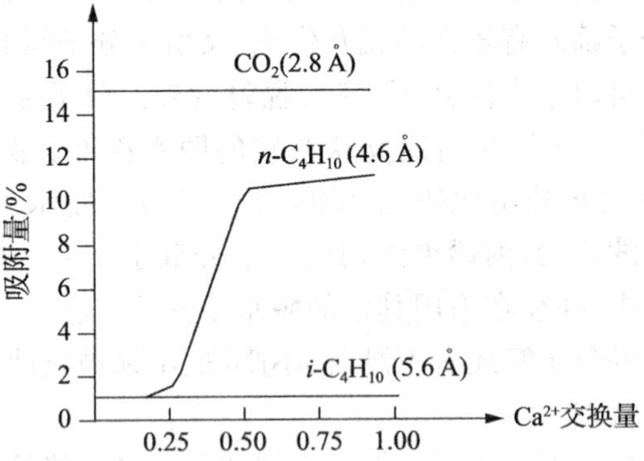

图 4－32　Na^+ 被 Ca^{2+} 取代时 Ca^{2+} 的交换量与吸附量关系

由图 4－32 中看出，CO_2 分子直径为 2.8Å，能进入 4Å 的孔窗，因此用 Ca^{2+} 置换 Na^+ 使八元环有效孔径变大，但不影响吸附量。$n-C_4H_{10}$分子直径约 4.6Å，A 型分子筛对其吸附量很小，但当 Na^+ 被置换时，八元环逐步空出来，吸附量很快增加。至于 $i-C_4H_{10}$分子直径到 5.6Å，即使八元环孔径扩大，但分子仍难于进入笼内，因此 A 型分子筛对$i-C_4H_{10}$分子来讲吸附量非常小。

根据上述原理，我们可用不同型号的分子筛来作为组分间的分离剂，如 5Å 型的分子筛可用于石油脱蜡，使油品凝固点降低，提高油品质量。4Å 型分子筛可用于气体和液体的深度干燥，纯化气体，以及用于甲、乙、丙烷的分离等。3Å 型分子筛用于深度干燥乙烯、丙烯等物料。在高压下能将某些较大的分子如 Kr、乙烯等压入孔穴中封藏起来。当减压后，孔穴内分子慢慢地释放出来起到长期的贮存作用。

分子筛除了用作干燥剂、吸附剂、组分分离剂外，还作为具有高催化活性和选择性的催化剂等被广泛应用于石油炼制等基础工业中。例如 Y 型分子筛内部具有较大的孔径和孔穴，给反应分子在孔穴中的扩散创造有利条件。另外，骨架外的金属离子和骨架中的硅(铝)氧骨干一起组成催化活性中心。由于这些金属离子处于高度分散的状态，因而活性和抗毒性比一般催化剂高。合成的 Na 型分子筛由于带弱碱性，一般催化活性不高。但通过离子交换，将碱土金属、过渡金属、稀土金属的离子引入后，就会使内表面带一定的酸性而出现催化活性。各种类型的分子筛对许多有机反应都有良好的催化性能，由于分子筛催化剂活性高、选择性和热稳定性好，也因此越来越受人们重视而快速发展成为一类新型的催化剂。

4.5 同晶现象(类质同象)

1819 年米契里许(E. Mitscherlich)发现了同晶现象，即若干化学式相似的物质具有相似的晶体外形。例如 KH_2PO_4 和 KH_2AsO_4、

$NiSO_4 \cdot 7H_2O$和$MgSO_4 \cdot 7H_2O$、$CaCO_3$和$NaNO_3$等，都具有同晶现象。具有同晶现象的各物质，彼此互称为同晶体。如KH_2PO_4称为KH_2AsO_4的同晶体。晶体外形的相似并不是偶然的，而是由于晶体内部结构相似所致。

化学式相似是生成同晶现象的原因，但并不是说，所有化学式相似的物质都具有相似的晶体外形。例如，$NaNO_3$和KNO_3、NaCl和CsCl、NaCl和KI等就不能产生同晶现象。能生成同晶物质，必须是那些化学式相似的物质中的结构类型相同，相当的离子半径近于相等的物质。所以生成同晶现象的根本原因，可以认为是结构类型相同及离子半径近于相等。

其次，同晶现象还受热力学环境的影响。有些化合物在低温下可能不成类质同象，但在高温下则发生类质同象。NaCl与KCl的类质同象就是这样一个例子。

类质同象根据代替与被代替元素的电价相等与否，分成等价类质同象与异价类质同象。等价同晶现象的例子是菱镁矿（$MgCO_3$）与菱铁矿（$FeCO_3$），在菱镁矿生成时，其构造中Mg^{2+}的位置可以为Fe^{2+}所占据。相反地，菱铁矿的构造中，Fe^{2+}位置亦可为Mg^{2+}所占据。两种情形都可形成中间成分的化合物$(Mg,Fe)CO_3$。异价同晶现象的例子是斜长石，斜长石化学式可写为$(Na,Ca)[Al(Al,Si)Si_2O_8]$，它是由钠长石（$Na[AlSi_3O_8]$）与钙长石（$Ca[Al_2Si_2O_8]$）以各种比例形成的同晶混合物。

同晶现象又按照代替是否有限制而分为完全同晶现象和不完全同晶现象。形成完全类质同象时，两个类质同象的物质可以无限制地代替，以任何比例代替形成一连续系列的中间成分的化合物，这种中间成分的化合物称为类质同象的混合物或固溶体。菱镁矿和菱铁矿的类质同象就是完全类质同象的例子，在它们的构造中，Fe^{2+}和Mg^{2+}可以任何比例代替，就像它们是同一种元素的离子一样，除了形成类质同象的一般条件以外，完全类质同象形成的特殊条件是对质点半径的要求比较严格，相互代替的质点半径之差不得超过12%～15%。

不完全同晶现象是两个类质同象物质只能形成一定比例的，或在有限的范围内连续变化的中间成分的化合物。不完全类质同象半径相似性要求不甚严格，一般不超过 20%～25%。

同晶现象曾被用来测定和修正一些元素的原子量，因而在一定程度上推动了化学科学的发展，同时也引起化学家开始注意化学组成与结晶外形间的关系，它在一定程度上充实了结晶学的内容。

例如 19 世纪，柏尔齐留斯(Berzelius)测定硒的相对原子质量。由实验可知，硒酸钾和硫酸钾同晶，化学式应为 K_2SeO_4。由成分分析结果知道，硒酸钾中含硒 35.75%，含氧 28.96%。从化学式知道原子比例为 Se∶O=1∶4，故 Se∶64=35.75∶28.96，解得 Se 相对原子质量为 79.01。现在公认的硒相对原子质量是 78.96。

再如 1837 年以前，银的硫化物写成 AgS，按质量比及 S 的相对原子质量而定出 Ag 相对原子质量是 216。到 1837 年，杜马斯(Dumas)发现了硫化银与 Cn_2S 同晶，而把它写成 Ag_2S，于是 Ag 的相对原子质量为 108。

利用同晶现象的共沉淀作用可以分离元素，例如放射化学中用 $BaSO_4$ 把 $RaSO_4$ 载带下来。此外，各种元素(特别是稀有元素)在地壳中的分布、矿物的分类等，都与同晶现象有密切关系。

习　题

1. 为什么说共价键有饱和性与方向性，而金属键与离子键没有饱和性和方向性？离子在晶体中与异号离子以四面体向、八面体向等相连接有一定的配位数，这与离子键本质上不饱和性和无方向性有无矛盾？
2. 固溶体中等同的位置上常占据着不同的原子，点阵的概念能否适用？
3. 点阵的概念怎样利用到六方密堆积中？
4. 根据二元离子晶体点阵能公式，说明影响离子晶体点阵能(或晶格能)的有哪些结构因素?

5. 排出下列三个 NaCl 型晶体 CaO、MgO、CaS 点阵能大小的次序并阐述理由。

6. 如何正确理解离子半径的概念? 离子半径是不是常数? 它与哪些因素有关?

7. 已知 KCl 晶体具有 NaCl 型的结构,晶胞棱长为 3.14Å,试计算 KCl 晶体的点阵能,并与实验值比较(就 KCl 晶体来说,$Q=435$ kJ/mol;$S=84$ kJ/mol;$I=419$ kJ/mol;$D=243$ kJ/mol;$E=368$ kJ/mol)。

8. 下面的几种晶体具有 NaCl 型的结构(相应晶体的晶胞棱长如表)。

化合物	晶胞棱长/Å	化合物	晶胞棱长/Å
MgO	4.20	MgS	5.22
MnO	4.48	MnS	5.20
CaO	4.80	CaS	5.68

试推算 S^{2-}、O^{2-}、Ca^{2+}、Mg^{2+} 和 Mn^{2+} 的离子半径。

9. 矿物中 V^{3+} 和 Fe^{3+}、Al^{3+} 和 Ga^{3+}、Mo 和 W、Co 和 Ni,以及十几种稀土元素和 Th 等常常是共生的,试说明其原因。

10. 为什么可将离子晶体结构归结为不等径圆球密堆积的问题? 为什么考虑离子堆积问题时,一般首先考虑负离子的密堆积。然后,再考虑正离子填在多面体的空隙内? 为什么在正常离子晶体结构中正离子要与尽可能多的负离子相接触?

11. 为什么 AB_2 型离子化合物(A 为正离子、B 为负离子)主要是氟化物和氧化物?

12. 试用电价规则解释下列各化合物酸性大小的次序

$$HClO_4 > H_2SO_4 > H_3PO_4 > H_4SiO_4$$

13. 某一离子晶体经 X 射线分析鉴定,属于立方晶系,晶胞参数 $a=4.00$Å。在晶胞中顶点位置为 Mg^{2+} 占据,体心位置为 K^+ 占据,所有棱心位置则为 F^- 占据。

(1) 用分数坐标表达各离子在晶胞中的位置。

(2) 给出晶体的化学组成。

(3) 指出晶体的点阵形式。

(4) 指出 Mg^{2+} 的氟配位数与 K^+ 的氟配位数。

(5) 由表中查得离子半径说明两种正离子的配位数是否合理?

(6) 检验此晶体是否符合电价规则,并判断此晶体中是否存在分立的配离子集团。

(7) K^+ 与 F^- 联合组成了哪种型式的密堆积?

14. (1) Al^{3+} 为什么能部分置换硅氧骨干中的硅而形成硅铝酸根?

(2) Al^{3+} 部分置换 Si^{4+} 后对硅酸盐的组成有何影响?

(3) 试用电价规则的计算说明一般 Al^{3+} 置换骨干基团中的硅通常不超过一半,否则将使骨干不稳定。

15. 金属 Ni 为 A_1 型结构,原子间最近接触距离为 2.492Å。

(1) Ni 的立方晶胞参数。

(2) 金属 Ni 的密度(以 g/cm^3 表示)。

(3) 画出(100)、(110)、(111)等晶面原子的排布方式,并计算面上距离最近的原子间距。

16. 应用鲍林规则讨论硅酸盐的结构规律,并讨论硅酸盐分类问题。

第 5 章　晶体的物理性质

自古以来，晶体的物理性质就已被人类关注和利用。早在远古时代，人们就知道利用高硬度的燧石来制作石器；我国的四大发明之一的指南针是利用磁铁矿的磁性来制作的；19 世纪中叶，偏光显微镜的使用也是从方解石具有高双折射的特点而开始的。上述的硬度、磁性和双折射等，均属于晶体的物理性质。随着科学技术的发展，尤其近几十年来，晶体物理性质的研究和利用已达到了一个新的阶段。目前，根据光、电、声、热、磁、力等引起的晶体的各种物理效应所制成的元器件已被广泛应用于工业、农业、交通运输、通信、医疗、科学研究和国防等领域。因此，研究晶体的物理性质具有十分重要的意义和作用。

晶体的物理性质，即由光、电、声、热、磁、力等所引起的各种物理效应，是晶体的化学组成和微观结构的宏观体现，晶体的宏观性质必然取决于组成晶体的质点（原子、离子或分子）的性质及其排列（晶体结构）。因此，晶体结构的各向异性和对称性必然导致晶体宏观物理性质的各向异性和对称性。

为了描述既有各向异性又有对称性的物理性质，最简单的数学方法是采用张量方法。张量既是晶体物理的数学基础，又是以晶体物理性质予以定义的物理量。因此，在本章中我们首先介绍有关张量的基本知识，然后分别介绍晶体的力学、热学、电学、磁学和光学等性质，以便于从本质上加深认识晶体的各种物理性质，并为探索新功能晶体材料提供必要的基础知识。

5.1　张量基础知识

5.1.1　张量的概念

在物理学中，经常会遇到标量、矢量和张量等物理量。与方向无关的量称为标量，如物体的温度、密度、比热容等都是标量，用一简单的数字就可以表示出它们的大小。与方向有关的量称为矢量，如电场强度、电位移、温度梯度等，它们不仅有大小，而且有方向，矢量常用黑体字母或上方带箭头的字母表示。例如，电场强度可表示为 $\boldsymbol{E}$ 或 $\vec{E}$。在直角坐标系中，矢量还可用三个坐标轴上的分量来表示其大小和方向，于是电场强度 $\boldsymbol{E}$ 可表示成

$$\boldsymbol{E}=[E_1,\ E_2,\ E_3] \tag{5.1.1}$$

或

$$\boldsymbol{E}=E_i \quad (i=1,2,3)$$

张量比标量和矢量复杂，它的每一个分量与两个或多个方向有关，在进行坐标系变换时，必须根据一定的变换定律进行变换。现以介电常数张量为例加以说明。

在各向同性介质中，电场强度矢量 $\boldsymbol{E}$ 和电位移矢量 $\boldsymbol{D}$ 的方向永远保持一致，在电场强度 $\boldsymbol{E}$ 不太高时，$\boldsymbol{E}$ 和 $\boldsymbol{D}$ 呈现线性关系，可写成

$$\boldsymbol{E}=\varepsilon_0\varepsilon\boldsymbol{D} \tag{5.1.2}$$

式中，ε_0 为真空介电常数；ε 为介电常数。而在各向异性的介质（晶体）中，$\boldsymbol{D}$ 与 $\boldsymbol{E}$ 方向经常不一致，$\boldsymbol{D}$ 在三个坐标轴上的分量都与 $\boldsymbol{E}$ 的 3 个分量相关，并可表示成

$$D_1=\varepsilon_0(\varepsilon_{11}E_1+\varepsilon_{12}E_2+\varepsilon_{13}E_3)$$
$$D_2=\varepsilon_0(\varepsilon_{21}E_1+\varepsilon_{22}E_2+\varepsilon_{23}E_3) \qquad (5.1.3)$$
$$D_3=\varepsilon_0(\varepsilon_{31}E_1+\varepsilon_{32}E_2+\varepsilon_{33}E_3)$$

显然,要确定晶体的介电常数,需要给出式(5.1.3)方程组右边的9个系数,这9个系数可表示为

$$\begin{bmatrix} \varepsilon_{11} & \varepsilon_{12} & \varepsilon_{13} \\ \varepsilon_{21} & \varepsilon_{22} & \varepsilon_{23} \\ \varepsilon_{31} & \varepsilon_{32} & \varepsilon_{33} \end{bmatrix} \qquad (5.1.4)$$

这个矩阵就是一个二阶张量,它有9个分量,每个分量都与两个方向相关。例如,如果外加电场沿 $\boldsymbol{E}=[E_1,0,0]$,则式(5.1.3)变成

$$D_1=\varepsilon_{11}E_1$$
$$D_2=\varepsilon_{21}E_1$$
$$D_3=\varepsilon_{31}E_1$$

$\boldsymbol{D}$ 不仅有沿 x_1 轴的分量,也有沿 x_2、x_3 轴的分量。ε_{11} 表示同向分量的比例系数,而 ε_{21}、ε_{31} 表示横向分量的比例系数。又如,ε_{32} 表示在 x_2 方向施加电场 E_2 与在 x_3 方向上产生的电位移 D_3 之间的比例系数。依此类推,可以解释各个分量的物理意义。

式(5.1.3)还可表示成

$$D_i=\sum_{i=1}^{3}\varepsilon_0\varepsilon_{ij}E_j \quad (i=1,2,3) \qquad (5.1.5)$$

在不引起误解的情况下,为了简单起见,常常去掉求和号,但需引入一个求和规则,即当在某一项中有重复出现的下标时,则自动按该下标求和,那么式(5.1.5)可写成

$$D_i=\varepsilon_0\varepsilon_{ij}E_j \quad (i=1,2,3) \qquad (5.1.6)$$

式中,j 称为求和下标;i 称为自由下标。

从上例可知,在各向异性介质中,任何两个相互作用矢量间的线性比例系数都形成二阶张量。如果用 $\boldsymbol{p}$ 和 $\boldsymbol{q}$ 来代表在各向异性介质中线

性相关的两个矢量，$[T_{ij}]$代表它们之间的比例系数，则可表示成

$$p_i = T_{ij} q_j \quad (i,j=1,2,3) \tag{5.1.7}$$

如果 $T_{ij}=T_{ji}$，则称$[T_{ij}]$为对称二阶张量。若 $T_{ij}=-T_{ji}$，则称$[T_{ij}]$为反对称张量，即 $T_{11}=T_{22}=T_{33}=0$。如果 $T_{ij}=\pm T_{ji}$，则 $T'_{ij}=\pm T'_{ji}$。当然，晶体物理性质 T_{ij} 是否对称，应该通过热力学或其他方法证明才能得知。

在各向异性介质中，如果一个矢量与一个二阶张量存在线性关系，则它们之间的比例系数便形成三阶张量。例如，应力 σ 为二阶张量，有 9 个分量，通过压电效应产生的极化强度 $\boldsymbol{P}$ 为矢量，它有 3 个分量，在一级近似的情况下，$\boldsymbol{P}$ 的每一个分量将与 σ_{ij} 的 9 个分量存在线性关系，如果用$[\boldsymbol{d}]$表示它们之间的线性系数，则可表示成

$$P_i = d_{ijk} \sigma_{jk} \quad (i,j,k=1,2,3) \tag{5.1.8}$$

σ_{ij} 为二阶张量，d_{ijk} 为三阶张量，有 27 个分量。如果两个二阶张量线性相关，则它们之间的比例系数形成四阶张量。同理，可推得其他高阶张量。

综上所述，下标的个数等于张量的阶数，二阶、三阶、四阶张量的分量个数分别为 9、27 和 81。按此规律，标量、矢量也可归于张量的范畴，标量为零阶张量，矢量为一阶张量。

5.1.2 张量的变换定律

在物理学中，并不是所有与方向有关的物理量都可以归为张量。例如，晶体的折射率有两个下标，也有 9 个分量，但它不是二阶张量，因为它不遵守张量的变换定律。用张量描述晶体的物理性质时，必须选定坐标系。而当坐标系发生改变时，对于所描述的晶体的某一物理性质并不发生改变，但描述该性质的张量的分量将发生变化。因此，新旧坐标系中张量的分量必然存在着一定的关系。张量分量在坐标系发生变换时所必须满足的关系称为张量的变换定律。在说明张量的变换定律之前必须先说明坐标的变换定律。

1. 坐标交换

具有同一原点和轴比例的两个直角坐标系之间的变换称为正交变换。如果用 x_1，x_2，x_3，x'_1，x'_2，x'_3 分别表示旧坐标系和新坐标系的三个轴（见图 5－1－1），则有

$$x'_1 = a_{11}x_1 + a_{12}x_2 + a_{13}x_3$$
$$x'_2 = a_{21}x_1 + a_{22}x_2 + a_{23}x_3$$
$$x'_3 = a_{31}x_1 + a_{32}x_2 + a_{33}x_3 \quad (5.1.9)$$

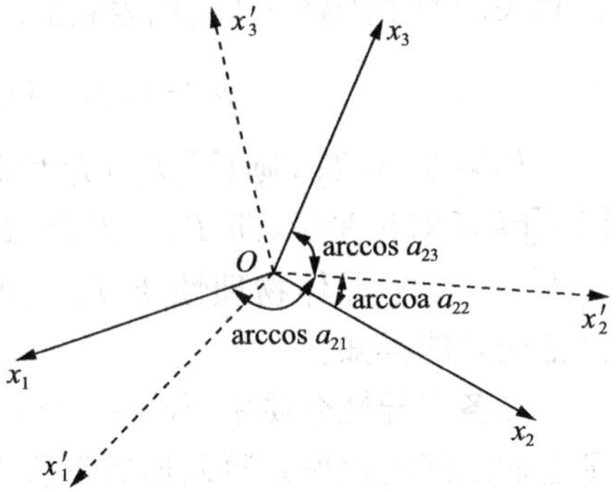

图 5－1－1　坐标轴的变换

式中，$a_{11} = \cos x'_1 x_1$，$a_{12} = \cos x'_1 x_2$，…为新旧坐标轴之间夹角的方向余弦。如果用综合下标写出时，式(5.1.9)可表示为

$$x'_i = a_{ij}x_j \quad (i, j = 1,2,3) \quad (5.1.10)$$

$$a_{ij} = \begin{bmatrix} a_{11} & a_{12} & a_{13} \\ a_{21} & a_{22} & a_{23} \\ a_{31} & a_{32} & a_{33} \end{bmatrix} \quad (5.1.11)$$

以上变换可以有逆变换，它们的系数矩阵为互逆矩阵，$A\overline{A} = 1$，$a_{ij} \neq a_{ji}$ ($i \neq j$ 时)。

正交变换的 9 个分量不是独立的，有如下关系

$$\begin{cases} a_{11}^2 + a_{12}^2 + a_{13}^2 = 1 \\ a_{21}^2 + a_{22}^2 + a_{23}^2 = 1 \\ a_{31}^2 + a_{32}^2 + a_{33}^2 = 1 \\ a_{21}a_{31} + a_{22}a_{32} + a_{23}a_{33} = 0 \\ a_{31}a_{11} + a_{32}a_{12} + a_{33}a_{13} = 0 \\ a_{11}a_{21} + a_{12}a_{22} + a_{13}a_{23} = 0 \end{cases} \quad (5.1.12a)$$

或写成

$$a_{ik}a_{jk}=\delta_{ij}=\begin{cases}1 & (i=j,k=1,2,3)\\0 & (i\neq j,k=1,2,3)\end{cases}\qquad(5.1.12b)$$

其中，δ_{ij} 为单位矩阵，即 $[\delta_{ij}]=\begin{bmatrix}1&0&0\\0&1&0\\0&0&1\end{bmatrix}$

式(5.1.12)就是正交关系式，或称为正交变换定律，其逆变换为

$$x_i=a_{ji}x'_j\quad(i,j=1,2,3)\qquad(5.1.13)$$

2. 矢量变换定律

设矢量 $\boldsymbol{p}$ 在旧坐标系(x_1，x_2，x_3)中有 3 个分量 p_1、p_2、p_3，在新坐标系(x'_1，x'_2，x'_3)中有 3 个分量 p'_1、p'_2、p'_3。其中，p'_1 是 p_1、p_2、p_3 在 x'_1 轴上的投影之和，即

$$p'_1=p_1\cos x'_1x_1+p_2\cos x'_1x_2+p_3\cos x'_1x_3$$

或

$$p'_1=a_{11}p_1+a_{12}p_2+a_{13}p_3$$

同理有

$$p'_2=a_{21}p_1+a_{22}p_2+a_{23}p_3$$
$$p'_3=a_{31}p_1+a_{32}p_2+a_{33}p_3$$

也可写成

$$p'_i=a_{ij}p_j\quad(i,j=1,2,3)\qquad(5.1.14)$$

式(5.1.14)就是矢量(一阶张量)的正交变换定律，其逆变换为

$$p_i=a_{ji}p'_j\quad(i,j=1,2,3)\qquad(5.1.15)$$

显然，a_{ij} 和 a_{ji} 也恰是坐标变换矩阵，且为互逆矩阵。

3. 张量变换定律

对于二阶张量 T_{ij}，设在旧坐标系中有关系式

$$p_i=T_{ij}q_j\qquad(5.1.16)$$

在新坐标系中，这种关系仍保持不变，但张量 T_{ij} 将发生变化，所

以有

$$p'_i = T'_{ij} q'_j \tag{5.1.17}$$

式中，T'_{ij} 为新坐标系中的二阶张量。根据矢量变换定律

$$p'_i = a_{ik} p_k \tag{5.1.18}$$

将式(5.1.16)中的下标 i 换成 k，j 换成 l，有 $p_l = T_{kl} q_l$，代入式(5.1.18)，则

$$p'_i = a_{ik} T_{kl} q_l \tag{5.1.19}$$

根据矢量逆变换的式(5.1.14)，有 $q_l = a_{jl} q'_j$，代入式(5.1.19)，则

$$p'_i = a_{ik} T_{kl} q_l = a_{ik} a_{jl} T_{kl} q'_l \tag{5.1.20}$$

将式(5.1.20)与式(5.1.17)对比，可得

$$T'_{ij} = a_{ik} a_{jl} T_{kl} \tag{5.1.21}$$

式(5.1.19)就是二阶张量的正变换定律。根据上述推导过程，可以得知

$$p' \to p \to q \to q'$$

若进行相反的推导过程，则有

$$p \to p' \to q' \to q$$

因此，很容易推导出二阶张量的逆变换定律，即

$$T_{ij} = a_{ik} a_{jl} T'_{kl} \tag{5.1.22}$$

用同样的方法可推得三阶张量和四阶张量的变换定律分别为

三阶张量：正变换定律 $T'_{ijk} = a_{il} a_{jm} a_{kn} T_{lmn}$ (5.1.23)

逆变换定律 $T_{ijk} = a_{li} a_{mj} a_{nk} T'_{lmn}$ (5.1.24)

四阶张量：正变换定律 $T'_{ijkl} = a_{im} a_{jn} a_{ko} a_{lp} T_{mnop}$ (5.1.25)

$$逆变换定律\ T_{ijkl}=a_{mi}a_{nj}a_{ok}a_{lp}T'_{mnop} \tag{5.1.26}$$

4. 点坐标及其乘积的变换

如果在旧坐标系中有一点 $M(x_1,x_2,x_3)$，连接坐标原点 O 与点 M，则线段 $\overrightarrow{OM}$ 相当于一矢量。点 M 的坐标 (x_1,x_2,x_3) 相当于矢量 $\boldsymbol{OM}$ 在旧坐标系中的分量。因此，点坐标的变换与一阶张量分量的变换规律则完全相同，即正变换

$$x'_i=a_{ij}x_j \tag{5.1.27}$$

逆变换

$$x_i=a_{ji}x'_j \tag{5.1.28}$$

由式(5.1.27)可推出点坐标乘积的正变换

$$x'_ix'_j=a_{ik}a_{jl}x_kx_l \tag{5.1.29}$$

由式(5.1.28)可推出点坐标乘积的逆变换

$$x_ix_j=a_{ki}a_{lj}x'_kx'_l \tag{5.1.30}$$

比较式(5.1.21)和式(5.1.29)、式(5.1.22)和式(5.1.30)可以看出，方程右边的系数完全一致，由此得出结论：点坐标的乘积(并矢)的变换规律与二阶张量的变换定律完全相同。同样，点坐标的三重积、四重积的变换规律与相应的三阶张量和四阶张量的变换定律完全相同。

5. 张量的定义

在讨论了张量的变换定律之后，就可以给出张量的确切定义：在三维空间中，坐标系发生正交变换时，物理量的 3^n 个分量遵循式(5.1.21)～式(5.1.26)中相应的变换定律，那么这 3^n 个物理分量的有序集合称为三维空间的 n 阶张量。

必须指出：(1) 张量是一种物理量，当坐标发生变换时，物理量本身不发生变化，所改变的只是其分量；(2) 坐标发生变换时，张量的分量变换必须服从相应的张量变换定律。

5.1.3 二阶张量的几何表示法

1. 二阶对称张量的示性面

晶体的物理性质可用几何图形形象地描绘。在直角坐标系中，一

阶张量可以用有向线段来表示。与此类似，二阶对称张量也可以用二阶曲面来表示它的性质，称为二阶张量示性面。

由解析几何可知，当中心位于坐标原点时的二次曲面方程为

$$ax^2+by^2+cz^2+2fyz+2gzx+2hxy=1$$

若用晶体物理符号，则上式可写成

$$S_{11}x_1^2+S_{22}x_2^2+S_{33}x_3^2+2S_{12}x_1x_2+2S_{13}x_1x_3+2S_{23}x_2x_3=1 \tag{5.1.31a}$$

缩写成 $$S_{ij}x_ix_j=1 \tag{5.1.31b}$$

该二次曲面方程的系数矩阵

$$(S_{ij})=\begin{bmatrix} S_{11} & S_{12} & S_{31} \\ S_{12} & S_{22} & S_{23} \\ S_{31} & S_{23} & S_{33} \end{bmatrix} \tag{5.1.32}$$

式(5.1.32)与式(5.1.4)的二阶张量形式完全相同。若坐标系进行正交变换，则为

$$x_i=a_{ki}x'_k, x_j=a_{lj}x'_l$$

将上式代入式(5.1.31b)，可得

$$S_{ij}(a_{ki}x'_k)(a_{lj}x'_l)=1 \text{ 即 } S_{ij}a_{ki}a_{lj}x'_kx'_l=1$$

与 $S'_{ij}x'_ix'_j=1$ 比较，则有

$$S'_{ij}=a_{ki}a_{lj}S_{ij} \tag{5.1.33}$$

由此可见，二次曲面不仅系数矩阵与二阶张量的形式完全相同，而且符合二阶张量的变换定律。所以通常用式(5.1.31)描述的二次曲面来直观地表示二阶对称张量的有关物理性质，曲面的大小和形状可由 S_{ij} 决定，它可以是圆球面、椭球面或双曲面。不过，多数情况下都用椭球面来讨论有关物理性质。

下面以电极化率为例，讨论它的二次示性面性质。若在某一材料上施加一电场强度为 $\boldsymbol{E}$ 的电场，而由此感生的电极化强度为 $\boldsymbol{P}$，则

$$\boldsymbol{P}=\varepsilon_0\chi\boldsymbol{E} \text{ 或 } P_i=\varepsilon_0\chi_{ij}E_j$$

式中，χ_{ij} 为电极化率二阶张量，其二次示性面方程为

$$\chi_{ij}x_ix_j=1 \tag{5.1.34}$$

式(5.1.34)表示的二次示性面如图 5-1-2 所示，它可以表示二阶张量如下性质。

(1) 矢径长度

二阶示性面沿某一给定方向的矢径长度 r 在数值上等于在该方向上数值 χ 的平方根倒数。设 r 的方向为(l_l, l_2, l_3)，将 $x_i=l_ir$，$x_j=l_jr$ 代入式(5.1.34)，得

$$\chi_{ij}(l_ir)(l_jr)=1 \qquad r^2(\chi_{ij}l_il_j)=1 \qquad r^2\chi=1$$

因此，得到

$$r=\frac{1}{\sqrt{\chi}} \tag{5.1.35}$$

(2) 二次示性面的矢径-法线性质

设作用矢量 $\boldsymbol{E}$ 沿二次示性面的矢径 $\boldsymbol{r}$ 方向，通过 $\boldsymbol{r}$ 的端点 M 作二次示性面的切平面，则 M 点处切平面的法线方向 $\boldsymbol{N}$ 即表示感生矢量 $\boldsymbol{P}$ 的方向，如图 5-1-3 所示。

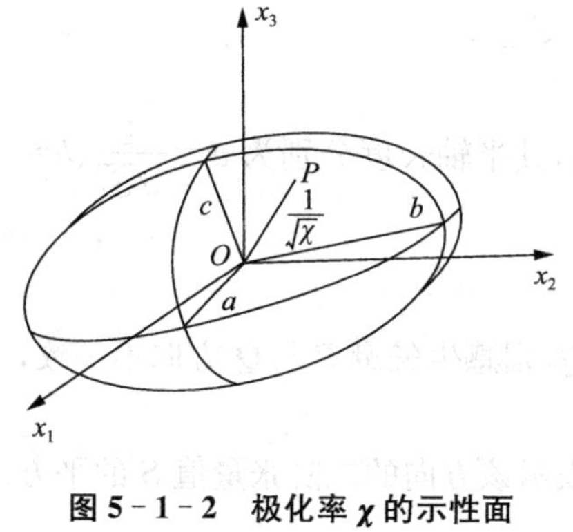

图 5-1-2　极化率 χ 的示性面

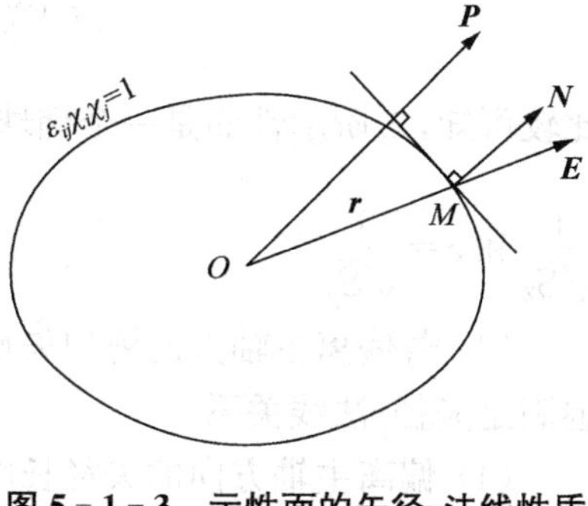

图 5-1-3　示性面的矢径-法线性质

2. 二阶张量的主轴和主值

若二次曲面的三个互相垂直的对称轴与直角坐标系的三个主轴一致，则称为主轴坐标系的二阶示性面，否则称为任意坐标系的二阶示性面。将任意坐标系的二次示性面变换成主轴坐标系的过程称为主轴变换，或称主轴化。对曲面方程(5.1.31)进行主轴变换，则为

$$S_1x_1^2+S_2x_2^2+S_3x_3^2=1 \tag{5.1.36}$$

式(5.1.36)的系数矩阵为

$$\begin{bmatrix} S_1 & 0 & 0 \\ 0 & S_2 & 0 \\ 0 & 0 & S_3 \end{bmatrix} \tag{5.1.37}$$

式中，S_1、S_2 和 S_3 称为张量 $\boldsymbol{S}$ 所描述的物理性质的主值，或称主分量。

在主轴坐标系中，二次示性面有如下性质(图 5-1-4)。

(1) 若沿坐标轴方向(也是二次示性面的主对称轴方向)加作用矢量 $\boldsymbol{Q}$，则感生矢量 $\boldsymbol{P}$ 与 $\boldsymbol{Q}$ 平行，即 $\boldsymbol{P}//\boldsymbol{Q}$。

(2) 沿坐标轴方向的矢径长度等于主分量的平方根的倒数。将式(5.1.36)与典型的二次曲面方程

$$\frac{x^2}{a^2}+\frac{y^2}{b^2}+\frac{z^2}{c^2}=1$$

比较可知，二阶示性面是一个椭球面，其半轴长度分别为 $a=\frac{1}{\sqrt{S_1}}$、$b=\frac{1}{\sqrt{S_2}}$和 $c=\frac{1}{\sqrt{S_3}}$。

(3) 若偏离主轴方向施加矢量 $\boldsymbol{Q}$，则感生矢量 $\boldsymbol{P}$ 与 $\boldsymbol{Q}$ 方向不一致，但满足矢径-法线关系。

(4) 偏离主轴方向的矢径长度表示该方向的二阶张量值 S 的平方根倒数，即 $|r|=\frac{1}{\sqrt{S}}$。若已知方向(l_i)及二阶张量的主值 S_1、S_2 和 S_3，则

$$S=S_1l_1^2+S_2l_2^2+S_3l_3^2 \tag{5.1.38}$$

总之，主轴化的二次示性面可以简化二阶张量描述的物理性质。因此，在大多数的情况下都采用主轴坐标系来讨论二阶张量的有关性质。主轴化时，最常用的主轴变换方法有解久期方程法和坐标变换法，在此不予介绍。

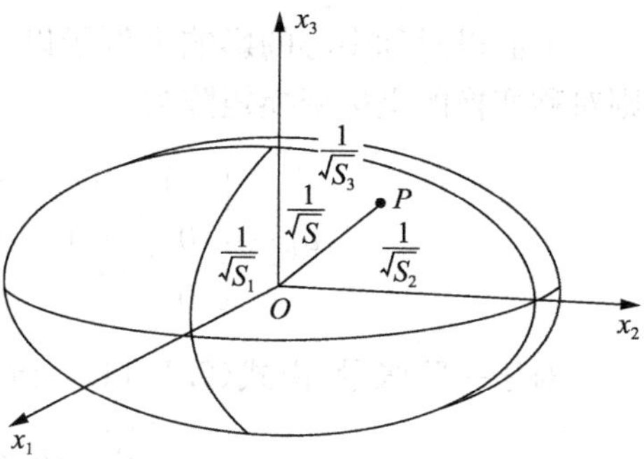

图 5-1-4 主轴坐标系中的示性面

5.1.4 晶体对称性对晶体物理性质的影响

1. 诺埃曼原理

晶体的宏观物理性质必然是其微观结构的反映，而晶体的微观对称性决定了晶体的宏观对称性。因此，晶体的对称性必然影响物理性质的对称性。所谓物理性质的对称性是指晶体同一物理性质在晶体不同方向上规律重复的性质。晶体的对称性与晶体物理性质之间存在一定的制约关系，这种关系可以表述为：晶体的任一宏观物理性质的对称元素必须包含晶体所属点群的全部对称元素。也就是说，晶体的物理性质的对称性可以高于晶体点群的对称性，但不能低于晶体点群的对称性，至少二者是一致的。这在晶体物理学中称为诺埃曼(Neumann)原理。例如，四方晶系 $4mm$ 点群的铌酸锶钡晶体，其光学性质可以用一个四次轴为光轴的旋转椭球体来表示，此椭球体包含点群 $4mm$ 所有的对称元素，即四次轴和 4 个对称面，但同时椭球还具有对称中心等 $4mm$ 不具有的对称元素。

2. 晶体对称性对物理性质的影响

因为晶体的很多物理性质可用张量表示，因此讨论晶体对称性对物理性质的影响就是讨论对称性对张量的影响。当张量具有对称性时，其分量个数相应减少。

下面以对称中心的影响为例予以说明。如果晶体存在对称中心，则对称变换的坐标变换矩阵为

$$a_{ij}=\begin{bmatrix}-1 & 0 & 0\\ 0 & -1 & 0\\ 0 & 0 & -1\end{bmatrix}=-1 \tag{5.1.39}$$

对于一阶张量，由式(5.1.14)一阶张量(矢量)的变换定律，有

$$p'_i=a_{ij}p_j$$

将式(5.1.39)，即 $a_{ij}=-1$ 代入上式，有

$$p'_i=-p_j=-p_i$$

由于是对称变换，所以变换前后张量的对应分量应相等，即

$$p_1=-p_1=0 \quad p_2=-p_2=0 \quad p_3=-p_3=0$$

既然各个分量都不存在，也就是说，具有对称中心的晶体不存在由一阶张量所描述的物理性质，如热释电性质。

对于二阶张量，根据式(5.1.21)，有

$$T'_{ij}=a_{ik}a_{jl}T_{kl}$$

将 $a_{ik}=a_{jl}=-1$ 代入上式，则得

$$T'_{ij}=T_{ij}$$

上式说明具有对称中心的晶体存在着由二阶张量描述的物理性质，且是中心对称的。

对于三阶张量，它的变换定律即式(5.1.23)

$$d'_{ijk}=a_{il}a_{jm}a_{kn}d_{lmn}$$

将 $a_{il}=a_{jm}=a_{kn}=-1$ 代入上式，则得

$$d'_{ijk}=-d_{ijk}=0$$

即其全部分量为零，说明具有对称中心的晶体不存在三阶张量所描述的物理性质。

同理,可知具有对称中心的晶体存在由四阶张量描述的物理性质。

由上可见,具有对称中心的晶体,不存在由奇数阶张量描述的物理性质,但对偶数阶张量没有影响。

5.2 晶体的力学性质

晶体的力学性质是指晶体受外力作用产生形变的效应。任何固体在外力作用下都会发生形变,形变有三种类型,即弹性形变、范性形变和碎裂。表征这三种形变的物理性质是弹性性质、范性性质和强度。对于晶体来说,这三种性质都是各向异性的。

5.2.1 晶体的弹性性质

1. *应力和应力张量*

晶体的任何力学性质都取决于组成晶体的结构质点(原子、分子或离子)间的相互作用力,而质点间的相互作用力随着质点间的距离变大而下降,同时排斥力比吸引力下降得更快。若无外力作用,质点总处于斥力和引力相等的平衡位置。在外力作用下,这种平衡被破坏,质点发生位移,晶胞参数改变。反映在宏观上,晶体的形状就发生改变,而在晶体内部就出现使质点恢复到平衡位置的力。如果物体受到外力作用,或物体内任一部分以一定的力作用于其相邻部分时,则该物体就处于应力状态。

考察处于受力状态的物体内的一个体积单元,在这个体积单元上作用着两种类型的力:一种是作用于整个体积单元的力,其数值与单元的体积成正比,称为彻体力,如重力;另一种是体积单元周围的物体部分作用于体积单元表面的力,其数值与单元表面的面积成正比,称为内应力,或简称应力。如果物体内具有一定形状的单位表面在相同方向上所承受的力的大小与该表面在晶体内的位置无关,则该物体所受的应力是均匀的。

为了描述应力与方向的关系，假设在晶体内部任有一单位立方体（图5－2－1），在均匀静止平衡的应力状态下，作用在前面三个面上的应力可以分别分解为3个力，共9个分量。作用在垂直于 x_1 轴的表面上的力可分解为 σ_{11}、σ_{21}、σ_{31}；作用在垂直于 x_2 轴的表面上的力可分解为 σ_{12}、σ_{22}、σ_{32}；作用在垂直于 x_3 轴的表面上的力可分解为 σ_{13}、σ_{23}、σ_{33}。这9个分量就是应力的分量，σ_{ij} 的前一个下标表示力的方向，而后一个下标表示力所作用的面的位置，如 σ_{23} 表示沿 x_2 方向作用在垂直于 x_3 轴的面上的应力，依此类推就可以解释其余分量的物理意义。由于应力是均匀的，作用在后三个面的应力分量和前面三个面的相应分量大小相等、方向相反。可将这9个分量写成

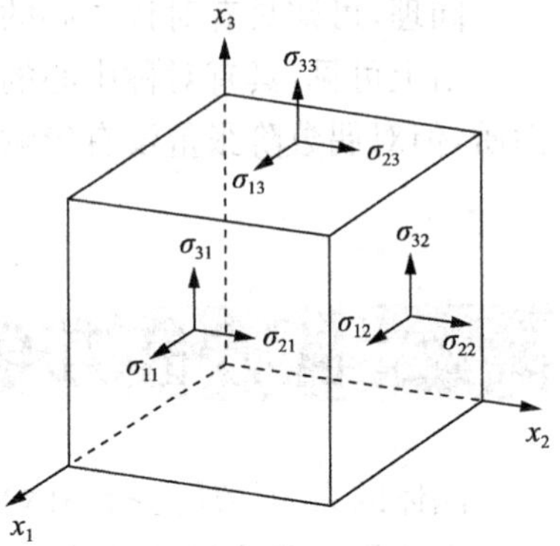

图5－2－1 应力的分解

$$[\sigma_{ij}]=\begin{bmatrix}\sigma_{11} & \sigma_{12} & \sigma_{13}\\ \sigma_{21} & \sigma_{22} & \sigma_{23}\\ \sigma_{31} & \sigma_{32} & \sigma_{33}\end{bmatrix} \tag{5.2.1}$$

可以证明 $[\sigma_{ij}]$ 为二阶应力张量，σ_{11}、σ_{22}、σ_{33} 是应力的法向分量，称为正应力；σ_{12}、σ_{21}、σ_{23} 等是应力的切分量，称为切应力。在没有体积转矩的情况下，应力张量 σ_{ij} 为二阶对称张量，它只有6个独立分量，可以主轴化。主轴化后，切应力消失

$$\begin{bmatrix}\sigma_{11} & \sigma_{12} & \sigma_{13}\\ \sigma_{21} & \sigma_{22} & \sigma_{23}\\ \sigma_{31} & \sigma_{32} & \sigma_{33}\end{bmatrix}\xrightarrow{\text{主轴化}}\begin{bmatrix}\sigma_1 & 0 & 0\\ 0 & \sigma_2 & 0\\ 0 & 0 & \sigma_3\end{bmatrix} \tag{5.2.2}$$

此时，σ_1、σ_2、σ_3 称为主应力。如果3个主应力中只有一个不为零，则称为单轴向应力。如果有两个不为零，则称为双轴向应力。当主应力为正值时，表示张力（拉伸应力）；为负值时则表示压力。

应力张量 σ_{ij} 不完全受晶体的对称性限制，其取向是任意的，无论对各向同性体（如玻璃）或各向异性体（如晶体）都是一样的。因此，应力张量并不描述晶体的某种物理性质，其含义接近于作用在晶体上的力。

2. 应变和应变张量

物体发生形变有两层含义：一是指物体中各质点的位置发生了位移；二是物体内各质点之间的相对位置发生了变化，即有相对的位移。只有质点间的相对位移存在时才能说该物体发生了形变。晶体在应力、电场、磁场、温度场等作用下将发生形变，通常用相对位移或用位移随坐标的变化来描述。应变就是用来描述晶体内部质点之间相对位移的参量。

晶体内部的三维应变可以表示为

$$\Delta \boldsymbol{u}_i = e_{ij} \Delta \boldsymbol{x}_j \quad (i,\ j=1,2,3) \tag{5.2.3}$$

u_i 为在 x_i 方向的位移分量。式(5.2.3)表达了在外力作用下，晶体内部质点的相对位移 $\Delta \boldsymbol{u}_i$ 随质点坐标改变量 $\Delta \boldsymbol{x}_j$ 的关系。由于 $\Delta \boldsymbol{u}_i$ 和 $\Delta \boldsymbol{x}_j$ 都是矢量，所以 e_{ij} 为一个二阶张量。$[e_{ij}]$ 描述了两部分内容：一部分是物体刚性的转动，属于反对称张量；另一部分是真正意义上的应变，为对称张量。根据张量理论，任何一个二阶张量都可以表示为对称张量和反对称张量之和。因此，可以把 e_{ij} 分解成

$$e_{ij} = \frac{1}{2}(e_{ij} + e_{ji}) + \frac{1}{2}(e_{ij} - e_{ji}) = S_{ij} + W_{ij} \tag{5.2.4}$$

式中，S_{ij} 为二阶对称张量，描述物体的应变；W_{ij} 为二阶反对称张量，描述物体的纯刚性转动，因此形变＝应变＋刚体转动。在描述应变时，可以把晶体形变中表示纯刚体转动所引起的位移部分分离出去，由应变所引起的部分即前一项 S_{ij} 来表示。因此，晶体的应变可写成

$$\boldsymbol{u}_i = S_{ij} \boldsymbol{x}_j (i,\ j=1,2,3) \tag{5.2.5}$$

这样，S_{ij} 就把由应变所引起的位移和该点的位矢联系起来，$[S_{ij}]$ 就是应变张量。

应变张量 S_{ij} 是二阶对称张量，可以对其进行主轴化，主轴化后切应变消失，只剩下 S_1、S_2、S_3 主应变。其含义为：在形变的晶体中取单位立方体，使其棱平行于应变主轴，则应变时只有三个棱方向的伸长或缩短，棱长分别变为 $(1+S_1)$、$(1+S_2)$、$(1+S_3)$。应变时该单位立方体的棱仍保持垂直，即没有切应变。也就是说，应变主轴在物体形变时永远保持相互垂直，在无刚体转动情况下，它们保持不变。

与应力张量 σ_{ij} 一样，应变张量 S_{ij} 描述的不是晶体本身的某种物理性质，而是对某种作用的反应，不一定要受到晶体对称性的制约（无方向性，除非作用本身与之相一致），此类张量称为场张量。受晶体对称性制约的张量称为物质张量。场张量不描述晶体的物理性质（应力、应变不是晶体的性质），只有物质张量才描述晶体的物理性质。

3．晶体的弹性

如果物体在小于某一极限值的外力作用之后仍能恢复原来的形状和大小，则这种形变称为弹性形变，这一极限值称为弹性限度或弹性极限。

在各向同性体中，弹性形变遵守胡克（Hooke）定律，即在弹性限度内，应力与应变成正比

$$S=\lambda\sigma$$

$$\sigma=CS(C=1/\lambda) \tag{5.2.6}$$

式中，S 为应变；σ 为应力；λ 为弹性顺服系数（或称弹性模量），表示物体拉伸或压缩的难易程度，单位为 $m^2 \cdot N^{-1}$；C 为弹性劲度系数（或称杨氏模量），表示物体抗拉或抗压的能力，单位为 $N \cdot m^{-2}$。

在各向异性的晶体中，由于 S 和 σ 为二阶张量，根据张量的定义，联系二阶张量的系数 λ 或 C 形成四阶张量。所以，胡克定律的一般表达式可以写成

$$S_{ij}=\lambda_{ijkl}\sigma_{kl}\quad(i,j,k,l=1,2,3)$$

$$\sigma_{ij}=C_{ijkl}S_{kl}\quad(i,j,k,l=1,2,3) \tag{5.2.7}$$

式中，λ_{ijkl} 称为顺服系数张量，C_{ijkl} 称为劲度系数张量，二者有如下关系：

$$\lambda_{ijkl}C_{klmn}=C_{ijkl}\lambda_{kmnl}=\delta_{im}\delta_{jn} \tag{5.2.8}$$

由于 S 和 σ 都是二阶对称张量，因此 λ_{ijkl} 或 C_{ijkl} 的前两个下标或后两个下标都是对称的，即 $\lambda_{ijkl}=\lambda_{ijlk}$、$\lambda_{ijkl}=\lambda_{jikl}$ 或 $C_{ijkl}=C_{ijlk}$、$C_{ijkl}=C_{jikl}$，四阶张量 λ_{ijkl} 和 C_{ijkl} 的 81 个分量减为 36 个。晶体的对称性对分量的个数还有影响，而且不同晶系，λ_{ijkl} 和 C_{ijkl} 各分量间有不同的关系。

5.2.2 晶体的范性性质

晶体弹性的实质是在弹性限度内，外力的作用使晶体内部质点间或结构基元间的键发生形变，当外力取消后，则恢复到原来的位置，如图 5-2-2 (a)所示。如果对晶体施加超过弹性限度的应力，在应力撤消后，晶体不再恢复原来的形状，这种形变就称为范性形变，如图 5-2-2 (b)所示。范性形变是不可逆的。就晶体物质而言，范性形变主要有两种形式，即滑移和机械双晶。

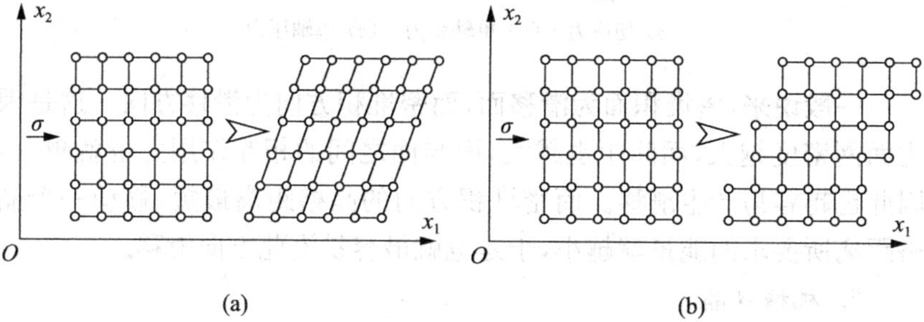

图 5-2-2 晶体的弹性形变(a)和范性形变(b)

1. 滑移

滑移是指晶体的一部分相对于另一部分的移动，而且晶体的体积保持不变。滑移一般沿晶体学平面和方向进行，相应的平面称为滑移面，滑移前进的方向称为滑移方向。不同类型的滑移模型如图 5-2-3 所示。在切应力作用下[图 5-2-3(a)]，滑移面取向不变，但在单轴张力[图 5-2-3(b)]或压力[图 5-2-3(c)]的作用下，滑移面取向将改变。滑移面和在滑移面内的滑移方向称为滑移要素，它们组成滑移系统。晶体中所有等效的滑移系统组成滑移族。

滑移形变的另一个重要特点是滑移的距离必然是晶胞常数的整数倍，这是因为在范性形变后，组成晶体的质点仍然必须处于平衡位置，即处在晶格的结点上，晶格的大小和形状并不改变，这与弹性形变有明显的区别。图 5-2-3 (b)表示了一种在应力 σ 作用下晶体发生范性形变的情形。

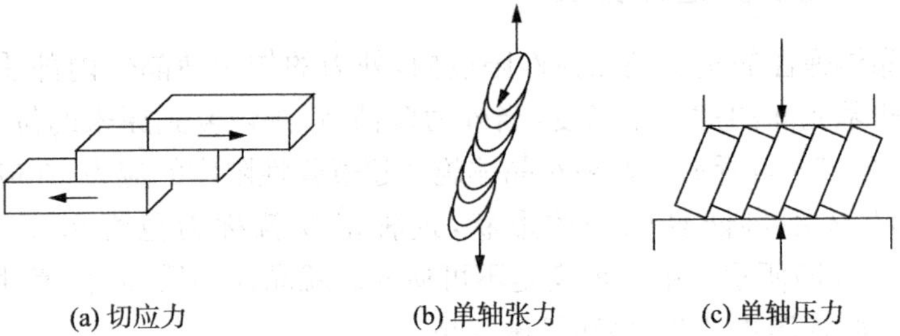

图 5-2-3 各种滑移模型

(a) 切应力 (b) 单轴张力 (c) 单轴压力

一般说来，密堆积面为滑移面，而密堆积方向为滑移方向。这是因为面网密度越大，面间距也越大，面与面之间的相互作用力也就越弱，因此也越容易产生滑移。而密堆积方向的晶格距离最短，移动一个晶格距离所要求的能量就越小，于是也就最容易沿此方向滑移。

2. 机械双晶

除了在晶体形成过程中可以形成双晶之外，机械应力也可使晶体产生双晶，这样形成的双晶叫机械双晶。在外力作用下(一般用尖劈对晶体加力)，组成晶体的质点相对于某一面网发生相对位移，在外力撤消后，晶体两部分以该面网为对称面，成镜面对称，该对称面称为双晶面。图 5-2-4 为典型的双晶模型，图中 m 为双晶面，上半部(虚线部分)和下半部为原始晶体的点阵结构，镜面对称使得上下质点可以反映重合。当由于机械应力 σ 而形成双晶时，上半部质点相对于 m 面产生位移，位移方向(称为双晶方向)平行于 m，位移停止后，上下两部分质点成镜面对称。从图中可以看出，质点的位移距离与该质点到双晶面的距离成正比，而且不一定等于晶格常数的整数倍，这也是双晶与滑移的本质区别。石英和方解石都能很容易形成上述类型的机械双晶。

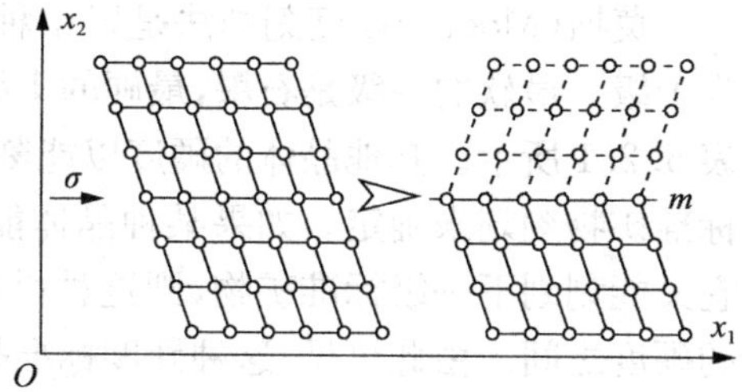

图 5－2－4　双晶模型

5.2.3　晶体的解理性

物体在外力的作用下分裂为两部分或更多部分的现象称为碎裂(或破坏)。碎裂是形变的最后阶段，而解理性是碎裂的一个特殊现象，也是晶体的重要力学性质。晶体沿某些晶面开裂形成光滑表面的现象称为解理，相应的晶面称为解理面。解理的原因是由于晶体内存在密堆积平面网，这些面网间的相互作用力较小，因此在外力作用下，很容易沿此面网开裂成两部分。显然，面网密度越高，面间作用力就越小，也就越容易解理。因此，解理面通常为平行晶体内面网密度大的方向。由于晶体的结构不同，解理面的多少和解理的程度也不同，常将解理分为极完全、完全、中等、不完全和极不完全五个等级。例如，NaCl(食盐)、$CaCO_3$(方解石)、云母、石墨等都具有极好的解理性。在矿物学中常利用解理性来鉴定矿物晶体和确定晶体的结晶方向。在晶体加工中，必须特别注意解理性，例如NdP_5O_{14}晶体具有极强的解理性，加工时应特别小心以防解理。

5.2.4　晶体的硬度

关于硬度，目前尚无确切而统一的定义，也没有统一的计量标准。这是因为硬度不是一个物理常数，它的大小不仅依赖于物质本身的性质，而且还依赖于测量方法。通常所说的硬度是指物体表面抵抗外力侵入的能力，这种抵抗能力依赖于许多力学特性，如弹性限度、弹性模量、范性以及表面强度等。不同的测试方法，各种力学性质的作用不一样，计量标准也不一样。最常用的测量方法有刻划法、压印法、抛磨法等。

莫斯(Moohs)硬度刻划法是以十种矿物的硬度作为硬度标准，分为十级。最软的一级是石墨，最硬的十级为金刚石，其他等级的矿物如表 5.2.1 所示。其他晶体的硬度以能刻哪一种标准矿物和能被哪一种标准矿物刻划来确定。如果某种晶体能被上一级标准矿物所刻划，而它又能刻划下一级标准矿物，则这种晶体的硬度处于这两种标准矿物的硬度之间。由此可见，这种硬度标准是很粗糙的，但在实际应用中却很方便。

Marteus 刻划法是用 90°锥角的标准金刚石刀，以不同的压力在晶体表面刻划，以刻出 10μm 宽的划痕所用的压力作为硬度计量标准。刻划法更多地表现了晶体表面的范性和脆性。

压印法是用标准形状的印针，以不同的压力刺入晶体表面，然后测量压印的面积来确定硬度。印针的形状有球面、圆锥形、90°的四面锥形等。由于压印法只能测量局部的硬度，因此所测得的结果也称为显微硬度。显微硬度除与印针形状有关外，还与许多测试条件有关，例如压力大小、加压速度、加压时间、印记测量精度等。晶体硬度还与晶体的对称性有关，无论是刻印法还是压印法，其测量结果都能反映出晶体的对称性和各向异性。

表 5.2.1 莫斯硬度标准

硬度等级	矿物名称	成分	所利用的晶面
1	滑石	$Mg_3(OH)_2[Si_4O_{10}]$	(001)
2	石膏	$CaSO_4 \cdot 2H_2O$	(010)
3	方解石	$CaCO_3$	$(10\bar{1}1)$
4	萤石	CaF_2	(111)
5	磷灰石	$Ca_5(PO_4)_3(F, Cl, OH)$	(0001)
6	正长石	$K[AlSi_3O_8]$	(001)
7	石英石	SiO_2	$(10\bar{1}1)$
8	黄玉	$Al_2[SiO_4](F, OH)_2$	(001)
9	刚玉	Al_2O_3	$(11\bar{2}0)$
10	金刚石	C	—

5.3　晶体的热学性质

5.3.1　晶体的导热性质

1. 热导率

当固体中温度分布不均匀时，就会有热能从高温处自动地流向低温处，这种现象就称为热传导。不同的材料在导热性能上可以有很大的差别，有些材料是极为优良的绝热材料，有些是热的良导体。

当各向同性的固体材料两端存在温度差时，将有热量从温度高的一端流向温度低的一端，如果垂直于热流方向(x 向)的截面积为 ΔS，沿 x 轴方向的温度梯度为$\frac{\mathrm{d}T}{\mathrm{d}x}$，在 Δt 时间内沿 x 轴正方向传过 ΔS 截面上的热量为 ΔQ，则实验表明，对于各向同性的物质有如下关系

$$\Delta Q=-\lambda\frac{\mathrm{d}T}{\mathrm{d}x}\Delta S\Delta t \tag{5.3.1}$$

式中，λ 为热导率(或称导热系数)；负号表示热流是沿温度梯度向下的方向流动，即$\frac{\mathrm{d}T}{\mathrm{d}x}<0$ 时，$\Delta Q>0$，热量沿 x 轴正方向传递；$\frac{\mathrm{d}T}{\mathrm{d}x}>0$ 时，$\Delta Q<0$，热量沿 x 轴负方向传递。热导率 λ 的物理意义是指单位温度下，单位时间内通过单位垂直面积的热量，它的单位为 W/(m·K)或 J/(m·s·K)。

上式也称为傅立叶定律，它只适用于稳定传热的条件，即在传热中，材料在 x 方向上各处的温度是恒定的，与时间无关，即$\frac{\Delta Q}{\Delta t}$是常数。假如是不稳定传热过程，即物体内各处的温度随时间而变化，例如一个与外界无热交换、本身存在温度梯度的物体，随着时间的推移，温度梯度趋于零，也就是热端温度不断降低，冷端温度不断升高，最终达到一致的平衡温度，该物体内单位面积上温度随时间的变化率为

$$\frac{\partial T}{\partial t}=\frac{\lambda}{\rho C_p}\cdot\frac{\partial^2 T}{\partial x^2} \tag{5.3.2}$$

式中，ρ 为密度；C_p 为比定压热容。

对各向异性的晶体来说，其热导率呈各向异性。如石英、金红石、石墨等都是在膨胀系数低的方向，热导率最大。温度升高时，不同方向的热导率差异趋势减小。这是因为温度升高，晶体的结构总是趋于更高的对称性。

2. 热传导机理

众所周知，气体的传热是依靠分子的碰撞来实现的。在固体中组成晶体的质点处在一定的位置上，相互间有一定的距离，质点只能在平衡位置附近做微小的振动。因此，固体中的导热主要是由晶格振动的格波和自由电子的运动来实现的。在金属中由于有大量的自由电子，所以能迅速地实现热量的传递。因此，金属一般都具有较大的热导率。虽然晶格振动对金属导热也有贡献，但只是很次要的。在无机非金属晶体（如一般的离子晶体）的晶格中，自由电子很少，因此，晶格振动是它们的主要导热机制。

假设晶格中一质点处于较高的温度下，其热振动较强烈，平均振幅也较大，而其临近质点所处温度较低，热振动较弱。由于质点间存在相互作用力，振动较弱的质点在振动较强质点的影响下，振动加剧，热运动能量增加。这样，热量就能转移和传递，使整个晶体中热量从温度较高处传向较低处，产生热传导现象。假如系统对周围是热绝缘的，振动较强的质点受到临近振动较弱质点的牵制，振动减弱下来，使整个晶体最终趋于一平衡状态。

由上可知，热量是由晶格振动的格波来传递的，而格波可分为声频支和光频支两类。声频支格波可看成是一种弹性波，类似于在固体中传播的声波，因此声频波的量子称为声子，而把格波的传播看成是质点-声子的运动，格波与物质的相互作用理解为声子和物质的碰撞，故晶体热传导是声子碰撞的结果。

3. 晶体的导热过程

在导热过程中，温度不太高时，光频支格波——光子的能量是很微弱的，主要由声频支格波——声子贡献。因此，在讨论热容时可忽略光子的影响。

按照德拜(Debye)导热理论，无机非金属晶体中的纯导热可用简单的关系式表示，即

$$\lambda=\frac{1}{3}c_v\nu_p l_p \tag{5.3.3}$$

式中，c_v 为单位体积的比热容；v_p 为声子的速度；l_p 为声子的平均自由程。利用上式可解释导热系数与温度的关系，其中比热容 c_v 的影响起决定作用。当温度 $T=0\text{K}$ 时，λ 为零；随着温度的增大，比热容按 T^3 的比例增大；在高温中，c_v 的影响减弱。

由式(5.3.3)还可以看出，导热系数与声子的自由程 l_p 呈正比。在很多晶体中，热量的传递速度很慢，这是因为晶格的振动是非线性的，格波间存在着一定的耦合作用，声子间会产生碰撞，使声子平均自由程减小。格波间相互作用愈强，亦即声子间碰撞概率愈大，相应的平均自由程愈小，热导率就愈低。因此，这种声子间碰撞引起的散射是晶格热阻的主要来源。另外，晶体中的各种缺陷、杂质以及晶粒界面都会引起格波的散射，也等效于声子平均自由程的减小，从而导致热导率的降低。

平均自由程与声子振动频率有关。不同频率的格波，波长不同。波长长的格波容易绕过缺陷，使自由程加大，所以频率为音频时，波长长，平均自由程大，散射小，因此热导率大。平均自由程还受温度的影响。温度升高时，声子的振动能量加大，频率加快，碰撞增多，因而平均自由程减小，此时 l_p 和 λ 都与温度成反比。继续升高温度，λ 达到极大值，随后下降。

热导率高的晶体具有散射干扰最小(即平均自由程 l_p 最大)的结构，这包括由单个元素组成的结构、由原子量相似的元素组成的结构以及在固溶体中无外来原子的结构，如金刚石和石墨。金刚石在室温下的导热系数为 9 $\text{W}\cdot\text{cm}^{-1}\cdot\text{K}^{-1}$，它比铜的导热系数还大两倍多。石墨是层状结构，因而导热系数为各向异性。在每层内的键合牢固而呈

周期性，不会导致热激发晶格振动的严重散射，使这个方向表现出很高的导热系数(8.4 W·cm^{-1}·K^{-1})；在层与层之间的键合只靠范德瓦尔斯引力结合，晶格振动很快衰减，导致在这个方向的导热系数低得多(2.5 W·cm^{-1}·K^{-1})。如果组成晶体的阴离子和阳离子的尺寸与原子量相差均很大，则因晶格散射大，导热系数就比较低。固溶体可降低导热系数，这是由于置换原子造成的晶格畸变增加了格波散射，减小了平均自由程 l_p 的结果。

影响晶体热导率的主要因素有温度、化学组成和晶体的晶格结构。一般来说，晶体材料在通常温度范围内，热导率随温度的上升而下降。但物质的种类和组成不同的晶体，热导率随温度变化的规律也不同。组成元素的原子量愈小，晶体的密度愈小，弹性模量愈大，则热导率愈大。晶体结构比较复杂的，其热导率也比较低。对于同一种物质，多晶的热导率比单晶的热导率小。若晶体中存在缺陷和杂质，则会使热导率变小。

5.3.2 晶体的热膨胀

晶体受热后其长度或体积会发生变化，或晶体在温度发生变化时所产生的应变现象称为热膨胀。这种应变与由应力产生的应变有本质的区别，由应力所产生的应变是一种场张量所描述的性质，它不一定受晶体的对称性制约，但由温度变化所产生的热应变是由物质张量来描述的，它受晶体对称性的制约。也就是说，外应力可以改变晶体原有的对称性，而温度不能改变晶体的对称性。因此，在晶体不发生相变的前提下其对称性与温度无关。对不同的晶系，各方向膨胀的程度是不同的，某些晶体在某些方向上还表现出负膨胀现象。从本质上说，晶体的热膨胀是由于晶格热振动的非简谐性引起晶体内部质点间的位置发生变化的结果，具体表现为键长及键角的变化或配位多面体的旋转。

晶体热膨胀受晶体内部结构、对称性、成分、晶型、原子价态、配位数、晶体缺陷等因素的影响。对称性影响晶体不同方向膨胀程度的差异，即膨胀各向异性的程度；而化学键对膨胀的影响规律是由强键(如离子键、共价键)组成的晶体不易发生膨胀，由弱键(如分子)形成的晶体容易发生热膨胀。研究表明,结构相同的晶体,热膨胀系数与原子价的平方成反比;结构不同的物质,平均热膨胀系数与配位数的平方成正比;晶体点缺陷随温度的升高会增大晶格振动的非简谐性,从而造成晶体热膨胀系数在高温下的异常变化。此外,离子最外层电子的状态和电子云的分布也会对热膨胀产生影响。

如果整个晶体均匀地发生相同的微小温度变化为 $\Delta\theta$,从而引起晶体的形变也是均匀的,而且所有的应变张量分量 S_{ij} 都与温度变化 $\Delta\theta$ 成正比,即

$$S_{ij} = \alpha_{ij}\Delta\theta \tag{5.3.4}$$

式中,α_{ij} 为比例系数,称为热膨胀系数,在上述条件下,它是一个常数;S_{ij} 为二阶对称张量;$\Delta\theta$ 为标量,因此 α_{ij} 也为二阶对称张量。根据 Neumann 原理,热膨胀系数张量要受晶体对称性的影响。在一般的坐标系中,α_{ij} 有 6 个独立分量,由于受晶体对称性的影响,独立分量的数目将进一步减少。如立方晶系只有 1 个独立分量,三方、四方、六方晶系有 2 个,而斜方、单斜和三斜则分别有 3、4 和 6 个独立分量。由于 α_{ij} 是二阶对称张量,所以可以主轴化,将主轴选为坐标轴时,独立分量只有 3 个,即 α_1、α_2、α_3,称为主热膨胀系数。在温度升高时,α_{ij} 为正值表示伸长,α_{ij} 为负值表示压缩。要注意的是,热膨胀系数随温度的变化是非线性的,不同温度下 α_{ij} 的值不一样。

根据测量时温度是否连续变化,热膨胀系数的测量分为动态和静态两类。进一步又分为宏观法和微观法,宏观法是测量晶体外形随温度的变化情况,微观法是测量晶体内部格点间距随温度的变化情况。常用的测试方法有示差法、测微望远镜观察法、干涉法、X 射线法(微观法)、体积测定法等。热膨胀系数还可通过计算得到,已有学者提出了几种不同的热膨胀系数计算方法,但目前这些计算方法只对成分、结构相对简单的二元和部分三元化合物有效(精度在可接受范围)。对成分、结构相对复杂,特别是高温区的热膨胀系数尚缺乏有效的计算方法。表 5.3.1 列出了一些晶体的主热膨胀系数的测量值,大多数为正值,也有少数晶体的某些主系数为负值。

表 5.3.1 一些晶体的主热膨胀系数

晶体	晶系	主热膨胀系数/(10^6/℃)			测量温度/℃
		α_1	α_2	α_3	
罗息盐	单斜	59.9	38.1	44.8	−10～20
石膏	单斜	1.57	41.63	29.33	40
铝酸钇	正交	9.5	4.3	10.8	—
文石	正交	35	17	10	40
红宝石	三方	4.78		5.31	—
水晶	三方	13.6		8.8	室温
方解石	三方	−5.6		25	40
$LiNbO_3$	三方	16.7		2.0	
KDP	四方	24.9		44.0	−50～50
ADP	四方	32.0		4.2	−50～50
$BaTiO_3$	四方	15.7		6.2	20
YAG	立方		6.9		—
金刚石	立方		0.89		室温
氯化钠	立方		39.7		室温

5.4 晶体的电学性质

就导电性能而言,电介质晶体(简称介电晶体)是不同于导电晶体、半导体和超导体的一类晶体。它是靠感应极化而不是以传导的方式来传递电的作用和影响,即在介电晶体中起作用的是束缚电荷。在电场、应力场、温度场等外场作用下,介电晶体内部束缚的正、负电荷的中心不再重合,从而产生电极化,其结果产生电的作用并传递开来,这也是电介质材料与导电材料最基本的区别。因此，不能简单地认为电介质就是绝缘体。

本节只讨论电介质晶体的电学性质，而不涉及晶体的导电性和运输过程。电介质晶体的电学性质包括介电性、压电性、热释电及铁电性等，这些性质需用电极化和外场（包括电场、应力场、温度场等）的相互关系来描述，且要受到晶体对称性的制约。据此，可以对电介质晶体进行分类。介电性质用介电常数或电极化率二阶张量来描述，因此，所有 32 种晶类都可以具有介电性质。描述压电效应的压电模量是三阶张量，故只有 20 种无对称中心的晶类（432 除外）才是压电晶体。热释电系数是矢量，只有 10 种极性晶类才可成为热释电晶体。某些热释电晶体中存在特殊的自发极化，在外电场作用下它会改变方向而呈铁电性，这种具有铁电性的晶体称为铁电晶体。以上各类介电晶体的相互关系如图 5-4-1 所示，其中数字表示点群的数目。

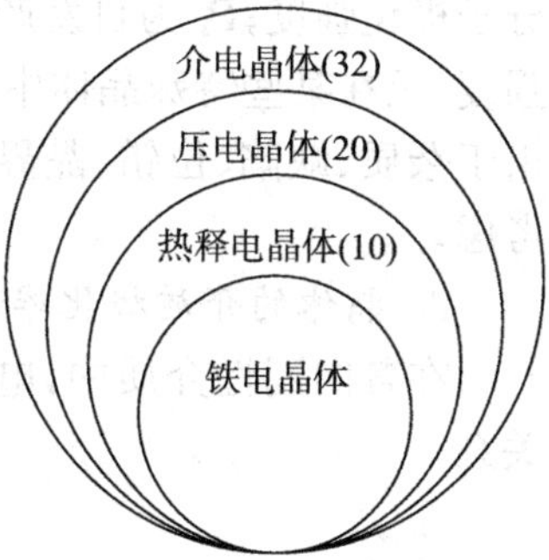

图 5-4-1　电介质晶体分类

由于电子技术、激光技术和红外技术等先进技术的迅速发展，晶体的上述电学性质得到了广泛的应用，因此本节对其应用的物理原理作简要介绍。

5.4.1　晶体的介电性质

1. 电极化现象

等量而异号的电荷与它们中心间距的乘积定义为电偶极矩（或简称电矩），单位体积内的电偶极矩定义为极化强度。无外电场时，普通电介质正负电荷中心重合，或固有偶极矩成混乱排列，因此总极化强度为零。当存在外电场时，正负电荷的中心不再重合，固有偶极矩也会按外电场的方向作定向排列，总的极化强度不再为零，这种现象就是电极化。

大部分离子晶体均为电介质，其总的电极化强度 $\boldsymbol{P}$ 可以表示为

$$\boldsymbol{P}=\boldsymbol{P}_e+\boldsymbol{P}_a+\boldsymbol{P}_d+\boldsymbol{P}_s \tag{5.4.1}$$

式中，$\boldsymbol{P}_e$ 为电子位移极化强度，表示在外电场的作用下，组成电介质的原子或离子的核外电子云负电荷中心与原子核的正电荷中心不重合所产生的电子极化强度；$\boldsymbol{P}_a$ 为离子位移极化强度，即在外电场的作用下，离子晶体中的正、负离子发生了相对位移，使正负电荷中心不重合产生的离子极化强度；$\boldsymbol{P}_d$ 为固有偶极矩在外电场的作用下定向排列所产生的取向极化强度。固有极化强度一般由分子形成，因此也称为分子极化强度；$\boldsymbol{P}_s$ 为自发产生的偶极矩并定向排列所产生的自发极化强度，只在某些特殊晶体中存在。对于非理想晶体(实际晶体)还存在由于杂质、缺陷、位错、晶界、裂纹等所产生的极化强度，但一般均不予考虑。

2. 晶体的介质极化率和介电常数

在各向同性介质中，电位移 $\boldsymbol{D}$、极化强度 $\boldsymbol{P}$ 和电场强度 $\boldsymbol{E}$ 有如下关系

$$\boldsymbol{P}=\varepsilon_0\chi\boldsymbol{E} \tag{5.4.2}$$

$$\boldsymbol{D}=\varepsilon_0\boldsymbol{E}+\boldsymbol{P}=\varepsilon_0(1+\chi)\boldsymbol{E}=\varepsilon_0\varepsilon\boldsymbol{E} \tag{5.4.3}$$

$$\varepsilon=1+\chi \tag{5.4.4}$$

式中，ε_0 为真空介电系数，在 SI 单位制中，其值为 $8.854\times10^{-12}\ \mathrm{C\cdot V^{-1}\cdot m^{-1}}$；$\chi$ 为介质的极化率；ε 为相对介电常数。对于各向同性介质，$\boldsymbol{D}$、$\boldsymbol{E}$、$\boldsymbol{P}$ 具有相同的方向。然而对于晶体，这三个矢量的方向经常不一致，$\boldsymbol{P}$ 和 $\boldsymbol{D}$ 的每个分量与 $\boldsymbol{E}$ 的 3 个分量线性联系着，即

$$\begin{aligned}P_1&=\varepsilon_0(\chi_{11}E_1+\chi_{12}E_2+\chi_{13}E_3)\\P_2&=\varepsilon_0(\chi_{21}E_1+\chi_{22}E_2+\chi_{23}E_3)\\P_3&=\varepsilon_0(\chi_{31}E_1+\chi_{32}E_2+\chi_{33}E_3)\end{aligned} \tag{5.4.5}$$

用综合下标法可写成

$$P_i=\varepsilon_0\chi_{ij}E_j\quad(i,j=1,2,3) \tag{5.4.6}$$

也可以写成如下矩阵形式

$$\begin{bmatrix} P_1 \\ P_2 \\ P_3 \end{bmatrix} = \varepsilon_0 \begin{bmatrix} \chi_{11} & \chi_{12} & \chi_{13} \\ \chi_{21} & \chi_{22} & \chi_{23} \\ \chi_{31} & \chi_{32} & \chi_{33} \end{bmatrix} \begin{bmatrix} E_1 \\ E_2 \\ E_3 \end{bmatrix} \tag{5.4.7}$$

同理,$\boldsymbol{D}$ 与 $\boldsymbol{E}$ 的关系也可写成

$$D_i = \varepsilon_0 \varepsilon_{ij} E_j \quad (i,j=1,2,3) \tag{5.4.8}$$

或写成矩阵的形式

$$\begin{bmatrix} D_1 \\ D_2 \\ D_3 \end{bmatrix} = \varepsilon_0 \begin{bmatrix} \varepsilon_{11} & \varepsilon_{12} & \varepsilon_{13} \\ \varepsilon_{21} & \varepsilon_{22} & \varepsilon_{23} \\ \varepsilon_{31} & \varepsilon_{32} & \varepsilon_{33} \end{bmatrix} \begin{bmatrix} E_1 \\ E_2 \\ E_3 \end{bmatrix} \tag{5.4.9}$$

根据二阶张量的定义,以上各式中,χ_{ij} 和 ε_{ij} 均为二阶张量。χ_{ij} 和 ε_{ij} 的关系可写成

$$\varepsilon_{ij} = 1 + \chi_{ij} \tag{5.4.10}$$

用热力学方法还可以证明,χ_{ij} 和 ε_{ij} 均为二阶对称张量,即 $\chi_{ij}=\chi_{ji}$ 和 $\varepsilon_{ij}=\varepsilon_{ji}$,因此它们的独立分量数目减为 6 个,而且可以进行主轴化。主轴化后只剩 3 个独立分量,称为主极化率和主介电常数。例如

$$\begin{bmatrix} \varepsilon_{11} & \varepsilon_{12} & \varepsilon_{13} \\ \varepsilon_{21} & \varepsilon_{22} & \varepsilon_{23} \\ \varepsilon_{31} & \varepsilon_{32} & \varepsilon_{33} \end{bmatrix} \xrightarrow{\text{主轴化}} \begin{bmatrix} \varepsilon_1 & 0 & 0 \\ 0 & \varepsilon_2 & 0 \\ 0 & 0 & \varepsilon_3 \end{bmatrix}$$

由于对称性影响,不同晶系的独立分量不同。

3. 极化弛豫和介质损耗

以上讨论的是静电场下的电介质的极化行为,若在交变电场下,介质的极化行为就有所不同。在交变电场的作用下,电介质从原来的非极化状态变为极化状态,或者从一个极化状态变到另一种极化状态,这些变化都需要经历一定的时间,介质的极化强度经过一定的时间后才能达到一个稳定值,这种现象称为极化弛豫,所经历的时间称为弛豫时间。电子极化、离子极化和分子极化的弛豫时间不同。当外加交变电场的频率较低时,三种极化都能跟得上电场的变化,对介质总的极化强

度均有贡献，因此极化强度较大；当电场的频率逐渐增高，三种极化就不一定能跟得上电场的变化了，其中转向极化将首先表现出落后于电场的变化。电场频率继续增高，则离子极化也将跟不上电场变化。到电场频率很高（如光频场）时，只有电子极化可能跟得上，因此离子极化和转向极化对总极化强度没有贡献，极化强度较弱。极化强度 $\boldsymbol{P}$ 与频率的关系见图 5-4-2。

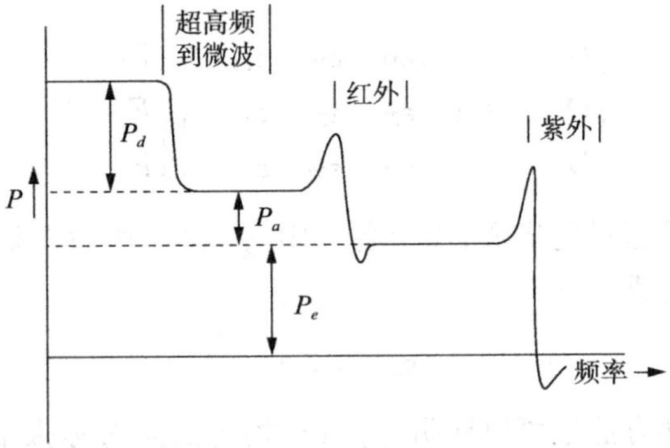

图 5-4-2 极化强度 $\boldsymbol{P}$ 与频率的关系

为了使介质极化，外电场必须消耗一部分能量来使电子云产生畸变、正负离子产生相对位移和使固有极化转向。在电极化过程中，外电场所消耗的这一部分能量称为介质损耗。显然，介质损耗越大，外电场所消耗的能量就越多。介质损耗是电介质的一个重要的物理参数，它除受物质本身决定外，还与电场频率、介质温度等因素有关。

如果对电介质施加交变电场，则可用 $E=E_0\cos\omega t$ 来表示电场强度随时间的变化。由于极化弛豫，介质中的电极化 $\boldsymbol{P}$ 和电位移 $\boldsymbol{D}$ 都要落后一个相位角 δ，$\boldsymbol{D}$ 可表示为

$$\begin{aligned} D &= D_0\cos(\omega t-\delta)=D_0\cos\delta\cos\omega t-D_0\sin\delta\sin\omega t \\ &= D_1\cos\omega t-D_2\sin\omega t \end{aligned} \tag{5.4.11}$$

式中，$D_1=D_0\cos\delta$；$D_2=D_0\sin\delta$。

设 $\varepsilon_1(\omega)=\dfrac{D_1}{E_0}=\dfrac{D_0}{E_0}\cos\delta$，$\varepsilon_2(\omega)=\dfrac{D_2}{E_0}=\dfrac{D_0}{E_0}\sin\delta$，代入式(5.4.11)，可得

$$D=\varepsilon_1(\omega)E_0\cos\omega t-\varepsilon_2(\omega)E_0\sin\omega t \tag{5.4.12}$$

当频率 $\omega\rightarrow0$ 时，$D=\varepsilon_1(\omega)E_0$，即 $\varepsilon_1(\omega)$ 为静电场下的介电常数，也就是说，在静电场情况下，$\boldsymbol{D}$ 和 $\boldsymbol{E}$ 同相位，没有能量损耗。可以证明，$\varepsilon_2(\omega)$ 与介质中的能量损耗成正比，$\tan\delta=\dfrac{\varepsilon_2(\omega)}{\varepsilon_1(\omega)}$ 称为正切损耗或称损耗因子，它可用来衡量介质的性能优劣。将 $\tan\delta$ 的倒数定义为电学品质因素，即 $Q_e=1/\tan\delta$，则 δ 称为损耗角。

上述介质损耗未包括介质的不均匀性和漏电等问题，因为电介质材料并不是完全的绝缘体，在电场的作用下，有电荷的移动就能形成电流。特别是在强电场或高温的情况下，由于漏电而产生的损耗也是不能忽略的，实际测量的结果是综合效应的结果。介质损耗越大，电学品质因素就越低，性能就越坏。因此，在研制各种电光、电声晶体器件时，必须选择介电损耗小的晶体材料。

4. 介质的击穿

介质的特性如绝缘、介电能力，都是指在一定的电场强度范围内的特性。当电场强度超过某一临界值时，介质由介电状态变为导电状态，这种现象称为介电强度的破坏，或称介质的击穿。相应的临界电场强度称为介电强度，或称为击穿电场强度。通常将介质击穿分为热击穿、电击穿、局部放电击穿三种类型。

处于电场中的介质，由于其中的介质损耗而受热，当外加电场足够高时，发出的热量比散去的多，介质温度升高，直至出现永久性破坏，称为热击穿。热击穿又可分为稳态热击穿和脉冲热击穿。由于电场的长久作用，介质内温度缓慢升高而引起的击穿称为稳态热击穿。在电场作用下，短时间内介质来不及散热而引起的击穿称脉冲热击穿。

在强电场下，晶体导带中的电子一方面在外场作用下被加速获得动能，另一方面与晶格振动相互作用，把电场能量传递给晶格。当这一过程在一定的温度和场强下平衡时，介质有稳定的电导；当电子从电场中获得的能量大于传递给晶格的能量时，电子的动能越来越大，最终导致电离产生新电子，使自由电子数迅速增加，电导不稳定，产生击穿，这种现象称为局部放电击穿。

5.4.2 晶体的压电性质

1880年居里兄弟(J. Curie, P. Curie)首先发现石英、罗谢盐(酒石酸钾钠,KNT)、电气石($HgNaMg_6B_6Al_{12}Si_{12}O_{62}$)等单晶体在受到外力作用时,在晶体的某些表面上会出现电荷,而且其电荷密度与机械应力成正比,当外力反向时,电荷符号改变。这种由于机械应力的作用而使电介质晶体极化,并形成晶体表面电荷的效应称为正压电效应。反之,由于外加电场而使晶体产生形变的效应称为反压电效应(包括电致伸缩效应,通常忽略不计)。正压电效应、反压电效应统称压电效应。具有压电效应的晶体称为压电晶体。压电晶体只存在于没有对称中心的20种晶类中。432晶类虽无对称中心,但因其对称性高,而使其所有压电系数为零,因此没有压电效应。

压电效应的本质是因为机械作用引起晶体介质的极化,机理如图5-4-3所示。图5-4-3(a)中晶体总电矩为0;图5-4-3(b)为压缩时的情况,晶体表面产生电荷,拉伸时产生电荷的方向与压缩时相反。反压电效应原理与此相似。

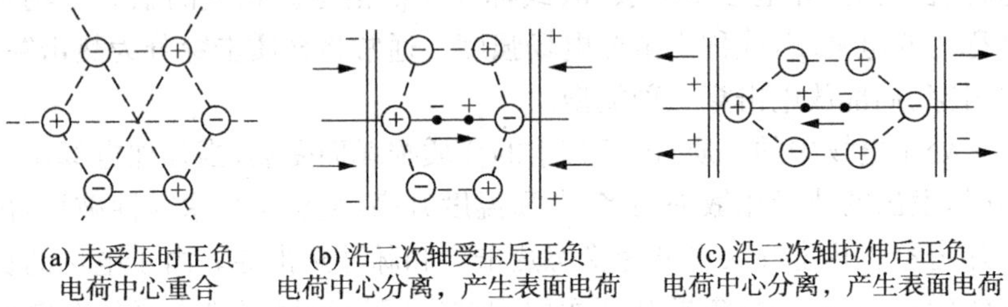

图5-4-3 石英晶体压电效应机理示意图

1. 压电模量

当沿压电晶体的某一晶轴施加应力时,不仅晶体发生形变,而且产生极化强度 $\boldsymbol{P}$,$\boldsymbol{P}$ 的大小与应力成正比,可表示为

$$\boldsymbol{P}=d\sigma \tag{5.4.13}$$

式中,d 称为压电系数或压电模量;应力 σ 为二阶张量;极化强度

P 为矢量，因此 d 为三阶张量，可写成

$$P_i = d_{ijk}\sigma_{jk} \quad (i,j,k=1,2,3) \tag{5.4.14}$$

可以证明，d_{ijk} 的后两个下标是对称的，即 $d_{ijk}=d_{ikj}$，因而 d_{ijk} 的 27 个分量中只有 18 个独立分量，并可以用简化下标表示或写成矩阵形式。将 d_{ijk} 后两个下标简化成单下标，并引入如下规则

$$\begin{aligned} d_{ijk} &= d_{in} \quad (\text{当 } n=1,2,3 \text{ 时}) \\ 2d_{ijk} &= d_{in} \quad (\text{当 } n=4,5,6 \text{ 时}) \end{aligned} \tag{5.4.15}$$

于是，式(5.4.14)简化下标的形式为

$$P_i = d_{in}\sigma_n \quad (i=1,2,3;n=1,2,3,4,5,6) \tag{5.4.16a}$$

其矩阵形式为

$$\begin{bmatrix} P_1 \\ P_2 \\ P_3 \end{bmatrix} = \begin{bmatrix} d_{11} & d_{12} & d_{13} & d_{14} & d_{15} & d_{16} \\ d_{21} & d_{22} & d_{23} & d_{24} & d_{25} & d_{26} \\ d_{31} & d_{32} & d_{33} & d_{34} & d_{35} & d_{36} \end{bmatrix} \begin{bmatrix} \sigma_1 \\ \sigma_2 \\ \sigma_3 \\ \sigma_4 \\ \sigma_5 \\ \sigma_6 \end{bmatrix} \tag{5.4.16b}$$

由于受晶体对称性的限制，各个晶类的压电系数的独立分量数将进一步减少。

当一外加电场 E_i 作用于压电晶体上，晶体所产生的应变张量 S_{jk} 的分量与 E_i 的分量成正比，即为

$$S_{jk} = d_{ijk}E_i \tag{5.4.17}$$

简化下标的形式为

$$S_n = d_{in}E_i \tag{5.4.18}$$

用热力学关系可以证明，对于同一晶体，正压电系数 d_{ijk} 和反压电系数 d_{ijk} 是相等的。

2. 压电晶体

自1880年在水晶上发现压电效应以来，研究并进行测量的压电晶体已达1000多种，但能够广泛应用的却只有少数几种。如石英、罗谢盐(KNT)、CdS、ZnO、AlN、酒石酸乙二胺(EDT)、磷酸二氢钾(KDP)、磷酸二氢铵(ADP)、硫酸锂($Li_2SO_4 \cdot H_2O$)等，以及后来才研制成的一批属于钙钛矿型结构的压电晶体，例如铌酸锂($LiNbO_3$)、钽酸锂($LiTaO_3$)、铌酸钾($KNbO_3$)、钽酸钾($KTaO_3$)等。还有具有钨青铜结构的晶体，如铌酸钡钠(BNN)、铌酸锶钡(SBN)、铌酸钾锂(KLN)等，以及层状结构的钛酸铋($Bi_4Ti_3O_{12}$)、锗酸铋等。此外，还有Ti_3BX_4(B＝V、Ni、Ta、X＝S、Se)和磷酸铝($AlPO_4$)等晶体。上述的CdS、ZnO等晶体是既有压电性能又具有半导体特性的晶体，通常称为压电半导体。

目前，广泛使用的压电晶体主要是非铁电性压电晶体石英，以及铁电性压电晶体铌酸锂和钽酸锂等。利用压电晶体制成器件种类繁多，从军用到民用，从水声换能器、压电点火器、电子手表、打火机、收音机到彩色电视机，几乎遍及日常生活的每个角落，但最主要的应用还是在信息技术等高新技术领域。因此，对压电材料的研究仍然具有重要的意义和作用。

5.4.3 晶体的热释电性质

1. 热释电现象

当温度发生变化时，有些晶体(如电气石，点群$C_{3V}-3m$)会产生电极化，或某些晶体原有自发极化的极化强度会发生变化。如果温度升高时，晶体中出现沿某方向的极化增强；温度下降时，沿该方向的极化将减弱甚至发生反向极化，这种现象称为热释电现象或热释电效应，具有这种效应的晶体被称为热释电晶体。

通常采用坤特粉法来观察热释电现象。所谓坤特粉是由等量的硫磺粉和铅丹粉混合而成。检验方法是将坤特粉末通过一个喷气的筛子喷向被加热的热释电晶体，由于粉末通过筛子时因摩擦而荷电(铅丹粉带正电荷，硫磺粉带负电荷)，所以热释电晶体带正电的一端吸引硫磺粉而呈黄色，带负电荷的一端则吸引铅丹粉而呈红色。

热释电现象是由于某些晶体在无外界作用时本身就存在着自发极化，即每个晶胞内正、负电荷中心不重合而具有的固有电偶极矩。通常在热平衡的条件下，晶体因自发极化而产生表面束缚电荷，这种表面束缚电荷很快就被吸附于晶体表面周围介质的带电粒子或离子以及被晶体内的自由电荷所中和，使得晶体的固有电偶极矩不能显现出来。只有使温度变化很快，以致于晶体表面电荷来不及被周围介质的带电粒子所中和，自发极化才能被显现出来，宏观上才显电性。

实验表明，当整个晶体内部温度发生均匀的较小的改变时，电极化强度的变化 $\Delta\boldsymbol{P}$ 与温度变化 ΔT 呈现线性关系，可表示成

$$\Delta\boldsymbol{P}=p_i\Delta T \tag{5.4.19}$$

式中，p_i 为热释电系数，其单位为 $\mathrm{C\cdot m^{-2}\cdot K^{-1}}$，它是反映晶体热释电性能的重要物理量。

由于温度是标量，极化强度变化 $\Delta\boldsymbol{P}$ 是矢量，所以热释电系数 p_i 是一阶张量(矢量)。

2. 晶体对称性的影响

根据诺埃曼原理，具有对称中心的晶体中不存在一阶张量表征的物理性质，即对称中心晶体不具热释电性质。所以，晶体的热释电效应只存在于 10 种极性晶类中。这 10 种极性晶类的特点是具有特殊极轴方向，即单向和极轴一致。所谓特殊方向是指通过该晶体点群的任何对称操作都不能使之与其他对称要素重合的方向，亦即结晶学中的单向，如中级晶族的高次轴方向。所谓极轴，是指轴的两端不能通过该晶体中任何对称要素操作而相互重合的轴。单向不一定就是极轴，极轴也不一定是单向，只有极轴和单向一致的晶体才具热释电性。例如，电气石晶体对称类型属 $C_{3V}-3m$，晶体的 3 次轴(沿 x_3 轴)方向既是单向又是极轴，因此有热释电性。水晶对称类型为 D_3—32，它的 3 次轴方向是单向，但不是极轴，它的两端可通过与其垂直的 2 次轴的操作而互相重合。它的 2 次轴是极轴，但这样的极轴有三个，它们可通过 3 次轴的操作而互相重复，所以不是单向。因

而水晶具有压电效应，但没有热释电效应。

10 种极性晶类为 C_1-1，C_2-2，C_3-3，C_4-4，C_6-6，C_s-m，$C_{2V}-mm2$，$C_{3V}-3m$，$C_{4V}-4mm$，$C_{6V}-6mm$。

根据极化总电场与外部电场的线性与非线性函数关系，可进一步分为线性晶体材料和非线性晶体材料。线性晶体材料自发极化 $\boldsymbol{P}_s$ 和热释电系数 p_i 均很小，用途不大，因此多用非线性晶体材料作热释电晶体材料。

3. 热释电效应的应用

历史上记载热释电效应的发现可追溯到两三个世纪以前，但直到 1938 年才首先用它作为红外辐射探测器。到 20 世纪 60 年代，由于激光、红外技术的迅速发展，使热释电晶体材料及器件的应用研究也发展得非常快。

目前，热释电晶体已广泛应用于红外光谱仪、红外遥感以及热辐射探测器，它可以作为红外激光的一种较理想的探测器。

用热释电晶体探测红外辐射的工作原理，如图 5-4-4 所示。当红外辐射照到晶片上，开始会出现电压，两端电极若接上负载时，就会有电流通过。如果红外辐射频率过低，热释电效应所产生的极化电荷很快被中和，则显示不出来。若频率提高，极化电荷来不及被中和，就会在负载 R 两端出现交流信号电压，因此在高频下工作性能较好。

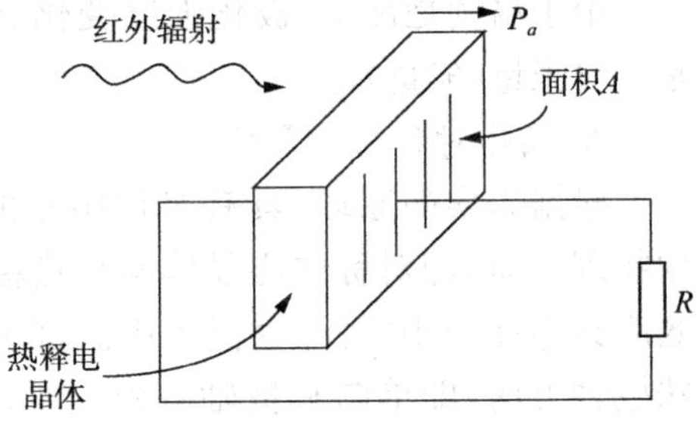

图 5-4-4　红外探测工作原理图

如果温度对时间的变化率为 $\mathrm{d}T/\mathrm{d}t$，则 P_s 对时间的变化率为 $\mathrm{d}P_s/\mathrm{d}t$，晶片(电极)面积为 A，负载电阻为 R，则出现的交流信号电压 ΔV 为

$$\Delta V = AR\left(\frac{\mathrm{d}P_s}{\mathrm{d}t}\right) = AR\left(\frac{\mathrm{d}P_s}{\mathrm{d}T}\right)\left(\frac{\mathrm{d}T}{\mathrm{d}t}\right) \tag{5.4.20}$$

式中，$dP_s/dT=p_i$ 为晶体的热释电系数。当 ΔT 较小时，dP_s/dT 可以看作常数，输出的信号 ΔV 与温度变化率 dT/dt 成正比。通过测量信号电压的变化实现对远距离辐射目标温度变化率的测量。测量时不需要晶体和辐射达到平衡这一条件，从而使实现对远距离目标的探测成为可能。

对于用作红外探测器的晶体材料，首先要求材料具有较大的热释电系数，还要求晶体对红外辐射吸收大、热容量小、介电系数小、介质损耗 $\tan\delta$ 小、易加工成薄片等。目前认为比较有发展前途的热释电材料有硫酸三甘肽（TGS）、铌酸锶钡（SBN）、钽酸锂（$LiTaO_3$）、钛酸铅（$PbTiO_3$）和聚偏氟乙烯（PVF_2）等。

5.4.4 晶体的铁电性质

有一些热释电晶体的自发极化的方向会因外电场的作用而反向，这类热释电晶体称为铁电晶体。显然，铁电晶体一定是极性晶体。但并非所有的极性晶体都是铁电晶体，只有具有特殊晶体结构的极性晶体，才允许极化反向时不发生大的畸变，成为铁电晶体。铁电晶体并不含铁，因其能形成与铁磁体的磁滞回线相类似的电滞回线而得名。

铁电晶体是热释电晶体中的一个亚类，铁电晶体必然具有热释电效应和压电效应，但热释电晶体未必都是铁电晶体。晶体的铁电性质不能根据其内部结构的对称性来预测，只能通过实验来确定。

1. 电滞回线

铁电晶体内部自发极化强度的方向不一定都完全相同，自发极化方向一致的区域称为铁电畴。每一个铁电畴的极化强度方向只能沿一个特定的晶轴方向。如果极化强度的取向只能沿一个特定晶轴的正向或负向，即晶体中只有两种畴（正畴和负畴），极化方向互成 180°，具有这种特性的铁电晶体称为 180°铁电体。畴与畴间的界壁称畴壁。此外还有 60°、90°、120°铁电晶体等，因此，也有 90°畴壁、180°畴壁、60°畴壁、120°畴壁等。图 5－4－5 为 90°和 180°畴壁示意图。

铁电体的一个重要特征是具有电滞回线，现以 180°畴铁电体为例说明电滞回线的形成过程。当不存在外电场时，为了使体系的能量低，

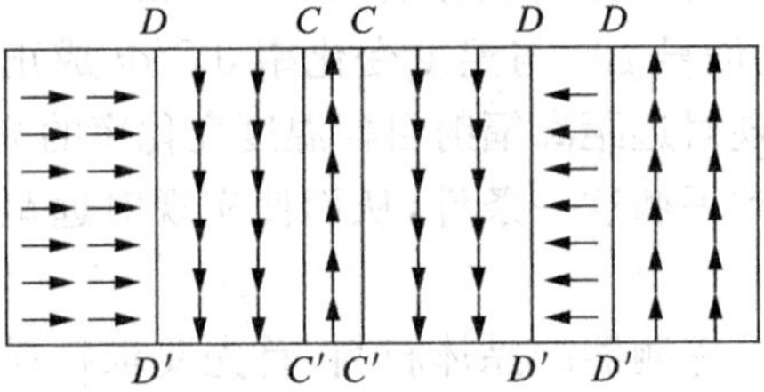

图 5-4-5 90°和 180°畴壁示意图

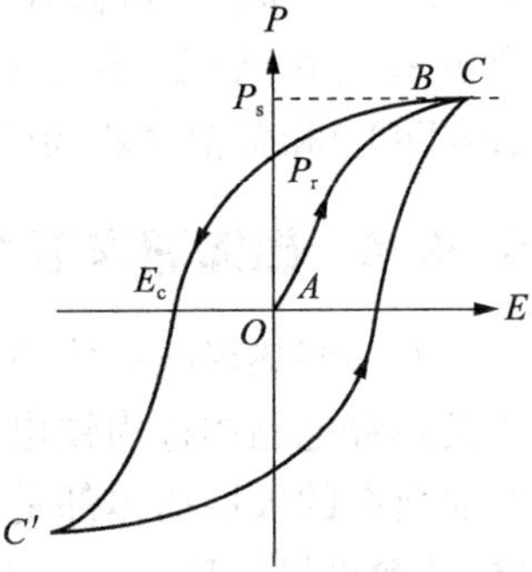

图 5-4-6 电滞回线

因此晶体的总极化强度也为零。当外加一个很弱的电场 $\boldsymbol{E}$ 于晶体时，铁电体将作为普通电介质产生线性极化(图 5-4-6 中 OA 段)。随着电场强度的增加，极化强度与电场方向一致的铁电畴变大，而与电场方向相反的铁电畴变小，于是总极化强度随外电场的增大而迅速增加(图 5-4-6 中 AB 段)。电场强度继续增大，最后使整个晶体成为只有一种取向的单畴，晶体的自发极化强度达到饱和(即曲线上的 C 点)。再继续增大外电场时，则极化强度 $\boldsymbol{P}$ 随外电场成线性增加，这与一般电介质相同。将线性部分外推到 $\boldsymbol{E}=0$，在纵轴上的截距为自发极化强度或饱和极化强度 $\boldsymbol{P}_s$，实际上是原来每个单畴的自发极化强度，是对每个单畴而言的。当 $\boldsymbol{E}$ 由 C 点开始降低时，晶体的极化强度也随之减小，在 $E=0$ 时，由于已转向的电畴不能全部自动反转，$\boldsymbol{P}_s$ 不等于零，但晶体内可能有部分电畴因热运动等因素而自动反转，$\boldsymbol{P}\sim\boldsymbol{E}$ 曲线并非直线下降，而交于纵轴上 $\boldsymbol{P}_r$ 点，$\boldsymbol{P}_r$ 称为剩余极化强度，其是对整个晶体而言的。当电场反向达到 $\boldsymbol{E}_e$ 时，晶体内正、负电畴相等，剩余极化强度 $\boldsymbol{P}_r$ 全部消失，$\boldsymbol{P}=0$。反向电场继续增大时，极化强度开始反向，最后达到反向饱和值，然后电场再由负逐渐变正时，$\boldsymbol{P}$ 沿 $C'C$ 曲线回到 C 点，形成一闭合回线，称之为电滞回线，它是铁电晶体最重要的特征。$\boldsymbol{E}_c$ 称为矫顽电场强度。剩余极化强度 $\boldsymbol{P}_r$ 小于自发极化强度

$\boldsymbol{P}_s$，两者相差越大，晶体越不易形成单畴晶体。由于极化的非线性，铁电晶体的极化率和介电常数都不是常数，与外电场有关，也与晶体的电极化过程有关。

不同的铁电晶体有不同形状的电滞回线，电滞回线可通过示波器显示出来。

2. 铁电晶体的居里温度

铁电晶体的结构随温度而变化。具有铁电性质的结构称为铁电相，而无铁电性质的结构称为顺电相。由铁电相变化到顺电相的临界温度称为铁电相变温度，或称居里温度（也称居里点），用 T_c 表示。有些晶体可能存在多个相变温度，但只有由顺电相转变到铁电相的温度才称为居里温度，而其他的只能称为相变温度，如 $BaTiO_3$ 有如下相变

$$3m \xrightarrow{-90℃} mm2 \xrightarrow{0℃} 4mm \xrightarrow{120℃} m3m$$

其中 $3m$、$mm2$ 和 $4mm$ 均为铁电相，$m3m$ 为顺电相，所以 120℃才是居里点 T_c。可见由顺电相到铁电相，晶体的对称性降低。有的晶体在某一温度区间为铁电相，因此这种晶体有上、下两个居里点。如 KNT 晶体在－18～24℃为铁电相，因此 24℃称为上居里点，－18℃称为下居里点。而有的晶体还未达到铁电相变温度时就已分解或熔化了，因此无居里点，即不存在顺电相。铁电相变有两类：一类是在相变时有潜热产生，自发极化在居里点 T_c 处发生不连续的变化，称为一级相变；另一类相变无潜热产生但比热发生突变，称为二级相变。晶体在二级相变时，自发极化不发生不连续的突变，KDP 型结构的晶体就属于这种类型。从铁电晶体的电滞回线可以看出，其极化强度随外电场的变化是非线性的，所以铁电晶体的介电常数随外电场而变，因此介电常数要在不至于引起畴反转的弱电场下测量。铁电晶体的介电常数与温度是非线性关系，在居里点附近有一极大值（其数量级可达 10^4～10^5），这一现象称为介电反常。当温度高于居里点时，铁电体顺电相介电常数 ε 的变化遵守 Curie-Weiss 定律，即

$$\varepsilon=\frac{C}{T-T_0}+\varepsilon_e \tag{5.4.21}$$

式中，C 为 Curie-Weiss 常数；T_0 为特征温度；ε_e 为电子极化对介电常数的贡献，在居里点附近可忽略。

铁电晶体相变的微观机制主要有两类：一类为无序-有序型转变，这一类型的转变是由于晶体中某种离子的有序化而使晶体出现铁电性，主要包括含有氢键的晶体，如 KDP 型、TGS 系列晶体；另一类为位移型转变，是由于晶体中某种离子发生位移而使晶体中的正负电荷中心不重合，产生自发极化而出现铁电性质，这类铁电体大多与钙铁矿、钛铁矿结构紧密相关，如 $BaTiO_3$ 晶体。从水溶液中培养出而含有氢键的晶体称为软铁电晶体，而从高温熔体或熔盐中生长出来的晶体称为硬铁电晶体。

还有一种铁电相变，如在某些晶体中也具有相当于居里点的转变温度，在此温度以上为对称性较高的顺电相，在此温度以下则没有电滞回线，但处在转变温度时则出现介电常数反常，这个转变温度称为反铁电居里温度 T_c，这种相变称为反铁电相变。在反铁电相变中，相邻行或列的离子其位移方向相反，因此总的极化强度为零，这类晶体称为反铁电晶体，如 ADP、WO_3、$PbZrO_3$ 等晶体。

3. 铁电晶体材料

目前发现具有铁电性的晶体材料已有上千种。人们发现在强的光频电场或低频（直流）电场作用下，铁电晶体显示出一系列的非线性现象，这些效应的发现和研究加深了人们对铁电晶体中极化机理和电子过程的理解，也使铁电晶体在光电子学、光子学和激光技术等高新技术领域得到了重要的应用。铁电晶体显示的非线性现象有非线性光学效应、电光效应、反常光生伏打效应和光折变效应等。下面仅简单介绍几种常见类型的铁电晶体。

铌酸锂型铁电晶体有铌酸锂 $LiNbO_3$（LN）和钽酸锂 $LiTaO_3$（LT），它们以高居里温度和高自发极化著称的铁电晶体，居里温度分别为 1210℃和 620℃，且温度系数很小。由于它们具有良好的压电、电光和声光效应，故多应用于光学领域（含非线性光学），特别是光集成回路中，例如光波导调制器。

钙钛矿型铁电晶体已得到了广泛的研究，其中钛酸钡 $BaTiO_3$（BT）是人们最熟知的一种。铌酸钾 $KNbO_3$（KN）和钛酸钡同属钙钛矿型结构，有着相似的一系列相变，它们的居里温度分别为 435℃和 120℃，都具有很强的非线性光学效应，是重要的电光和非线性光学材料。

钨青铜型结构的是仅次于钙钛矿型的第二类铁电体，其结构和钙钛矿型相似，如铌酸锶钡（$Sr_{0.75}Ba_{0.25}Nb_2O_6$，SBN）、铌酸钡钠（$Ba_{0.8}Na_{0.2}Nb_2O_6$，SBN），其居里温度分别为 75℃和 560℃。

KDP 型铁电晶体，如磷酸二氢钾（KH_2PO_4，KDP）、氘化磷酸二氢钾（KD_2PO_4，DKDP）和磷酸二氢铵（$NH_4H_2PO_4$，ADP），这类晶体最受人们注意的是其优良的电光性能，适合于制作激光器的 Q 开关，以及用作电光调制等。

铁电晶体材料对电信号表现出高介电系数，对温度改变表现出强大的热释电响应，在应力或声波作用下，具有强的压电效应和声光效应；在强电场作用下，具有显著的电光效应。此外，铁电材料在强光辐照下，电子被激发，引起自发极化的变化，从而出现许多新的现象。铁电材料所具有的这些性质，已为它的应用开辟了广阔的应用前景。例如，作为电光晶体，它已在光电子学、集成光学、激光技术（主要用于高速光快门、Q 开关、光波导、光调制器、光偏振器、激光锁模）等方面得到了重要的应用。

5.5　晶体的磁学性质

凡具有强磁性的材料称为磁性材料。磁性材料具有能量存储、转换和改变能量状态的功能，随着现代科学技术的发展，磁性材料已被广泛应用于计算机、通信、自动化、音像、仪器仪表、航空航天、农业、生物和医疗等领域。

5.5.1 晶体的磁性

1. 磁性的起源

物质的磁性是指物质能被永久磁铁或电磁铁吸引或排斥的性质，是一种宏观的物理性质。物质的磁性主要来源于原子磁矩。原子内的电子绕核运动以及质子和中子在原子核内的运动都会产生磁矩，所以原子磁矩包括电子轨道运动磁矩、电子自旋磁矩和原子核磁矩三部分。实验和理论都证明原子核磁矩很小，只有电子磁矩的几千分之一，故可以略去不计。电子的自旋磁矩比轨道运动磁矩要大，在晶体中，电子的轨道磁矩受晶体场的作用，其方向是变化的，不能形成一个联合磁矩，对外没有磁性作用。因此，物质的磁性不是由电子的轨道运动磁矩引起的，而是主要由电子自旋磁矩引起的。

电子绕原子核运动，犹如一环形电流，此环流将在其运动中心处产生磁矩，称为电子轨道磁矩。电子轨道磁矩的大小为

$$\mu = p_l \frac{eh}{4\pi mc} = p_l \mu_B \tag{5.5.1}$$

式中，e 为电子的电荷；h 为普朗克常数；m 为电子的静止质量；c 为光速；p_l 为以 $h/2\pi$ 为单位的轨道角动量；$\mu_B = \frac{eh}{4\pi mc} = 0.927\ 3 \times 10^{-23}$ J/T(1T = 10^4G)，称为玻尔磁子(BM)，它是电子磁矩的最小单位。

电子的自旋运动产生自旋磁矩，电子自旋磁矩大小为

$$\mu_s = p_s \frac{eh}{2\pi mc} = 2p_s \mu_B \tag{5.5.2}$$

式中，p_s 为电子自旋磁矩角动量，以 $h/2\pi$ 为单位。

实验测得，电子自旋磁矩在外磁场方向上的分量恰为一个玻尔磁子，即 $\mu_{sz} = \pm \mu_B$，其符号取决于电子自旋方向，一般取与外磁场方向 z 一致的为正，反之为负。

原子中电子的轨道磁矩和电子的自旋磁矩构成了原子固有磁矩，

即本征磁矩。当电子层的各个轨道都充满时，其电子磁矩相互抵消，这个电子层的磁矩总和为零，它对原子磁矩没有贡献。如果原子中所有电子层的电子都已充满时，由于形成一个球形对称的集合体，则电子轨道磁矩和自旋磁矩各自抵消，此时原子本征磁矩为零。原子中如果有未充满的电子壳层，其电子自旋磁矩未被抵消(方向相反的电子自旋磁矩可以互相抵消)，原子就具有“永久磁矩”。例如，铁原子的原子序数为 26，共有 26 个电子，电子层分布为 $1s^2 2s^2 2p^6 3s^2 3p^6 3d^6 4s^2$。除 3d 轨道未充满外，其余均已充满，自旋磁矩被抵消。根据洪特规则，电子应占据尽可能多的轨道且自旋方向相同(自旋平行)。因此，5 个轨道中除了有 1 个轨道必须填入 2 个自旋反平行的电子外，其余 4 个轨道均只充填 1 个自旋方向相同的电子，所以总的电子自旋磁矩为 4 倍的玻尔磁子，具有很强的磁性，也称铁磁性。

2. 磁化现象及有关的物理量

任何物质处于磁场中，均会使其所占有的空间的磁场发生变化，这是由于磁场的作用使物质表现出一定的磁性，这种现象称为磁化。通常把能磁化的物质称为磁介质。实际上，包括空气在内所有的物质都能被磁化，因此从广义上讲都属磁介质。

当磁介质在磁场强度为 $\boldsymbol{H}_0$ 的外加磁场中被磁化时，会使它所在空间的磁场发生变化，即产生一个附加磁场 $\boldsymbol{H}'$，此时，其所处的总磁场强度 $\boldsymbol{H}_{总}$ 为两部分的矢量和，即

$$H_{总}=H_0+H' \tag{5.5.3}$$

磁场强度的单位为 $A \cdot m^{-1}$。

通常在无外加磁场时，晶体中原子固有磁矩的矢量总和为零，宏观上不呈现出磁性。但在外加磁场作用下，就会出现一定的磁性。实际上，磁化并未改变晶体中原子固有磁矩的大小，只是改变了它们的取向。因此，物质磁化的程度可用原子固有磁矩矢量的总和 $\boldsymbol{P}_m$ 来表示。磁矩是表征磁性物体磁性大小的物理量，单位为玻尔磁子。$\boldsymbol{P}_m$ 越大，磁性越强，它只与物体本身有关，与外磁场无关。为了便于比较材料磁化的强弱程度，一般用单位体积的磁矩大小来表示。单位物体体积

(V)的磁矩称为磁化强度，用$\boldsymbol{M}$表示，$\boldsymbol{M}=\boldsymbol{P}_m/V$，单位为$\mathrm{A\cdot m^{-1}}$。

磁化强度$\boldsymbol{M}$即前面所述的附加磁场强度H'，不仅与外加磁场强度有关，还与物质本身的磁化特性有关，即

$$\boldsymbol{M}=\mu_0\chi\boldsymbol{H} \tag{5.5.4}$$

式中，χ为单位体积磁化率，量纲为1，其值可正、可负，它表征物质本身的磁化特性，在真空中$\chi=0$。在理论研究中常采用摩尔磁化率$\chi^A=\dfrac{\chi}{V}$(V为摩尔原子体积)，有时采用单位质量磁化率或比磁化率$\chi^d=\chi/d$(d为密度)。

通过垂直于磁场方向单位体积的磁力线数称为磁感应强度，用$\boldsymbol{B}$表示，其与磁场强度的关系为

$$\boldsymbol{B}=\mu_0\boldsymbol{H}+\boldsymbol{M} \tag{5.5.5}$$

将式(5.5.4)代入上式，可得

$$\boldsymbol{B}=\mu_0(1+\chi)\boldsymbol{H}=\mu_0\mu_r\boldsymbol{H}=\mu\boldsymbol{H} \tag{5.5.6a}$$

其中

$$\mu_r=1+\chi=\mu/\mu_0 \tag{5.5.6b}$$

$$\mu=\mu_0(1+\chi) \tag{5.5.6c}$$

以上几式中，μ_0为真空磁导率，它等于$4\pi\times10^{-7}\ \mathrm{N\cdot A^{-2}}$或$4\pi\times10^{-7}\ \mathrm{J\cdot s^2\cdot C^{-2}\cdot m^{-1}}$；$\mu_r$为相对磁导率，量纲为1；$\mu$称为磁导率(亦称导磁系数)，它反映了磁感应强度$\boldsymbol{B}$随外磁场$\boldsymbol{H}$变化的速率，或表示磁性材料传导或通过磁力线的能力。工程技术上常用磁导率μ来表示材料磁化的难易程度，而科学研究上则通常使用磁化率χ。

磁感应强度$\boldsymbol{B}$以特斯拉(T)为单位，$1\mathrm{T}=1\mathrm{N\cdot A^{-1}\cdot m^{-1}}=1\mathrm{Wb\cdot m^{-2}}$，$\boldsymbol{H}$和$\boldsymbol{M}$均以$\mathrm{A\cdot m^{-1}}$为单位。磁通量的单位是韦伯(Wb)，因此磁通密度$\boldsymbol{B}$的单位是特斯拉(T)。1特斯拉(T)$=10^4$高斯(G)。

3. 物质磁性的分类

根据磁化率χ、磁导率μ的符号和大小以及磁化强度$\boldsymbol{M}$，可把物质

的磁性大致分为五类。各类磁体磁化强度与外磁场强度的关系如图 5-5-1所示。

（1）抗磁性

物质的磁化率 $\chi<0$，磁导率 $\mu<1$，磁化强度 $\boldsymbol{M}<0$。物质的磁化率为很小的负数，其值大约在 $-10^{-5}\sim-10^{-6}$ 数量级，它们在磁场中受微弱斥力，使磁场减弱。金属中有一半是抗磁性的，它们的原子磁矩为0，不存在“永久磁矩”。根据 χ 与温度的关系，抗磁性物质又可分为：① χ 不随温度变化的“经典”抗磁性物质，如 Cu、Ag、Au、Hg、Zn 等；② χ 随温度变化的反常抗磁性物质，且其大小是前者的 10～100 倍，如 Bi、Ga、Sb、Sn、In 等。抗磁性物质在外加磁场中，可诱导感生一磁矩，其方向与外加磁场方向相反（即抗磁性）。

（2）顺磁性

磁化率 $\chi>0$，磁导率 $\mu>1$，磁化强度 $\boldsymbol{M}>0$，χ 值约为 $10^{-6}\sim10^{-3}$。这类物质的特征是原子内部存在着“永久磁矩”——原子磁矩。在无外加磁场时，由于无规则的热运动，这些磁矩的取向是随机的，所以宏观无磁性。在外加磁场作用下，原子磁矩尽量地沿磁场方向取向，物质显示极弱的磁性，使磁场略为增强。根据 χ 与温度的关系可分为：① χ 与温度无关的顺磁体，如 Li、Na、K、Ru 等金属；②正常顺磁体，其磁化率 χ 与温度成反比，即 $\chi=C/T$，C 为居里常数，取决于其磁化强度 $\boldsymbol{M}$ 和磁矩 $\boldsymbol{P}_m$ 的大小。如过渡金属元素（Pt、Pd）、奥氏体不锈钢、稀土金属元素等属于顺磁性物质。

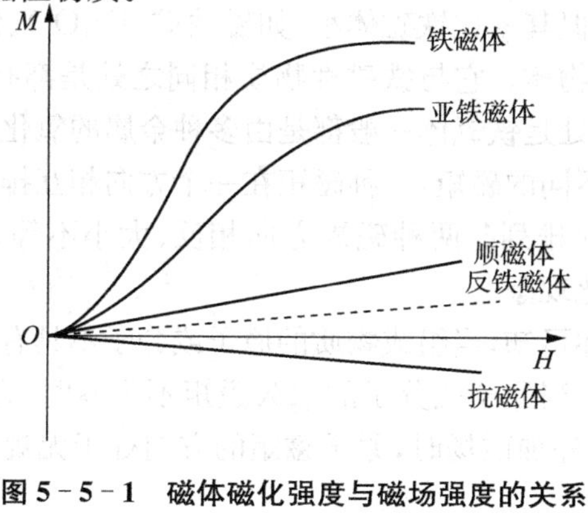

图 5-5-1　磁体磁化强度与磁场强度的关系

(3) 铁磁性

磁化率 $\chi \gg 0$,磁导率 $\mu > 0$,磁化强度 $\boldsymbol{M} > 0$,χ 值在 $10^{-2} \sim 10^{6}$ 数量级。如 Fe、Co、Ni、Gd、Tb、Dy 等金属及其合金,就称为铁磁性物质。铁磁性物质的磁化率不是恒定的,可随磁场强度 $\boldsymbol{H}$ 而改变。它与顺磁性物质的主要差别在于,在较弱的磁场内铁磁性物质也可得到极高的磁化强度,而且当外磁场移去后仍可保留部分磁性,原因是内部存在自发磁化强度。铁磁性物质的磁化率与温度的关系服从 Curie-Weiss(居里-外斯)定律:$\chi = C/(T - T_C)$,其中 C 为居里常数,T_C 为居里温度或居里点。每种铁磁性物质都有它们各自的居里温度,在居里温度以上,自发磁化强度变为 0,铁磁性消失就突变为顺磁性物质。

(4) 反铁磁性

磁化率 $\chi \approx 0$,磁导率 $\mu \approx 1$,磁化强度 $\boldsymbol{M} = 0$,其磁化率值为 $10^{-5} \sim 10^{-2}$。反铁磁性物质的同一子晶格中有自发磁化强度,电子磁矩同向排列;不同子晶格中,电子磁矩反向排列。两种子晶格中自发磁化强度大小相同、方向相反,整个晶体没有净余的磁矩,即 $\boldsymbol{M} = 0$。当温度高于某个临界值 T_N(Neel(奈耳)温度)时,反铁磁性物质中的磁矩分布由有序变为无序,反铁磁性转变为顺磁性,且磁化率随温度增加而降低。当温度低于 T_N 时,磁化率反而随温度降低而下降。如 NiO、MnO、FeO、Cr_2O_3、CoO 等为反铁磁性物质。

(5) 亚铁磁性

磁化率 $\chi \gg 0$,磁导率 $\mu \gg 0$,磁化强度 $\boldsymbol{M} \gg 0$。亚铁磁性物质类似于铁磁性物质,但其 χ 比铁磁体小,如磁铁矿(Fe_3O_4)、铁氧体(含铁酸盐)等属于这类物质。它与铁磁性物质相同之处是都有自发磁化强度和磁畴,不同之处是铁氧体一般都是由多种金属的氧化物复合而成,其磁性来自两种不同的磁矩,一种磁矩在一个方向相互排列整齐,另一种磁矩在相反方向排列。两种磁矩方向相反、大小不等,磁矩之差不为 0,产生自发磁化现象。

由以上叙述可知,当组成物质的原子或分子不具有永久磁矩时,该物质呈抗磁性。当原子或分子的永久磁矩不为零时,它们之间没有相互作用,在没有外加磁场时,原子磁矩的方向处于无规则的状态,这种物质为顺磁性。若原子磁矩之间存在相互作用，使原子磁矩相互处于平行排列状态，这种物质为铁磁性。若原子磁矩间的相互作用使相邻原子磁矩相互呈反平行排列，当相互反向的磁矩相等为反铁磁性，不相等则为亚铁磁性。这五类物质的磁结构如图 5－5－2 所示。

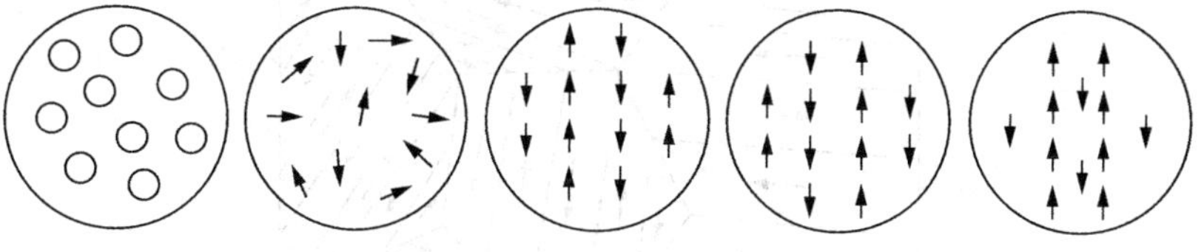

(a) 抗磁性　(b) 顺磁性　(c) 反铁磁性　(d) 铁磁性　(e) 亚铁磁性

图 5－5－2　物质的磁结构

(a) 抗磁性　(b)顺磁性　(c)反铁磁性　(d)铁磁性　(e)亚铁磁性

抗磁性物质、顺磁性物质和反磁性物质的磁化率都很小，它们属于弱磁性物质，当一块永久磁体靠近这些物质时，它们既不排斥也不被吸引。铁磁性物质和亚铁磁性物质属于强磁性物质，当一块永久磁体靠近它们时，它们会被磁体所吸引或排斥。

强磁性物质在宏观磁性上有三个特征：① 具有高磁化率，其大小约为 $10 \sim 10^6$，比弱磁性物质的磁化率高达百万倍；② 磁化强度与外加磁场有十分复杂的依赖关系，即磁场强度 $\boldsymbol{H}$ 变化时，磁化强度 $\boldsymbol{M}$ 会出现非线性的和不可逆的变化；③ 在温度升高到一定临界温度时，强磁性会消失，转变为顺磁性。一般将强磁性物质称为磁性材料。

强磁性物质的高磁化率是由于其内部的原子磁矩间存在特殊的相互作用，这种作用的本质是静电相互作用，称为交换作用。它克服了热运动影响，使原子磁矩很有秩序地排列起来，称为磁有序。如果磁有序使相邻的原子磁矩平行有序地排列，称为铁磁性有序。这种由物质内部的交换作用引起的原子磁矩有序排列，称为自发磁化。

强磁性物质的自发磁化，使它获得高磁化率。但在实际的物质中，同一方向的自发磁化只存在于一个个称为磁畴的小区域内。一个典型的磁畴宽度约为 10^{-3} cm，体积约为 10^{-9} cm^3，它大大小于材料的宏观尺寸，但又大于微观的原子尺度，因而是一种亚微观结构。在每个磁畴内部原子磁矩平行排列，自发磁化是均匀一致的，但在不同的磁畴之间自发磁化方向不同。因此，在未加磁场时，因各个磁畴的取向不同磁矩相互抵消(图 5－5－3)，宏观上并不显示磁性。当外加磁场时，磁畴沿磁场方向取向，材料的磁化强度 $\boldsymbol{M}$ 将处于饱和状态。

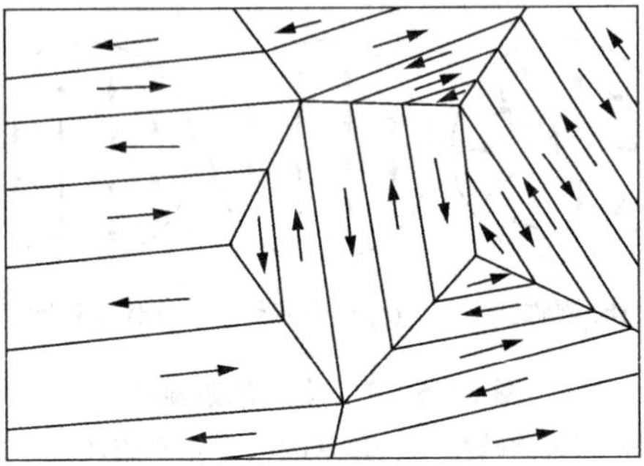

图 5－5－3　磁畴结构示意图

磁畴的结构使材料的 Gibbs 自由能(ΔG)达到最小，所以强磁性物质虽有自发磁化，但不加磁场仍不表现出强磁性。一般以 Fe、Co 和 Ni 为主体的磁性材料的交换作用能比磁作用能高约 1000 倍，大约相当于 1000K 的热能，所以它能在居里点以下维持磁有序。在居里点以上，交换能小于热运动能，不能保持磁有序，物质的强磁性就转变为弱磁性的顺磁性。

材料中的磁畴可通过实验观察到，具体做法是在抛光的材料表面涂上一薄层含有很细的磁性颗粒的液体，由于磁畴取向不同，在磁畴边界上有较强的局域磁场，磁性颗粒集中在边界区域，显现出磁畴的边界，图 5－5－4 为铁钇石榴石材料磁畴的分布。

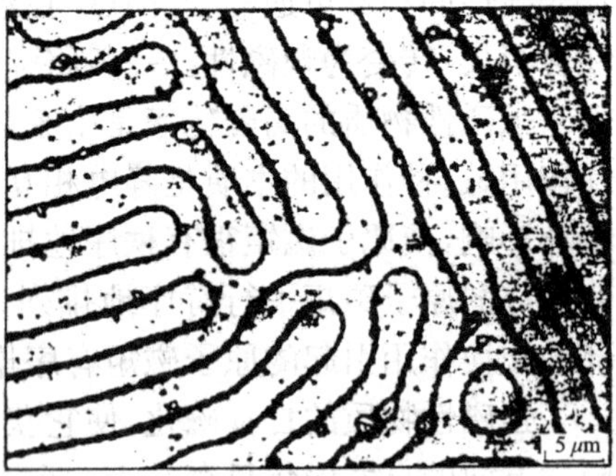

图 5－5－4　铁钇石榴石的磁畴

4. 晶体的磁性

磁化强度 $\boldsymbol{M}$、磁感应强度 $\boldsymbol{B}$、

磁化率 χ、磁导率 μ 四个物理量密切相关。在晶体中，一般 $\boldsymbol{M}$ 不平行于 $\boldsymbol{B}$，由式(5.5.4)和式(5.5.5)可得

$$M_i=\mu_0\chi_{ij}H_j$$
$$B_i=\mu_0H_i+M_i=\mu_0(H_i+\chi_{ij}H_j)=\mu_0(\delta_{ij}+\chi_{ij})H_j$$

由于
$$B_i=\mu_{ij}H_j$$
得
$$\mu_{ij}=\mu_0(\delta_{ij}+\chi_{ij}) \tag{5.5.7}$$

式中，δ_{ij} 为单位矩阵；磁化率 χ_{ij}、磁导率 μ_{ij} 均为二阶对称张量。

如果磁场强度 $\boldsymbol{H}$ 平行任一主轴，则 $\boldsymbol{H}$、$\boldsymbol{M}$、$\boldsymbol{B}$ 都平行该主轴。若 $\boldsymbol{H}$ 指向主轴 x_1，则有 $B=\mu_1H$，$M=\mu_0\chi_1H$ 和 $\mu_1=\mu_0(1+\chi_1)$。晶体的磁化率 χ_{ij} 完全由主轴磁化率 χ_1、χ_2、χ_3 的大小和方向确定，显然还要受到晶体对称性的限制。

如果某个主轴方向的 χ_i 分别为正或负，则称晶体沿此特定方向是顺磁或抗磁的。有少数晶体沿某一轴是顺磁的，而沿另一轴却是抗磁的。

磁感应强度 $\boldsymbol{B}$、磁化强度 $\boldsymbol{M}$ 的关系如图5-5-5所示，磁化率 χ_{ij} 值越小，$\boldsymbol{M}$ 就越小，$\boldsymbol{B}$ 就越接近平行磁化强度 $\boldsymbol{M}$。

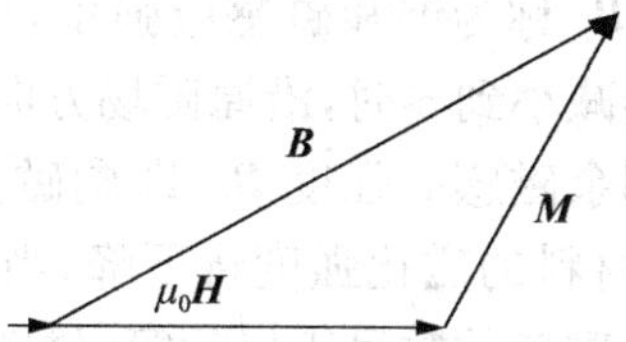

图 5-5-5　磁感应强度 $\boldsymbol{B}$ 和磁化强度 $\boldsymbol{M}$ 的关系

晶体置于磁场中，磁化后建立本身的磁场，分别用 $\boldsymbol{H}_a$ 和 $\boldsymbol{H}_c$ 表示，作用在任何点的实际磁场称为总磁场 $\boldsymbol{H}_t$。$\boldsymbol{H}_t=\boldsymbol{H}_a+\boldsymbol{H}_c$（以上公式中的 $\boldsymbol{H}$ 为 $\boldsymbol{H}_t$），$\boldsymbol{H}_c$ 正比于 $\boldsymbol{M}/\mu_0$，对 $\boldsymbol{H}_a$ 扰动效应很小，常可忽略，因此当晶体置于均匀磁场中时，$\boldsymbol{H}_t\approx\boldsymbol{H}_a$，此时顺磁和抗磁效应几乎与晶体形状无关，见图 5-5-6。但应注意，此结论不适合于铁磁体。

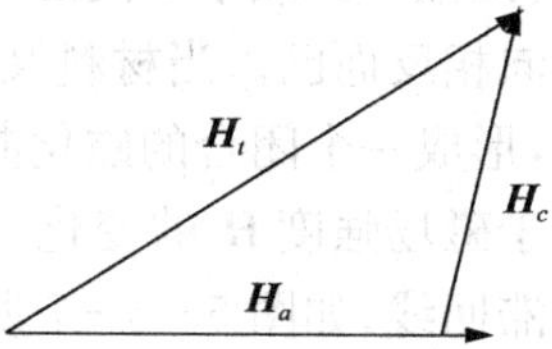

图 5-5-6　晶体磁化后磁场强度

磁化能可从磁化物质所做功的大小求出。磁化物质所做的功与磁

化强度的变化有关，还与内外磁场的变化有关，可表示为

$$dW = VH_i dB_i \quad 或 \quad dW = V\mu_{ij} H_i dH_j \tag{5.5.8}$$

式中，V 为晶体的体积。磁化晶体的能量为

$$\Psi = \frac{1}{2} V\mu_{ij} H_i H_j \tag{5.5.9}$$

5. *磁滞回线*

铁磁性物质和铁电物质相似，存在许多磁畴。为了保持体系能量最低，各个磁畴的取向不同，首尾相接，形成闭合磁路，宏观不显磁性。磁畴间由有一定厚度（10^{-5} cm）的磁畴壁相隔，畴方向在畴壁内逐渐过渡。铁磁物质在外磁场中的磁化过程主要是畴壁的移动和磁畴内磁矩的转向。

当外加磁场作用于铁磁材料时，磁畴沿磁场方向取向，加大磁场到一定程度，全部磁畴都沿磁场方向取向，材料的磁化强度 $\boldsymbol{M}$ 将达到饱和状态，$\boldsymbol{B}_s$ 称为饱和磁感应强度，此过程如图 5－5－7 的曲线 Oab。当外磁场减小到零时，沿原磁场方向的磁畴仍占主导地位，材料保留有一定的剩余磁感应强度 $\boldsymbol{B}_r$，即剩磁。这时对材料施加反向磁场，使磁畴反转，材料的磁化强度将下降，当反向磁场达到某一数值时，相反两个方向上磁畴的数目正好相等，材料的磁化强度为零，这时的反向磁场强度 $-\boldsymbol{H}_c$ 称为矫顽力，该过程如图 5－5－7 的曲线 bcd，通常把曲线 bc 段称为退磁曲线。继续增加反向磁场，材料中的磁畴将逐渐沿反向排列，并达到饱和。减小反向磁场或增加正向磁场都将重复上述过程，只不过方向相反而已。当材料又回到正向饱和状态时，磁场正好完成一个周期，形成一个闭合的磁化曲线 $abcd$。由于磁感应强度 $\boldsymbol{B}$ 的变化总是落后于磁场强度 $\boldsymbol{H}$ 的变化，这种现象称为“磁滞”，所以将闭合回线称为磁滞回线，如图 5－5－7 所示。磁滞回线的形状、大小表示铁磁晶体的基本特征。

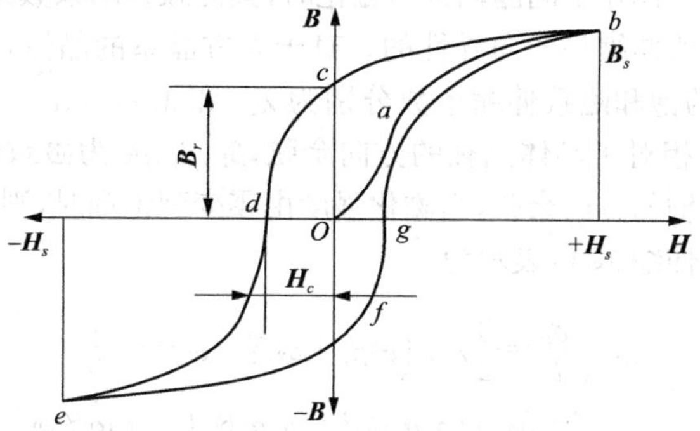

图 5－5－7 磁滞回线

5.5.2 磁致伸缩与磁弹性能

磁性材料由于磁化状态的改变，其长度和体积都要发生微小的变化，这种现象称为磁致伸缩或磁致伸缩效应。磁致伸缩效应的大小通常用磁致伸缩系数 λ 来衡量，磁致伸缩的大小与外磁场强度的大小有关。如铁磁性和亚铁磁性晶体磁化时，磁化强度的变化随着晶体的长度而变化，磁化强度由零变到饱和时所引起的长度相对变化 $\lambda=\delta_l/l$，称为磁致伸缩。δ_l 为伸缩值，l 为原晶体长度。

磁致伸缩具有明显的方向性，不但在磁化方向上会伸长（或缩短），在偏离磁化方向的其他方向上也会同时伸长（或缩短），但偏离的方向越大，伸长比（或缩短比）则逐渐减小。到了接近于垂直方向时，磁性晶体反向缩短（或伸长），所以磁致伸缩可分为正磁致伸缩和负磁致伸缩。正磁致伸缩是指晶体在磁化方向上伸长，在垂直磁化方向上缩短；与此相反，负磁致伸缩是指晶体在磁化方向上缩短，而在垂直于磁化方向上伸长。将沿着外磁场方向尺寸的相对变化称为纵向磁致伸缩；垂直于外磁场方向尺寸的相对变化称为横向磁致伸缩；磁体体积的相对变化称为体积磁致伸缩。体积磁致伸缩量很小，小到可以被忽略。纵向和横向磁致伸缩统称为线磁致伸缩。通常讨论的磁致伸缩就是指线性磁致伸缩。

同一种晶体在不同晶轴方向磁化时，其磁致伸缩系数是不相同的，即晶体的磁致伸缩是各向异性的。对于立方晶系的晶体，设沿(100)、(111)方向的饱和磁致伸缩系数分别为 λ_{100} 和 λ_{111}，α_1、α_2、α_3 分别为磁化强度方向相对于晶体晶轴的方向余弦，β_1、β_2、β_3 为磁致伸缩方向相对于晶体晶轴的方向余弦，当磁化强度由零变到饱和时，则在任意磁化方向的磁致伸缩 λ_S 可表示为

$$\lambda_S=\frac{\delta_l}{l}=\frac{3}{2}\lambda_{100}\left(\alpha_1^2\beta_1^2+\alpha_2^2\beta_2^2+\alpha_3^2\beta_3^2-\frac{1}{3}\right)+3\lambda_{111}(\alpha_1\alpha_2\beta_1\beta_2+\alpha_2\alpha_3\beta_2\beta_3+\alpha_3\alpha_1\beta_3\beta_1) \quad (5.5.10)$$

当磁致伸缩方向与磁化方向相同时，即 $\beta_1,\beta_2,\beta_3=\alpha_1,\alpha_2,\alpha_3$，则其饱和磁致伸缩系数为

$$\lambda_S=\frac{2}{5}\lambda_{100}+\frac{3}{5}\lambda_{111} \quad (5.5.11)$$

对于六方晶系的晶体，取立方晶系同样的直角坐标系，其磁致伸缩系数为

$$\begin{aligned}\lambda_S=&\lambda_A[(\alpha_1\beta_1+\alpha_2\beta_2)^2-(\alpha_1\beta_1+\alpha_2\beta_2)\alpha_3\beta_3]\\&+\lambda_B[(1-\alpha_3)^2(1-\beta_3)^2-(\alpha_1\beta_1+\alpha_2\beta_2)^2]\\&+\lambda_C[(1-\alpha_3)^2\beta_3^2-(\alpha_1\beta_1+\alpha_2\beta_2)\alpha_3\beta_3]\\&+4\lambda_D(\alpha_1\beta_1+\alpha_2\beta_2)\alpha_3\beta_3\end{aligned} \quad (5.5.12)$$

当磁致伸缩方向与磁化方向相同时，即 $\beta_1,\beta_2,\beta_3=\alpha_1,\alpha_2,\alpha_3$，上式变为

$$\lambda_S=\lambda_A[(1-\alpha_3)^2-(1-\alpha_3)^2\alpha_3^2]+4\lambda_D(1-\alpha_3)^2\alpha_3^2 \quad (5.5.13)$$

磁性晶体的自发磁化和外磁场作用都可影响磁致伸缩。磁性晶体是大量磁畴的集合体，自发磁化时，使磁畴内部的原子磁矩定向排列，但各磁畴间的磁矩方向不一致，所以晶体整体上不显示尺寸上的变化，如图 5-5-8 (a)所示。但在饱和磁场 $\boldsymbol{H}_s$ 下磁化时，各磁畴的磁矩都取同一方向，磁畴的伸长(或缩短)方向也按磁化方向作定向排列，使晶体在整体上显示出伸长(或缩短)，如图 5-5-8 (b)所示。

磁致伸缩是一种可逆的弹性形变。当磁性晶体在外磁场的作用

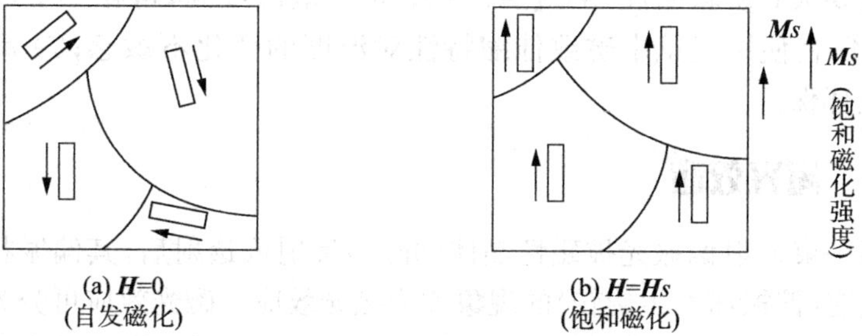

图 5-5-8　磁致伸缩原理图

下，它将发生磁致伸缩，引起晶体几何尺寸的变化。如果受到外界条件的限制而不能伸缩时，则在晶体内部就会产生内应力，以致产生弹性势能而影响磁化。这种弹性势能称为磁弹性能或应力能，用 E_σ 表示

$$E_\sigma = -\sigma\left(\frac{\Delta l}{l}\right)_\sigma = -\frac{3}{2}\lambda_S\sigma\cos^2\theta \tag{5.5.14}$$

式中，σ 为内应力；$\Delta l/l$ 为相对伸长量；λ_S 为磁致伸缩系数；θ 为磁化方向与内应力 σ 方向之间的夹角。

$$\cos\theta = \alpha_1\gamma_1 + \alpha_2\gamma_2 + \alpha_3\gamma_3$$

式中，γ_1、γ_2、γ_3 为内应力 σ 与晶轴夹角的方向余弦；α_1、α_2、α_3 为磁化强度与晶轴夹角的方向余弦；负号表示内应力 σ 与磁致伸缩系数 λ_s 方向相反；$\frac{3}{2}\lambda_S\sigma$ 称为内应力各向异性常数。

通过对磁性晶体施加拉应力或压应力，能引起晶体的磁性变化，这种现象称为压磁效应。

利用磁致伸缩材料的物理效应，可以制作磁致伸缩制动器、磁致伸缩传感器、扭转马达、扭转传感器等，可广泛应用于超声波、机器人、计算机、汽车、制动器、控制器、换能器、传感器、微位移器、精密阀和防震装置等领域。目前，磁致伸缩材料已进入实用化阶段，主要应用于超声器件、水声器件等方面，在伺服机构等领域应用前景看好。从实用角度来看，磁致伸缩材料应具备如下特性：① 变位量及产生

的应力要大；② 软磁性，响应速度快；③ 居里温度高，可在低磁场下驱动；④ 在使用气氛中磁致伸缩特性对温度的变化不敏感；⑤ 高可靠性且环保。

5.5.3 磁光效应

当一束入射偏振光被磁性晶体（介质）反射或透射后，其偏振状态发生改变（偏振面发生旋转）的现象称为磁光效应。磁光效应可分为克尔（Kerr）效应和法拉第（Faraday）效应。两种效应都可按照磁化方向相对于入射光平面和相对于晶体（介质）界面的取向再分为纵向、横向、极向三类，如图 5-5-9 所示。

对于磁化方向为纵向和极向取向，如果入射光在入射面上或垂直于入射面上是平面偏振的[图 5-5-9(a)、(c)]，则反射光和透射光一般是椭圆偏振光，并且其椭圆主轴的旋转和它的椭圆度都和晶体材料的磁化强度成正比。但是磁化方向如果是在横向取向的情况下[图 5-5-9(b)]，反射光和透射光的强度是一个只是简单地正比于磁化强度的量。反磁性材料和顺磁性材料在外磁场作用下都会产生磁光转动，但与铁磁体相比，该效应很小。

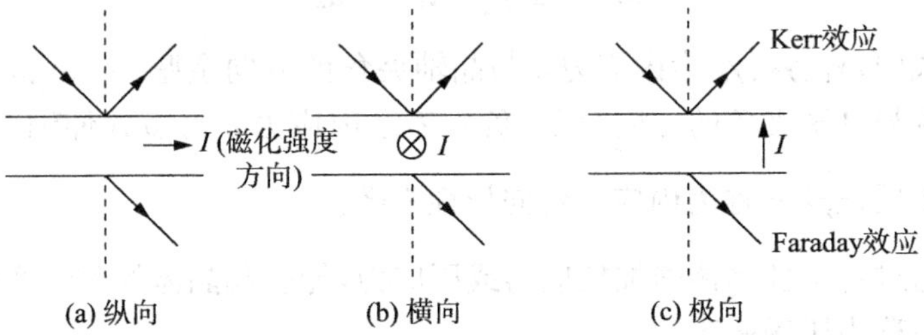

图 5-5-9 入射光方向与克尔效应和法拉第效应中的磁化方向

(1) 法拉第效应和科顿-莫顿效应

当一束线偏振光入射到磁性晶体时，若同时施加与之平行的磁场，透射光将在其偏振面上旋转一定的角度射出，就称这种现象为法拉第效应，如图 5-5-10 所示。

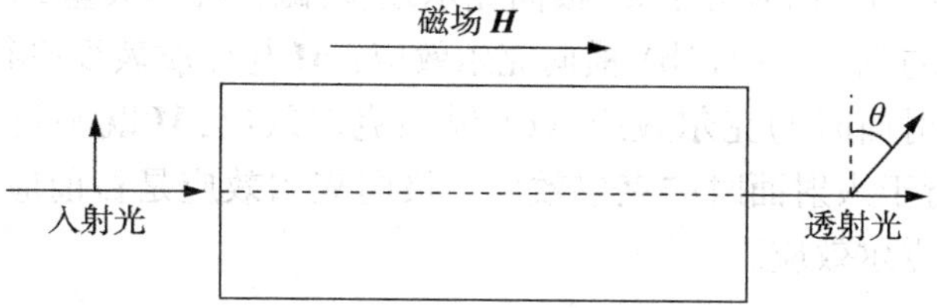

图 5-5-10　法拉第效应

对磁性晶体来说，其法拉第旋转角 θ_F 由下式表示

$$\theta_F = FL\frac{\boldsymbol{M}}{\boldsymbol{M}_S} \tag{5.5.15}$$

式中，F 为法拉第旋转系数，°/cm；L 为晶体的长度；$\boldsymbol{M}_S$ 为饱和磁化强度，$\boldsymbol{M}$ 为沿入射光方向的磁化强度。对于所有透明物质来说都会产生法拉第效应，不过现在已知的法拉第旋转系数大的主要是稀土石榴石系晶体。

若施加与入射光垂直的磁场，入射光将分裂为沿原方向的正常光束和偏离原方向的异常光束，这种现象称为科顿-莫顿效应，如图 5-5-11所示。

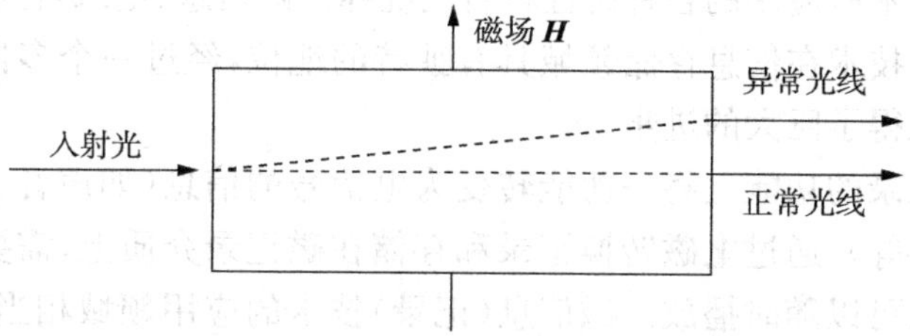

图 5-5-11　科顿-莫顿效应

(2) 克尔效应

当光入射到磁性物质或入射到外磁场作用下的物质表面时，其反射光的偏振面发生旋转的现象，称为克尔(Kerr)效应。根据磁化强度矢量 $\boldsymbol{M}$，与光入射面和界面的不同相对取向，克尔效应可分为三种类

型，如图 5－5－12 所示：(a) 极向克尔效应：磁化强度矢量 **M** 与介质界面垂直时的克尔效应；(b) 横向克尔效应：**M** 与介质表面平行，但垂直于光的入射面时的克尔效应；(c) 纵向克尔效应：**M** 既平行于介质表面，又平行于入射面时的克尔效应。极向克尔效应是目前应用最为广泛的一种克尔效应。

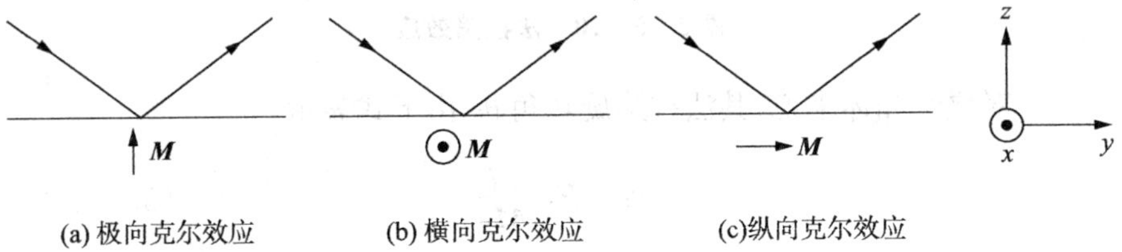

图 5－5－12　克尔效应

5.5.4　磁信息（记录）、磁光及磁致伸缩材料

1. 磁信息(记录)材料

在现代信息社会中，利用磁的方法和技术来进行各种信息的转换、记录、存储和处理等已经非常普遍，可称为磁信息(记录)技术。磁信息(记录)技术所应用的各种磁性材料则统称为磁信息(记录)材料。磁信息(记录)技术在信息存储领域具有独特的地位，经过一个多世纪的发展已经取得了巨大的进步。

磁记录的功能是将一切能转变为电信号的信息(如声音、图像、数据和文字等)，通过电磁转换记录和存储在磁记录介质上，需要时所记录的信息可以随时播放。磁信息(记录)技术的应用领域相当广泛，除了在计算机中的应用外，电视、广播、教育、军事、空间技术、农学、科学研究和日常生活都离不开磁记录，而录音技术是磁记录最早应用的领域。磁带录音机早已走进千家万户；录像技术在工业生产、军事、医学以及科研领域成为不可或缺的检测和监视技术；银行卡、餐卡、图书卡、乘车卡以及门卡等更是生活中的必需品。

常用的磁记录材料是将电信号转变为磁场信号。例如，电话的话筒把声音信号转变为电信号，将电流经过磁头转变为磁场，利用该磁场去磁化磁带上的磁记录介质，这样，磁记录介质的磁化情况便与输入声音信号的情况相对应，这就是磁记录过程。

对于磁头材料，其主要特性是：高的磁导率，以提高磁头的灵敏度；高的饱和磁化强度，以提高磁头中的磁场；低的矫顽力，以降低对磁头的输入电信号；高的力学强度，以延长磁头的使用寿命。前三项特性与对软磁材料的要求相同。目前应用的磁头材料主要有：(1) (Mn, Zn) Fe_2O_4 和 (Ni, Zn) Fe_2O_4 等铁氧体的热压高密度多晶材料；(2) Fe-Ni-Nb(Ta)系硬坡莫合金做成的高硬度金属磁头材料；(3) Fe-B(Si, C)系或 Fe-Ni(Mo)-B(Si)系非晶磁头材料。

磁记录材料的主要特性是：适当高的矫顽力，以有效存储磁信息，抵抗环境磁干扰和提高磁信息存储密度；高的饱和磁化强度和剩磁比，以获得高的存储和输出信息；陡直的磁滞回线，以提高记录信息的分辨率。目前已经应用和尚在开发的磁记录材料主要有：(1) γ-Fe_2O_3 和掺 Co 的 γ-Fe_2O_3 磁粉，是目前应用最广的磁记录材料；(2) CrO_2 磁粉，其磁特性如矫顽力、饱和磁化强度、剩磁比和磁晶各向异性常数都较高，但居里点低(120℃)，制备过程中又需高温、高压、催化剂等条件，阻碍其应用；(3) 金属磁膜，在一般磁记录中主要有 Fe 磁膜和 Fe-CoDU 磁膜两种，前者饱和磁化强度较后者高，但矫顽力较后者低；(4) Co-Cr系磁膜具有高的垂直(膜面)各向异性，适宜于在垂直记录中应用；(5) 离子 M 代换的 Ba(M, Fe)$_{12}$O$_{19}$系磁粉，近年来研究较多，其既可应用于一般磁记录中，又可应用于垂直磁记录中。

2. *磁光材料*

磁光材料是在可见光和红外波段具有磁光效应的光信息材料。亚铁磁性石榴石、尖晶石铁氧体、钡铁氧体、稀土过渡金属薄膜 Cd-Co、Cd-Fe、Tb-Fe、Pt-Co、锰铋系合金薄膜以及锗、硅、硫化铅、锑化铟等都具有磁光效应。利用材料磁光效应可以制成具有各种功能的磁光器件，如调制器、隔离器、存储器、传感器、偏转器、Q 开关等。早期研究的磁光材料的磁光效应较小，后来发现钇铁石榴石 $Y_3Fe_5O_{12}$，具有强的磁光效应后，磁光材料的应用扩展到偏光光盘、光纤通信等领域。

磁光存储器为电子计算机的信息存储提供了一个很好的方法，它把光学记录的高字位密度与磁存储的优异特性(即永久性和记录可消除)结合起来。磁光存储是利用磁光效应对信息进行存取：将偏振光束射到加有写入磁场的磁光材料上，受光照射处矫顽力降低，材料的磁化方向将与写入磁场的方向相同，这样便将代表不同写入磁场方向的“0”或“1”信息存入磁光存储器，当光移开后，矫力增大，使存储的信息不易丢失；要读出信息只要将偏振光束照射到信息点上，因信息点处磁化方向不同，反射光的旋转角方向也不同，因此可知该点存储的代码。最早应用的磁光存储材料是 MnBi 系合金，但由于其居里温度高，法拉第旋转角和 Kerr 旋转角都不大，限制了它的使用。目前，应用较多的磁光存储材料主要有锰铋系合金薄膜和 Tb-Fe 系、Cd-Co 系非晶磁膜材料，但最有应用前景的磁光记录介质是稀土铁石榴石薄膜。

磁光调节器的原理(图 5-5-13)为：当磁光材料垂直于入射光束时，法拉第效应为零。把一块磁光材料(钇铁石榴石薄片)放置于微波腔内，内外都加磁场垂直磁化，这时微波信号将产生一个平行于光束的磁化分量，并产生光束偏振面的转动，这种转动可以通过检偏器来检测。光束的强度和调制微波场的同步变化，只要法拉第效应大、透明性高的磁光材料，调制频率最高可达到千兆周的范围。

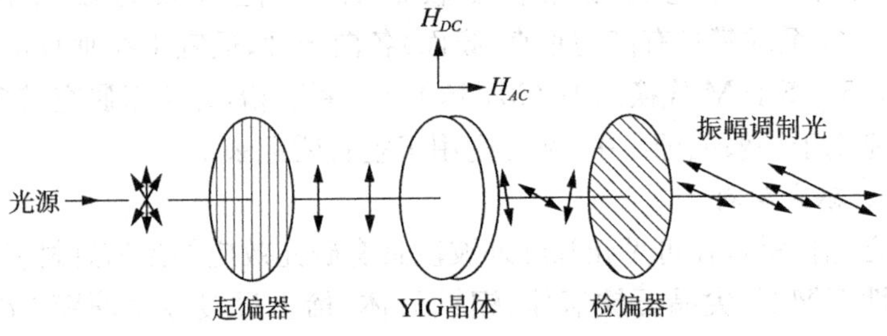

图 5-5-13 磁光光调制器原理示意图

3. *磁致伸缩材料*

磁致伸缩材料是指具有磁致伸缩效应的磁(电)——机械能转换材料，它的饱和磁致伸缩系数 λ_S 通常为 10^{-6} 数量级。超磁致伸缩材料

(Giant Magnetos-trictive Material,GMM)是指具有大磁致伸缩系数的磁致伸缩材料,其 λ_S 一般大于 3.0×10^{-5}。超磁致伸缩材料是 20 世纪 70 年代以来迅速发展起来的新型功能材料。

早在 20 世纪 40 年代,Ni 和 Co 的多晶磁致伸缩材料就已进入应用。20 世纪 60 年代,人们已发现稀土元素具有很多独特的磁性,稀土金属铽(Tb)和镝(Dy)在低温下的磁致伸缩是传统磁致伸缩材料的 100～1000 倍。1972 年美国科学家 Clark 等人发现 $TbFe_2$、$DyFe_2$ 等二元稀土铁合金在室温和低磁场下有很大的磁致伸缩系数,1974 年又发现 $Tb_{0.27}Dy_{0.73}Fe_2$ 三元稀土铁合金在常温下饱和磁致伸缩系数达到 10^{-3}数量级,磁机耦合系数大于 0.6。1976 年公布了 Clark 等人在美国申请的专利(US3949351),并将其推向实用化。研究表明,超磁致伸缩材料(如 $Tb_{0.27}Dy_{0.73}Fe_2$,商品名称 Terfenol-D)与传统的磁致伸缩材料相比具有更优越的性能:(1) 室温磁致伸缩值更大,单晶材料应变值达 1500μg/g 以上;(2) 居里温度高,适用于高温环境;(3) 输出应力大,在外加预应力条件下,磁致伸缩还存在跳跃效应;(4) 能量转换效率高,机电耦合系数可达 0.8;(5) 超磁致伸缩材料可承受高达 200MPa 的压力,适于高压力的执行器、大功率的声学换能器等;(6) 驱动电压低,只需几伏电压驱动;(7) 响应速度快,对磁场和应力几乎即时响应,可用于快速执行器;(8) 频率特性好,频带宽。

超磁致伸缩材料可将电磁能转换成机械能或声能(或机械位移或声信息),相反也可以将机械能(或机械位移信息)转换成电磁能(或电磁信息),它是重要的能量与信息转换功能材料。用超磁致伸缩材料(GMM)制造的电致器件具有大位移、强力、响应快、可靠性高、漂移量小、驱动电压低等优点,因而在航空航天、国防军工、电子、机械、石油、纺织、农业等诸多领域均显示出良好的应用前景。目前,国内外科学家很重视超磁致伸缩功能材料与元件、应用器件研制开发的一体化,已有大量的不同种类的超磁致伸缩材料器件问世和投入应用,这也大大促进了相关产业的技术进步,引发了传统电子信息系统、传感系统、振动系统等领域产生变革性的变化。

如采用大功率 GMM 换能器进行油井处理,可降低石油黏度,改善流动特性,大大提高石油产量。在国防军工及航空航天事业中,超磁致伸缩材料器件可以在水下舰艇移动通信、探测和检测系统、声音模拟系统、航空飞行器、地面运载工具和武器等许多方面加以应用。电子工业及高精度自动控制等技术行业,利用 GMM 制造的微位移驱动器,可以在机器人、超精密机械加工、各种精密仪器和光盘驱动器等领域显示身手。在海洋科学及近海工程作业中,超磁致伸缩材料器件能够用于海流分布、水下地貌、地震预报等的勘测装置和用于发射及接收声信号的大功率低频声纳系统。超磁致伸缩材料在机械、纺织业及汽车制造业,可以制造自动刹车系统、燃料注入喷射系统和高性能微型机械功率源等部件。超磁致伸缩材料的弹性模量随着磁场的改变变化极大,基于这种效应可制成可调谐的声波器件,如延迟线、滤波器和振荡器等。可变延迟线可用于雷达声纳的相位传感器和计算机的存储元件。此外,超磁致伸缩材料还能够制作大功率超声波、超声化学、超声医疗技术、助听器的大功率换能器。在振动机械、建筑机械及焊接装置、高保真音响等许多领域,作为新型器件加以使用。

5.6 晶体的光学性质

5.6.1 晶体的颜色及呈色机理

1. 晶体的颜色

不同的物体,具有不同的颜色,而颜色是具有一定波长的电磁波,是人眼对可见光的一种反应。在整个电磁辐射波谱中,能被人的视觉感知的可见光只是一小部分,一般认为可见光的波长范围在 400～700 nm。实际上,这个范围还与光的强度和明暗状况有关,并非有严格的界限。不同波长的可见光对应着不同的颜色,人眼的主观感觉按光的波长从 700～400nm 分别表现为红、橙、黄、绿、青、蓝、紫色。

如果将发光体所发射的不同颜色的光混合起来,人的眼睛看到的是混合的颜色。例如，将红光和黄光混合得到橙色的光，红光和蓝光混合得到紫色光。实验证明，大多数颜色可以由三种基本颜色以适当的比例合成。这三种颜色可以任意选定，一般选红色(R) 700nm、绿色(G) 546nm 和蓝色(B) 436nm 为三个基色。

如果将颜色不同的颜料混合，得不到白光，相反得到的是黑色。这是因颜料显示的颜色是它反射的光。绿色颜料吸收绿色以外所有的光，即和绿色互补的紫光；紫色颜料吸收和紫色互补的绿光。所以，将绿色颜料和紫色颜料混合起来，所有的光都将被吸收，结果成了黑色或黑灰色的颜料。颜料混合时，其颜色按相减的规律显色。发光的光束混合时，其呈现的颜色则按相加的规律显色。

对晶体而言，因组成和结构不同而呈现出不同的颜色，而晶体的颜色是晶体对可见光在 400～700nm 内的光波进行选择性地吸收后，透射或反射出的光波的混合色。当白色自然光到达晶体的表面，一部分被反射，另一部分被折射进入晶体。如果晶体选择性地吸收了某些波长的光，则透射光或反射光的混合色就是我们所观察到的晶体的颜色，相当于被吸收光的补色或补色的混合色。吸收的波长和呈现的颜色间的关系见表 5-6-1。

表 5-6-1　吸收的波长和呈现的颜色间的关系

吸收光			观察的颜色
波长/nm	波数/cm^{-1}	吸收的颜色	
400～450	25 000～22 000	紫色	黄-绿色
450～480	22 000～20 800	蓝色	黄色
480～489	20 800～20 400	绿-蓝色	橙色
490～500	20 400～20 000	蓝-绿色	红色
500～560	20 000～17 850	绿色	红-紫色
560～580	17 850～17 240	黄-绿色	紫色
580～600	17 240～16 600	黄色	蓝色
600～650	16 600～15 380	橙色	绿-蓝色
650～750	15 380～13 000	红色	蓝-绿色

2. 呈色机理

物体呈现颜色，是光和物质相互作用所引起的，或是物质内部电子在不同能级间跃迁的结果。物质呈现颜色的原因可归纳为物质对光的选择吸收、物质发射波长不同的电磁波，以及光在物质中传播时由于反射、透射、偏转和散射等物理过程所引起的。人眼所观察的物质的颜色是上述这些过程对人的视觉感应出现的综合效果。如果从化学和物理的因素进行分析，呈现颜色的机理主要有原子激发和分子振动、配位场效应下的电子跃迁、在分子轨道间的电子跃迁、在固体能带间的电子跃迁和几何或物理光学因素（折射、散射、干涉和衍射）等几种类型。

对于晶体，其呈色的机理主要有以下几种情况：

(1) 在配位场中的电子跃迁

晶体的颜色多种多样，是由于晶体中或多或少含有各种产生颜色的致色元素，这些常见的元素有钛（Ti）、钒（V）、铬（Cr）、锰（Mn）、铁（Fe）、钴（Co）、镍（Ni）、铜（Cu）以及一些稀土元素，如钇（Y）、铈（Ce）、钕（Nd）、钐（Sm）、铕（Eu）等，它们是晶体产生颜色的物质基础。在化合物中，这些过渡金属离子处于不同的配位场，由于配位的几何形式不同、配位场的强弱不同，d 轨道或 f 轨道能级分裂的状况以及能级中电子的排布不一样，故电子跃迁时所吸收的能量也不相同，因而产生对可见光的选择吸收，晶体就呈现出不同的色彩。

对简单离子来说，当外层电子是 8 电子构型或 18 电子构型时，本身比较稳定，因此需要较大的能量才能激发电子进入上层轨道，这需要吸收波长较短的光激发外层电子，因而造成了紫外区的选择性吸收，对可见光无影响，因此往往是无色的。过渡元素的次外层有未成对的 3d 电子，镧系元素的第三外层含未成对的 f 电子，只需较少的能量即可激发 d 轨道和 f 轨道电子跃迁，故能选择吸收可见光，从而呈现不同的颜色。

譬如，具有 $d^1 \sim d^9$ 电子构型的同一中心离子与配位体形成配位化合物，或者同一配体的不同中心离子所形成的各种配合物，因所处的配位场强度不同，发生 d—d 跃迁的能量也不相同，因此配合物吸收或透过的光也不一样，呈现的颜色也就不相同。如过渡元素 Co^{2+} 吸收橙、黄和部分绿光，呈现带紫的蓝色；Cu^{2+} 吸收红、橙、黄及紫光，让蓝、绿光通过；Cr^{3+} 吸收橙、黄色光，呈鲜艳的紫色；铀 U^{6+} 吸收紫、蓝光，呈带绿荧光的黄绿色。由于 d 轨道电子能级受配位场影响较大，同一种离子所处的配位场强度不同，呈现的颜色也不同。如 Cr^{3+} 在宝石中是红色，在玻璃中显绿色，在钨酸锌中呈紫色；带 5 个结晶水的硫酸铜呈蓝色，而无水硫酸铜晶体为无色的。

(2) 电荷转移跃迁

如中心离子和配位体间的电子迁移跃迁称为电荷转移跃迁。电荷转移跃迁类型包括同素异价离子间、异核离子间、中心离子和配位体间、阴离子和阴离子间、施主和受主间的相互作用。电荷转移跃迁产生特强的吸收，在吸收谱上出现强吸收带。如果吸收带出现在可见光范围内，则产生相应的颜色，且颜色较深，通常为棕色、深蓝色或黑色。如含 Fe^{2+}、Fe^{3+} 的宝石使晶体呈现红棕色、褐色和黄褐色。又如，V^{5+}、Cr^{6+}、Mn^{7+}、O^{2-} 均为无色的，由于电荷转移跃迁，VO_3^- 显黄色，CrO_4^{2-} 呈黄色，MnO_4^- 显紫色。

(3) 禁带跃迁

固体的能带结构可以阐明许多物质产生颜色的原因。根据金属键的能带理论，金属的能带结构特征是具有导带或有满带和空带的重叠，即能带上部都存在有大量的空轨道，而且相邻轨道的能量相差极小。因此，任何一种波长的光进入金属表面，都可以将电子激发到能带上部的空轨道上去，所以光几乎全部被吸收，透射率极低。当金属晶体表层部分的电子受激而跃迁到较高能态上去时，很快又将跳回到较低能态而放出光子(除了少数光子的能量会变成热能外)，所以绝大部分光子进入反射波中，所反射的光一般都包括所有可见波长的光，所以显白色。金属反射光的能力极强，大部分金属的光滑表面都将反射入射光的 50%以上。这些反射大量光所产生的光泽，不仅使绝大部分金属为银白色，而且使金属晶体表现出特有的金属光泽。

不同的金属和合金显示不同的颜色，这是由于能带的空能级上在一些特定能量上能态数目不同，能态密度不均匀，一些波长的光被吸收，另一些更易有效地重新发射。除吸收及重新发射外，不同的金属和合金透射情况也不同，所以不同的金属具有各自的特色。例如，纯金为金黄色，铜呈紫红色，银呈现银白色。

半导体的禁带宽度小于 3eV，例如 Si 为 1.12eV，Ge 为 0.67eV。当禁带宽度小于 1.77eV（700nm）时，所有颜色都被吸收，因为它是可见光谱的极限。禁带宽度小于 1.77eV 的 Si、Ge、Ga、As 等都呈黑色。CdS 的禁带宽度为 2.6eV，它吸收紫色和蓝色，而不能吸收其他颜色，故 CdS 呈黄色。

金刚石的禁带宽度为 5.4eV，是绝缘体，为无色透明晶体。若在金刚石中掺入少量氮，使禁带宽度改变为 2.2eV，含氮金刚石呈现黄色。

（4）物理光学现象

一些晶体不是由成分、结构的自身特征而产生的颜色，而是在白光照射下所产生的一些物理光学现象，如钻石的色散，使钻石看起来五光十色。还有由闪光、干涉所引起的颜色，如各种各样的猫眼宝石、星光等都是物理光学现象，当去掉外来光源后这些现象也就消失了。

此外，晶体的色心结构也会呈色。色心是晶体的一种点缺陷。例如，NaCl 晶体中出现 Cl^- 空缺的位置被 e^- 占据，形成色心。色心中的电子只是被松弛地束缚着，受到白光的照射，可能吸收其中特定波长而被激发到导带中，从而使晶体产生颜色。如烟水晶、紫水晶等宝石就是色心结构呈色的。由于色心不稳定，当水晶被加热到一定温度时，颜色便消失，如将其在放射线下辐射后，水晶又出现原来的颜色。

5.6.2 晶体的发光性

当光束入射到固体发光材料中时，吸收跃迁（出现吸收光谱和颜色）、自发辐射（荧光）和受激辐射（激光）三个基本过程是同时存在的。但是各种材料所表现出的性质是不相同的。上一小节已经简要讨论了晶体的颜色和吸收间的关系，下面将简单介绍晶体的自发辐射即发光现象，而有关受激辐射方面请参阅有关激光技术的专著。

所谓发光，是指物体不经过热阶段而将其内部以某种方式吸收的能量直接转换为非平衡的辐射现象。某一固体化合物受到光子、带电粒子、电场或电离辐射的激发，会发生能量的吸收、存储、传递和转换过程。如果激发能量转换为可见光区的电磁辐射,这个物理过程称为固体的发光。发光是一种宏观现象,但它和晶体内部的缺陷结构、能带结构、能量传递、载流子迁移等微观性质和过程密切相关。

晶体的基本特征是其微粒按一定的规律呈现周期性排列。晶体内部原子间存在着较强的相互作用,这会导致原子能级的变化,形成了许多相近能级组成的共同能级即能带。晶体的能带有价带和导带之分。价带对应于基态下晶体未被激发的电子所具有的能量水平,或者说在正常状态下电子占据价带。导带对应于激发态下晶体的被激发电子所具有的能量水平。被激发电子迁移到导带,可以在晶体内流动而成为自由电子。在价带和导带之间存在一个间隙带,晶体中的电子只能占据价带或导带,而不能在这个间隙带中滞留,故该间隙带称为禁带。

在实际晶体中,可能存在杂质原子或晶格缺陷,局部破坏了晶体内部的规则排列,从而产生一些特殊的能级,称为缺陷能级。作为发光材料的晶体,往往有目的地掺杂杂质离子以构成缺陷能级,它们对晶体的发光起着关键作用。

发光是去激发的一种方式。晶体中电子的被激发和去激发互为逆过程,这两个过程可能在价带与导带之间,或在价带与缺陷能级、缺陷能级与导带之间进行,甚至可以在两个不同能量的缺陷能级之间进行。电子在去激发跃迁过程中将所吸收的能量释放出来转换成光辐射。辐射的光能取决于电子跃迁前后所在能带或能级之间的能量差值。在去激发跃迁过程中,电子也可能将一部分能量转移给其他原子,这时电子辐射的光能将小于受激时吸收的能量,即小于电子跃迁前后所在能带或能级之间的能量差。晶体在外界能量激发下,在发生电子迁移的同时,也产生了空穴,空穴的迁移不能形成光辐射,但能为晶体辐射创造条件。

由于晶体内部存在着能带,以及一系列电子的迁移、跃迁过程,晶体的光辐射可能形成线状光谱,也可能形成一定波长范围内的带状光谱,还可能形成连续光谱。

图 5－6－1 为固体发光的物理过程示意图,其中 M 表示基质晶格,在 M 中掺杂两种外来离子 A 和 S,并假设基质晶格 M 的吸收不产

生辐射。基质晶格 M 吸收激发能，传递给掺杂离子，使其上升到激发态，它返回到基态时可能有三种途径：(1) 以热的形式把激发能量释放给临近的晶格，称为“无辐射弛豫”，也叫荧光猝灭；(2) 以辐射形式释放激发能量，称为“发光”；(3) S 将激发能传递给 A，即 S 吸收的全部或部分激发能由 A 产生发射而释放出来，这种现象称为“敏化发光”，A 称为激活剂，S 通常被称为 A 的敏化剂。

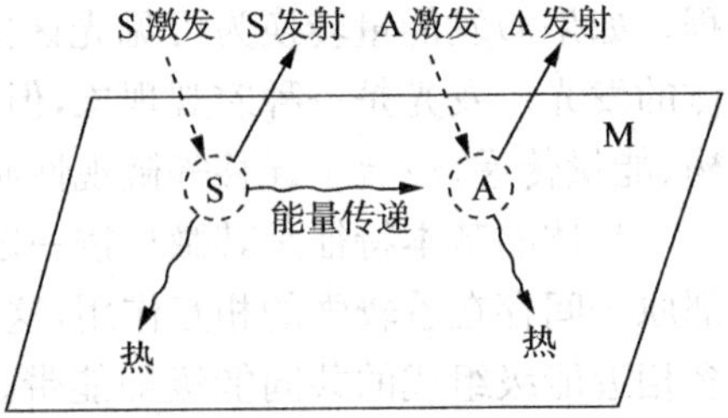

图 5-6-1 固体发光的物理过程示意图

激活剂吸收能量后，激发态的寿命极短，一般大约仅 10^{-8} s 就会自动地回到基态而放出光子，这种发光现象称为荧光。撤去激发源后，荧光立即停止。如果被激发的物质在切断激发源后仍能继续发光，这种发光现象称为磷光。有时磷光能持续几十分钟甚至数小时，这种发光物质称为长余辉材料。

晶体的发光性能由构成它的化合物的组成和晶体结构所决定，而且往往是在组成和结构上的微小变化就会引起材料性能上的巨大差异。不同发光材料有着不同的发光过程和发光机理。对各类材料发光机理的研究，对于寻找和发现新型的、功能更为优异的发光材料具有指导意义。

发光材料可以被多种形式的能量激发，并按其被激发的方式进行分类。光致发光是电磁辐射(通常为紫外光)激发；阴极射线发光是由高能量电子束激发；电致发光是由电压激发；X 射线发光是由 X 射线激发；化学发光是由化学反应的能量激发；生物发光是由生化反应的能量激发。

5.6.3 晶体光学基础

光波是一种电磁波，具有波粒二相性。根据经典电磁理论，光波的波动性可用 Maxwell 方程组和物质方程组来描述。当光在非磁性透明光学介质中传播时，Maxwell 方程组可简化为

$$\nabla\times\boldsymbol{H}=\frac{\partial D}{\partial t}$$

$$\nabla\times\boldsymbol{E}=-\frac{\partial B}{\partial t}\qquad(5.6.1)$$

$$\nabla\cdot\boldsymbol{E}=0$$

$$\nabla\cdot\boldsymbol{H}=0$$

式中，$\boldsymbol{H}$、$\boldsymbol{E}$、$\boldsymbol{D}$、$\boldsymbol{B}$ 分别表示光波的磁振动矢量、电场振动矢量、电位移振动矢量和磁感应强度矢量。物质方程为

$$\boldsymbol{D}=\varepsilon_0\varepsilon\boldsymbol{E}\text{（各向同性介质）}\qquad(5.6.2a)$$

或

$$\boldsymbol{D}_i=\varepsilon_0\varepsilon_{ij}\boldsymbol{E}_j\text{（各向异性介质）}\qquad(5.6.2b)$$

式中，ε 和 ε_{ij} 为光频介电系数。对于非磁性光学介质来说，其折射率 n 与光频介电系数 ε 的关系为

$$n^2=\varepsilon\text{（各向同性介质）或 }n_{ij}^2=\varepsilon_{ij}\text{（各向异性介质）}\qquad(5.6.3)$$

光线和光波是有区别的。光的电磁振动在空间（或介质）传播就形成光波。光波的传播方向是指它的波法线方向，光线方向则表示光能量传递的方向。根据电磁理论，光波单位时间内流过单位面积的能量，用能流密度矢量（Poynting 矢量）$\boldsymbol{S}$ 来描述：

$$\boldsymbol{S}=\boldsymbol{E}\times\boldsymbol{H}=S\boldsymbol{t}\qquad(5.6.4)$$

式中，S 为能流密度矢量 $\boldsymbol{S}$ 的绝对值，$\boldsymbol{t}$ 为能流密度的单位矢量。当光在非磁性透明介质中传播时，光的波动方程为

$$\nabla^2\boldsymbol{H}-\frac{\varepsilon}{c^2}\frac{\mathrm{d}^2\boldsymbol{H}}{\mathrm{d}t^2}=0$$

$$\nabla^2\boldsymbol{E}-\frac{\varepsilon}{c^2}\frac{\mathrm{d}^2\boldsymbol{E}}{\mathrm{d}t^2}=0\qquad(5.6.5)$$

对于单色平面波，该方程的特解为

$$\begin{pmatrix}\boldsymbol{E}\\\boldsymbol{D}\\\boldsymbol{H}\end{pmatrix}=\begin{pmatrix}\boldsymbol{E}_0\\\boldsymbol{D}_0\\\boldsymbol{H}_0\end{pmatrix}\exp[-i(\omega t-\boldsymbol{k}\cdot\boldsymbol{r})]$$

$$\text{或}\quad \begin{pmatrix} \boldsymbol{E} \\ \boldsymbol{D} \\ \boldsymbol{H} \end{pmatrix} = \begin{pmatrix} \boldsymbol{E}_0 \\ \boldsymbol{D}_0 \\ \boldsymbol{H}_0 \end{pmatrix} \exp\left[-i\omega\left(t-\frac{n}{c}(\boldsymbol{K}\cdot\boldsymbol{r})\right)\right]$$

$$= \begin{pmatrix} \boldsymbol{E}_0 \\ \boldsymbol{D}_0 \\ \boldsymbol{H}_0 \end{pmatrix} \exp\left[-i\omega\left(t-\frac{\boldsymbol{m}\cdot\boldsymbol{r}}{c}\right)\right] \quad (5.6.6)$$

式中，$\boldsymbol{E}_0$、$\boldsymbol{D}_0$、$\boldsymbol{H}_0$ 分别为光的各振动矢量的振幅；ω 为光波的角频率，$\omega=2\pi\nu$，ν 为光波的振动频率；c 为真空中的光速；$\boldsymbol{K}$ 为单位波矢量，代表单色平面波的波法线方向；$\boldsymbol{r}$ 为光波振动的空间坐标；$\boldsymbol{k}$ 为波矢量，$\boldsymbol{k}=\frac{2\pi}{\lambda}\boldsymbol{K}=\frac{n}{c}\omega\boldsymbol{K}$，其绝对值称为波数；$\boldsymbol{m}$ 为折射率矢量，$\boldsymbol{m}=n\boldsymbol{K}=\frac{c}{\omega}\boldsymbol{K}$，表示沿波法线方向传播的光波折射率。

将式(5.6.6)代入式(5.6.1)，则可求得 $\boldsymbol{D}$、$\boldsymbol{H}$、$\boldsymbol{K}$ 组成一组正交的三矢量组，$\boldsymbol{E}$、$\boldsymbol{H}$、$\boldsymbol{t}$ 组成另一正交的三矢量组，$\boldsymbol{D}$、$\boldsymbol{E}$、$\boldsymbol{K}$、$\boldsymbol{t}$ 同时垂直于 $\boldsymbol{H}$，且位于同一个平面内，它们间的关系见图 5-6-2。对于各向异性介质而言，$\boldsymbol{D}$ 和 $\boldsymbol{E}$ 的方向一般不一致，因而导致 $\boldsymbol{K}$ 与 $\boldsymbol{t}$ 的方向也不一致，它们之间的夹角 α 称为离散角。在晶体光学中，常常将沿 $\boldsymbol{K}$ 方向传播的光称为光波，而将沿 $\boldsymbol{t}$ 方向传播的光称为光线或射线。光沿 $\boldsymbol{K}$ 方向传播的速度称为相速度 v，而沿 $\boldsymbol{t}$ 方向传播的速度称为光线速度为 v_t，它们之间的关系为

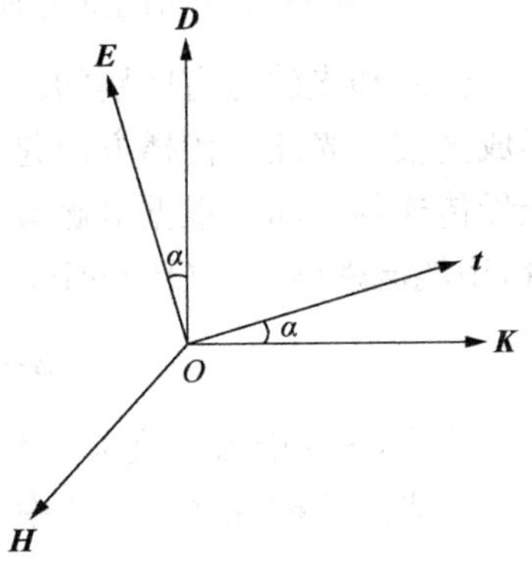

图 5-6-2 光波各矢量间的关系

$$v=v_t\cos\alpha \quad (5.6.7)$$

电位移 $\boldsymbol{D}$ 的振动方向称为光的振动方向，$\boldsymbol{D}$ 与 $\boldsymbol{K}$ 平面称为振动面；而磁振动矢量 $\boldsymbol{H}$ 的方向称为光的偏振方向，$\boldsymbol{H}$ 与 $\boldsymbol{K}$ 所组成的平面称偏振面。如果光波的振动方向始终保持在一个平面内，这种光称为

平面偏振光，或线偏振光(迎着光看光波始终在一条直线上振动)。如果将光振动轨迹的末端投影在垂直于传播方向的平面内，形成圆的光称为圆偏振光，形成椭圆的光称为椭圆偏振光，其他形式的光称为自然光或无规偏振光。

5.6.4 晶体中的双折射现象

一束自然光射入晶体后分为两束光的现象，称为双折射现象。人们早就在方解石晶体($D_{3d}-3m$)上观察到这种奇特的双折射现象。当入射光正交入射到方解石的菱面上时，折射光将分解成两束，如图 5-6-3 所示。其中一束折射光 OP_o 遵守一般的折射定律，仍垂直于菱面在晶体中传播，称为常光或 o 光；另一束光 OP_e 偏离入射光路(折射角不为零)，不遵守折射定律，称为非常光或 e 光。它们虽然具有共同的波法线方向，但折射率不同，相速度也不同，而且能量传播方向和偏振方向也不相同。如果用 n_o 和 n_e 分别表示 o 光和 e 光的折射率，则这两种光的相速度分别为 $v_o=c/n_o$ 和 $v_e=c/n_e$。o 光和 e 光都是线偏振光，而且振动方向互相垂直。o 光的振动方向垂直于包含 c 轴(3 次轴)和波法线方向构成的平面，而 e 光则在该平面内振动(图 5-6-3)。o 光

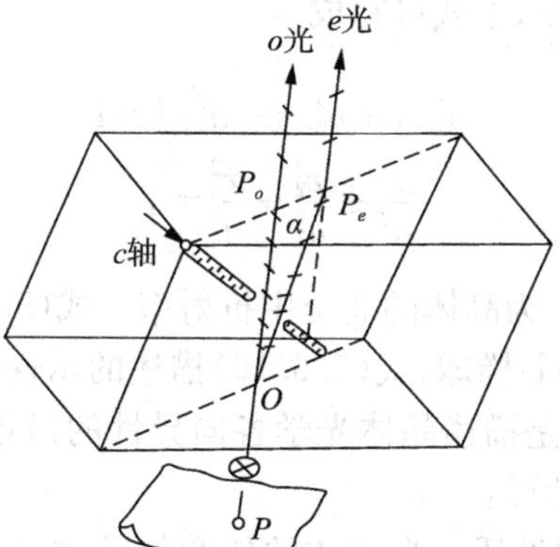

图 5-6-3　光通过方解石晶体时产生的双折射现象

的折射率不随传播方向而变，而 e 光的折射率却随传播方向而变。当光沿方解石的 c 轴方向传播时，不发生双折射现象，这个特殊的方向称为光轴。

晶体发生双折射现象的根本原因是由于晶体的光频介电常数是各向异性的，因此晶体的折射率也是各向异性的。

5.6.5 晶体光学的几何示性面——光率体和折射率面

1. 光率体及其性质

晶体中光波的 $\boldsymbol{E}$、$\boldsymbol{D}$ 矢量间有如下关系

$$\boldsymbol{D}_i=\varepsilon_0\varepsilon_{ij}\boldsymbol{E}_j \quad 或 \quad \boldsymbol{E}_i=\frac{1}{\varepsilon_0}\beta_{ij}\boldsymbol{D}_j \tag{5.6.8}$$

ε_0 为真空中的介电常数；ε_{ij} 为介电常数张量；β_{ij} 为介电不渗透张量，二者均为二阶对称张量，可用二阶示性面来描述：$B_{ij}x_ix_j=1$

主轴化后，可写成

$$\varepsilon_1^2x_1^2+\varepsilon_2^2x_2^2+\varepsilon_3^2x_3^2=1 \tag{5.6.8}$$

$$\beta_1^2x_1^2+\beta_2^2x_2^2+\beta_3^2x_3^2=1 \tag{5.6.9}$$

因为 $n_i^2=\varepsilon_i=\frac{1}{\beta_i}$，上式可写成

$$n_1^2x_1^2+n_2^2x_2^2+n_3^2x_3^2=1$$

$$\frac{x_1^2}{n_1^2}+\frac{x_2^2}{n_2^2}+\frac{x_3^2}{n_3^2}=1 \tag{5.6.10}$$

式中，n_1、n_2、n_3 为晶体的 3 个主折射率。式(5.6.8)描述的示性面称为菲涅耳(Fresnel)椭球，式(5.6.10)描述的示性面称为光率体或折射率椭球。光率体是描述晶体光学各向异性的最重要、最常用的示性面，具有下列重要性质：

(1) 矢径-法线性质。光率体的任意矢径方向都表示矢量 $\boldsymbol{D}$ 的振动方向(光的振动方向)，而与之相应的法线方向为 $\boldsymbol{E}$ 矢量方向。矢径长度表示在该方向 $\boldsymbol{D}$ 振动的线偏振光的折射率。

(2) 光率体可表示任一波法线方向 $\boldsymbol{K}$ 所相应的两个光波的振动方

向和折射率，即通过光率体的中心作与波法线 $\boldsymbol{K}$ 的垂直截面，截面为一椭圆，其长短半轴方向即为两个光波的振动方向，两半轴长度为两光波的折射率。

(3) $\boldsymbol{D}$、$\boldsymbol{E}$、$\boldsymbol{K}$、$\boldsymbol{t}$ 中已知其中一个矢量，可通过光率体求得其余矢量。过光率体中心 O 作其截面图，如图 5-6-4 所示。过 $\boldsymbol{O}$ 点向光率体表面引任一矢径 $\boldsymbol{r}$ 其方向与 $\boldsymbol{D}$ 平行，过 $\boldsymbol{D}$ 与表面的交点 R 作光率体的切面，则该切面的法线方向即为 $\boldsymbol{E}$ 的方向(各向同性光率体为球，$\boldsymbol{D}$ 与 $\boldsymbol{E}$ 同向)。过 O 点在此截面上引一直线与 $\boldsymbol{E}$ 平行，则与 $\boldsymbol{D}$ 矢量方向的夹角为 α。再作直线与 $\boldsymbol{D}$ 矢量垂直，则为 $\boldsymbol{K}$ 方向，而作与 $\boldsymbol{E}$ 方向垂直的矢径方向则为 $\boldsymbol{t}$ 方向。将矢径 $\boldsymbol{t}$ 称为 $\boldsymbol{D}$ 的共轭矢径。

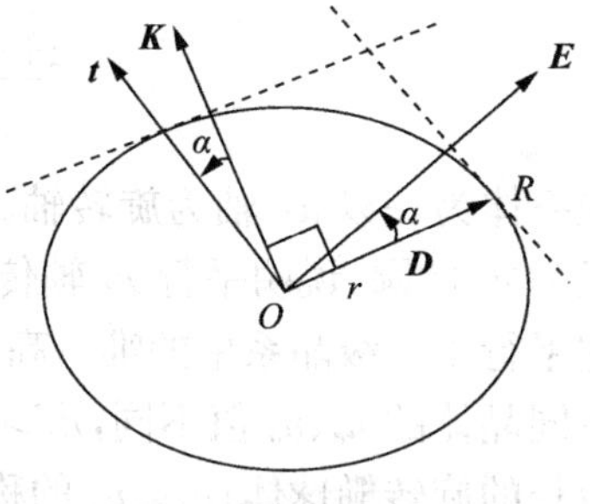

图 5-6-4　光率体上各矢量关系

2. 晶体对称性对光率体的影响

同一晶族晶体结构对称性有其共同的特点，而不同晶族晶体的结构对称性则不同。根据诺埃曼原理，由于结构对称性的影响，不同晶族晶体的光学性质不同，使其光率体的形状和取向也不同。

(1) 高级晶族(立方晶系)

对于高级晶族的晶体，有

$$\beta_1=\beta_2=\beta_3=\beta_o \quad 或 \quad n_1=n_2=n_3=n_o$$

则光率体方程为

$$\frac{x_1^2+x_2^2+x_2^2}{n_o^2}=1 \tag{5.6.11}$$

显然，光率体是以 n_o 为半径的球体。因为立方晶系晶体的结构对称特点是具有四个 3 次轴，光率体要包含晶体的这一对称特点只能是一个球体。这就意味着高级晶族(立方晶系)的晶体是光学各向同性体，$\boldsymbol{D}$ 与 $\boldsymbol{E}$ 方向一致，$\boldsymbol{K}$ 与 $\boldsymbol{t}$ 方向一致，不会产生双折射现象。

(2) 中级晶族

对于中级晶族，$\beta_1=\beta_2\neq\beta_3$ 或 $n_1=n_2=n_o, n_3=n_e$

光率体方程为

$$\frac{x_1^2+x_2^2}{n_o^2}+\frac{x_3^2}{n_e^2}=1 \tag{5.6.12}$$

光率体为一以 x_3 轴为旋转轴的旋转椭球体，且垂直 x_3 的截面为一半径为 n_o 的圆，说明平行 x_3 轴传播的光不发生双折射。x_3 轴称为光轴，它平行于中级晶系中的唯一高次轴，因此也称中级晶系晶体为单轴晶。不同晶体的 n_e、n_o 值不同，$n_e>n_o$ 时称为正单轴晶，光率体为沿 x_3 轴拉长的旋转椭球体；$n_e<n_o$ 的称为负单轴晶，光率体为沿光轴压扁的旋转椭球体，如图 5-6-5 所示。

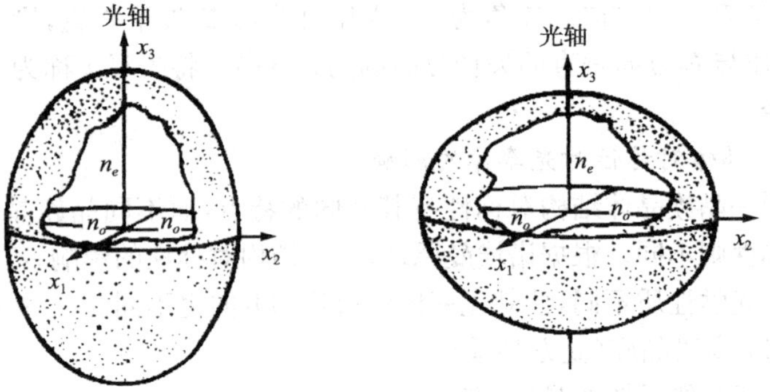

(a) 正单轴晶　　(b) 负单轴晶

图 5-6-5　单轴晶的光率体

除光轴方向外，其他任何方向传播的光都将发生双折射。光在单轴晶中的传播有如下三种情况（以正单轴晶为例）。① **K** 平行于光轴，不发生双折射。② **K** 垂直于光轴，光率体的中心截面(图 5-6-5)为一椭圆，说明沿此方向传播的光将分为两束，折射率分别为 n_e、n_o，相速度分别为 v_o、v_e。一束光的振动方向平行于光轴，另一束光的振动方向与之垂直，两束光能流密度传播方向 $\boldsymbol{t}$ 一致并与 **K** 平行。因此，两束光是以不同相速度在同一光路上传播的线偏振光。③ **K** 与光轴成任意

角度 θ。垂直于 $\boldsymbol{K}$ 的截面为一椭圆，短半轴仍为 n_o，长半轴为 n_e'，介于 n_o、n_e 之间

$$n_e'=\frac{n_o}{\sqrt{1+\left(\frac{n_o^2}{n_e^2}-1\right)\sin^2\theta}} \tag{5.6.13}$$

因此沿此方向传播的光也将发生双折射，其中一束为常光，折射率为 n_o；另一束光的折射率为 n_e'，相速度 $v_e'=\frac{c}{n_e'}$，振动方向位于 $\boldsymbol{K}$ 与光轴组成的平面内。折射率为 n_o 的光其能流方向 $\boldsymbol{t}_o$ 仍平行于 $\boldsymbol{K}$。折射率为 n_e' 的光，$\boldsymbol{t}_e'$ 偏离 $\boldsymbol{K}$，离散角 α 可由下式求出

$$\tan\alpha=\frac{1}{2}n^2\left(\frac{1}{n_o^2}-\frac{1}{n_e^2}\right)\sin 2\theta \tag{5.6.14}$$

式中，$n^2=\left(\frac{\sin^2\theta}{n_e^2}+\frac{\cos^2\theta}{n_o^2}\right)^{-1}=\left(\frac{n_o^2\sin^2\theta+n_e^2\cos^2\theta}{n_o^2n_e^2}\right)^{-1}$。因 $\boldsymbol{t}_o$ 与 $\boldsymbol{t}_e'$ 不同，晶体中出现了在不同光路上传播的两束光。

从以上分析可知，无论波法线方向 $\boldsymbol{K}$ 取任何方向，总产生一束折射率为 n_o 的光，而且能流方向 $\boldsymbol{t}_o$ 始终与 $\boldsymbol{K}$ 方向一致，称为常光；而另一束光的折射率 n_e，随波法线方向 $\boldsymbol{K}$ 的改变而变化。对于正单轴晶：$n_o\leqslant n_e'\leqslant n_e$，对于负单轴晶：$n_o\geqslant n_e'\geqslant n_e$。它的能流方向 $\boldsymbol{t}_e'$ 一般不与 $\boldsymbol{K}$ 一致。只有 $\boldsymbol{K}$ 平行或垂直光轴时才可能一致，称为非常光(即 e 光)。

(3) 低级晶族

对于低级晶族，$\beta_1\neq\beta_2\neq\beta_3$，三个主折射率 $n_1\neq n_2\neq n_3$，其光率体方程为

$$\frac{x_1^2}{n_1^2}+\frac{x_2^2}{n_2^2}+\frac{x_3^2}{n_3^2}=1 \tag{5.6.15}$$

因此光率体是一个三轴椭球体，其三个半轴长分别为 n_1、n_2、n_3，它们的大小因晶体的种类而异，一般规定 $n_3>n_2>n_1$。低级晶族的光率体中有两个半径为 n_2 的圆中心截面，光垂直于该圆截面法线方向传播时不发生双折射，这两个方向即为这类晶体的光轴方向。因此，低级晶族晶

体有两个光轴，称为双轴晶。如果双轴晶的折射率差$(n_3-n_2)>(n_2-n_1)$，即n_2与n_1接近，则称这类晶体为称为正光性双轴晶，光轴与x_3轴之间的夹角称为正光性双轴晶的光轴角，用$\Omega_{正}$表示

$$\tan\Omega_{正}=\frac{n_3}{n_1}\sqrt{\frac{n_2^2-n_1^2}{n_3^2-n_2^2}} \tag{5.6.16}$$

如果$(n_3-n_2)<(n_2-n_1)$，即n_2与n_3接近，则称这类晶体为负光性双轴晶，此时光轴角为光轴与x_1轴之间的夹角，用$\Omega_{负}$表示

$$\tan\Omega_{负}=\frac{n_1}{n_3}\sqrt{\frac{n_3^2-n_2^2}{n_2^2-n_1^2}} \tag{5.6.17}$$

正光性和负光性的双轴晶的光轴角如图 5-6-6 所示，图中c_1、c_2为光轴。两个光轴组成的平面称为光轴面，它包含折射率最大和最小的两个主轴而与n_2相应的主轴垂直。

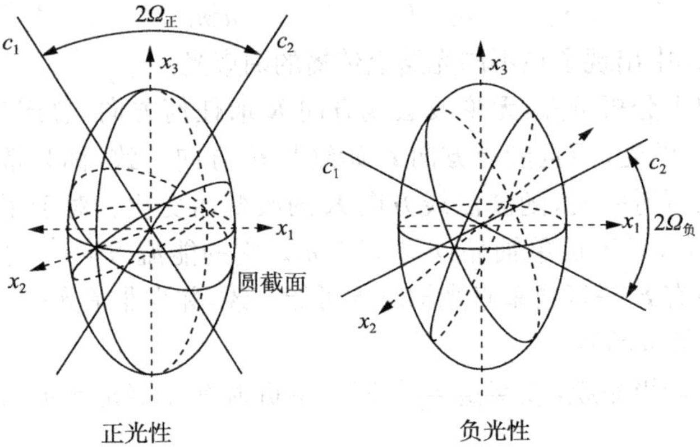

图 5-6-6 正、负双轴晶的光轴角

光在双轴晶中的传播有下列四种情况。

① 波法线 $\boldsymbol{K}$ 平行于光轴。当波法线 $\boldsymbol{K}$ 平行于光轴时，光率体中心截面为以n_2为半径的圆，光的振动方向不受限制。入射的光为自然光，在晶体中仍为自然光；入射的光为偏振光，在晶体中仍为偏振光。晶体中光的能流方向 $\boldsymbol{t}$ 与 $\boldsymbol{K}$ 方向一致，因此在这个方向上不发生双折射。

② 波法线方向 $\boldsymbol{K}$ 与主轴平行。当 $\boldsymbol{K}$ 与任意一主轴平行时，光率体中心截面将包含另外两个主轴，例如平行于 x_2 轴，则光率体的中心截面是以 n_3 和 n_1 为长、短半轴的椭圆。此种情况下，在晶体中传播的光将发生双折射，其中一束光的振动方向平行于 x_1 轴，折射率为 n_1，相速度为 $v_1=c/n_1$，光的能流方向 $\boldsymbol{t}_1$ 与 $\boldsymbol{K}$ 一致。另一束光的振动方向平行于 x_3 轴，折射率为 n_3，相速度为 $v_3=c/n_3$，其能流方向 $\boldsymbol{t}_3$ 也与 $\boldsymbol{K}$ 一致。因此，当波法线方向平行于主轴方向传播时，在晶体中将出现相速度不同而能量传播方向均与 $\boldsymbol{K}$ 一致的两束偏振光。

③ 波法线方向 $\boldsymbol{K}$ 仅垂直于一个主轴。当波法线方向 $\boldsymbol{K}$ 仅垂直于主轴之一，如 x_1 轴，而与另两个主轴斜交时，光率体中心截面为椭圆，椭圆的一个半轴为 n_1，而另一半轴 n' 介于 n_2 和 n_3 之间，因此入射光将发生双折射。两束光的相速度不等，其中一束光的折射率为 n_1，振动方向与 x_1 轴平行，能流方向与 $\boldsymbol{K}$ 平行；另一束光的折射率为 n'，即

$$n'=\frac{n_2 n_3}{(n_3\cos^2\theta+n_2\sin^2\theta)^{1/2}} \tag{5.6.18}$$

式中，θ 为 $\boldsymbol{K}$ 与 x_3 轴的夹角，振动方向位于 x_2x_3 轴所组成的平面内，能流方向 $\boldsymbol{t}'$ 位于 x_2x_3 平面内，与 $\boldsymbol{K}$ 的离散角为 α'

$$\tan\alpha'=\left(1-\frac{n_2}{n_3}\right)\frac{\tan\theta}{1+\left(\frac{n_2^2}{n_3^2}\right)\tan^2\theta} \tag{5.6.19}$$

可见，发生双折射的两束光不在同一光路上传播。同理，可以分析 $\boldsymbol{K}$ 垂直于另外两个主轴的情况。

④ 波法线 $\boldsymbol{K}$ 为任意方向。这种情况下，光率体的中心截面仍为椭圆，其短半轴 n' 介于 n_1 和 n_2 之间，长半轴 n'' 介于 n_2 和 n_3 之间。因此，光进入晶体后必然分为振动方向相互垂直、相速度不同、能量传播方向也不同且与 $\boldsymbol{K}$ 不一致的两束光。

3. *折射率面及其性质*

折射率面是另一种表征晶体光学各向异性的几何示性面，它是将折射率值以一定长度的线段直接表示在波法线 $\boldsymbol{K}$ 的方向上。由于双

折射，在同一个 **K** 方向上，一般相应有两个不同的折射率值，如果把表征折射率大小的线段的末端分别连起来，那么在三维空间就形成双层壳面，这个双层壳面就是折射率面。

在主轴坐标系中，折射率面的方程为

$$(n_1^2x_1^2+n_2^2x_2^2+n_3^2x_3^2)(x_1^2+x_2^2+x_3^2) \\ -[n_1^2(n_2^2+n_3^2)x_1^2+n_2^2(n_1^2+n_3^2)x_2^2+n_3^2(n_1^2+n_2^2)x_3^2]+n_1^2n_2^2n_3^2=0 \tag{5.6.20}$$

与光率体一样，折射率面也分为以下三类。

(1) 高级晶族　对于高级晶族的晶体，因 $n_1=n_2=n_3=n_o$，代入式(5.6.20)简化后则得

$$x_1^2+x_2^2+x_3^2=n_o^2$$

这是一个以 n_o 为半径的球面，说明高级晶族的晶体在光学上是各向同性的。

(2) 中级晶族　对于此类晶体，$n_1=n_2=n_o$，$n_3=n_e$，代入式(5.6.20)后则得

$$x_1^2+x_2^2+x_3^2=n_o^2$$

$$\frac{x_1^2+x_2^2}{n_e^2}+\frac{x_3^2}{n_o^2}=1 \tag{5.6.21}$$

第一个方程为球面，第二个方程是以 x_3 轴为旋转袖的旋转椭球面，两者组成双层壳面，并在 x_3 轴相切，即在 x_3 方向（光轴方向）不发生双折射。中级晶族晶体的折射率面见图 5-6-7 和图 5-6-8。在图 5-6-7(a)为正光性单轴晶的折射率面，它是由一个半径为 n_o 的球面外套一个压扁了的旋转椭球面而成。图 5-6-7(b)为该折射率面被 x_2x_3 面所截得的主截面。当一束光波的 **K** 方向与 x_3 成 θ 角交于折射率面时，得到长度为 n_o 和长度为 $n'_e(\theta)$ 的二矢径，则 n_o 和 $n'_e(\theta)$ 分别表示沿 **K** 方向传播的具有共同波法线的两束线偏振光的折射率。由图可以看出，除光轴方向外，其他任何方向都相应有两个折射率，因此都会发生双折射。

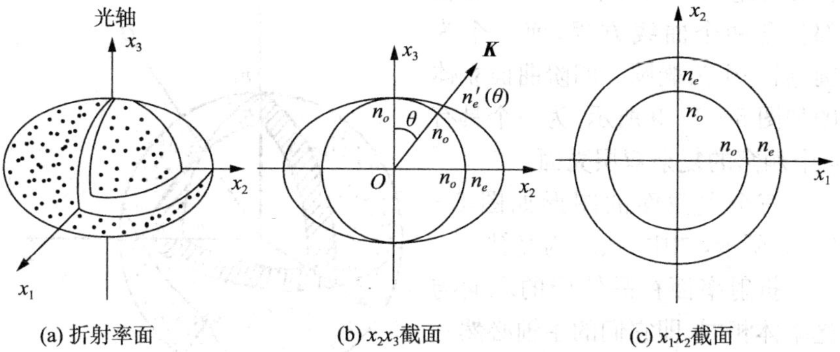

图 5－6－7　正单轴晶的折射率面

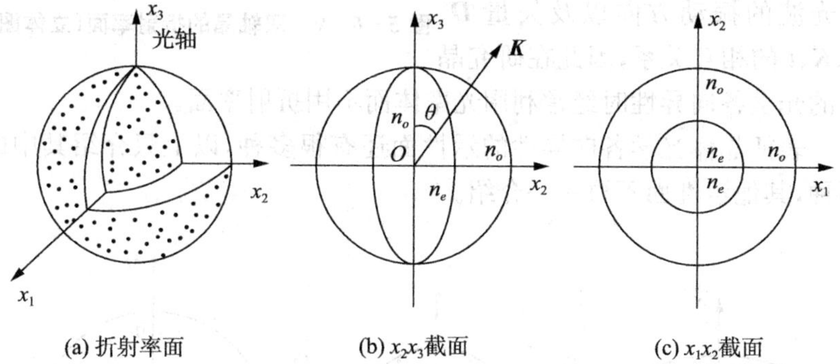

图 5－6－8　负单轴晶的折射率面

(3) 低级晶族　由于其主折射率 $n_1 \neq n_2 \neq n_3$，因此折射率面是一个复杂的四阶曲面。该四阶曲面的三个主截面(包含两个主轴的截面)的方程为

$$
\begin{aligned}
&(x_2^2+x_3^2-n_1^2)\left(\frac{x_2^2}{n_3^2}+\frac{x_3^2}{n_2^2}-1\right)=0 \\
&(x_1^2+x_3^2-n_2^2)\left(\frac{x_1^2}{n_3^2}+\frac{x_3^2}{n_1^2}-1\right)=0 \qquad (5.6.22) \\
&(x_1^2+x_2^2-n_3^2)\left(\frac{x_1^2}{n_2^2}+\frac{x_2^2}{n_1^2}-1\right)=0
\end{aligned}
$$

在方程组(5.6.22)中,每一个方程都包含两个曲线方程,前一个为圆,后一个为椭圆。四阶曲面立体图如图 5-6-9 所示,为一个具有 4 个颊窝的复杂双层壳面。

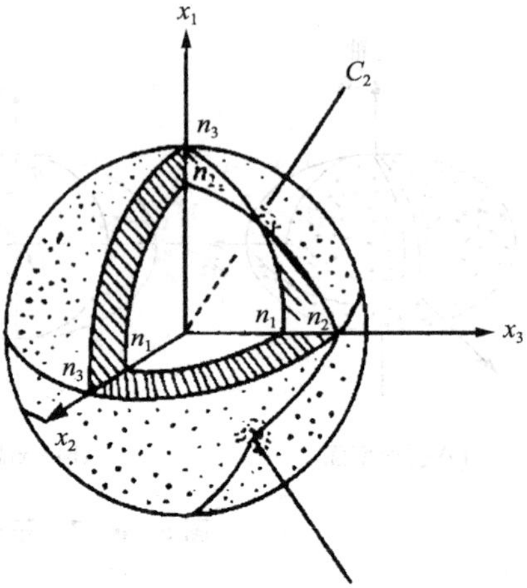

图 5-6-9 双轴晶的折射率面(立体图)

三个主截面的图形如图 5-6-10 所示,图中 c_1、c_2 为光轴。

折射率面在晶体中的取向与光率体相同,即它们的主轴必然一致。在研究非线性光学中的相位匹配时特别方便,但是它不能表示出光波的振动方向以及矢量 $\boldsymbol{D}$、$\boldsymbol{E}$、$\boldsymbol{K}$、$\boldsymbol{t}$ 的相互关系,因此在研究晶体的光学各向异性时经常利用光率体而不用折射率面。

表征晶体光学各向异性的示性面还有很多种,以上只介绍其中的两种,其他示性面不再一一介绍。

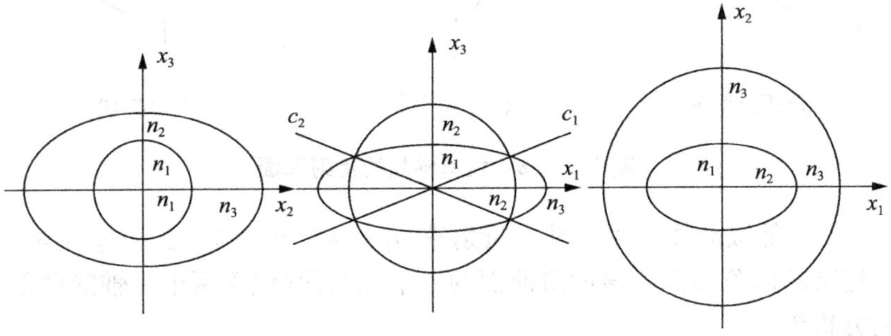

(a) x_2x_3截面 (b) x_1x_3截面 (c) x_1x_2截面

图 5-6-10 双轴晶的折射率面的主轴截面

5.6.6 晶体折射率色散

晶体的折射率是光波波长(或频率)的函数,也就是说随着光波波长的变化，其折射率也将随之变化，这一现象称为折射率色散。

晶体在各方向上的折射率随光波波长的变化可能是非等比例的，因此用以描述晶体光学各向异性的示性面（或示性体）的大小和形状，甚至在晶体中的方位都可能发生变化。对于高级晶族，由于对称性的影响，色散不会使折射率面的形状发生改变，但因色散可能形成大小不等的同心球面。对于中级晶族，色散不能改变光轴的位置，因此色散将形成以光轴为旋转轴的大小不等的旋转椭球体（光率体）和大小不等的共轴双层壳面（折射率面）。不同波长的 o 光和 e 光的折射率面可能相交，但不同波长的 o 光与 o 光、e 光与 e 光的折射率面不会相交。低级晶族的色散情况复杂，这个晶族所包含的 3 个晶系的晶体，它们的色散情况也不相同。斜方晶系的晶体由于晶体对称性的影响，3 个主轴方向将不因色散而改变，光轴面也不会改变，但光轴角往往要发生改变，这种现象称为光轴角色散。对于单斜晶系的晶体，只有与 2 次轴（或 2 次反轴）一致的主轴不因色散而改变外，其他主轴都将因色散而发生改变，称主轴色散。此外，光轴角、光轴面都可能产生色散。对于三斜晶系的晶体，由于不具有旋转轴，因此折射率、光轴角、光轴面以及 3 个主轴都可能同时发生色散。

晶体折射率还随温度而改变，因此测量折射率时应使晶体恒温。不同晶体的折射率色散规律不同，一般由实验来确定。

对于远离介质吸收波长的正常色散情况，科希（Canchy）的色散经验公式可表示为

$$n^2(\lambda)=A+\frac{B_1}{\lambda^2-B_2}-C\lambda^2 \qquad (5.6.23)$$

式中，A、B_1、B_2 和 C 为待定常数；λ 为真空的波长。对于某种介质，在几个特定波长下测定其折射率，就可以确定这些待定常数，从而得到该介质的折射率色散关系。由于晶体的各向异性，其色散也是各向异性的。对于不同的主折射率，就有不同的待定系数。

$$n_i^2(\lambda)=A_i+\frac{B_{i1}}{\lambda^2-B_{i2}}-C_i\lambda^2 \qquad (5.6.24)$$

式中，i 代表不同主折射率的下标。对于单轴晶，$i=o$、e，分别表示主折射率 n_o、n_e；对于双轴晶 $i=1$、2、3，分别表示三个主折射率 n_1、n_2、n_3。由于晶体主折射率随波长而变化，使得晶体光学性质的光率体和折射率面的形状和取向也都随波长而变化，这种现象称为光率体和折射率面的色散。正因为存在这种现象，在非线性光学中，常常利用这一现象来改变晶体的折射率，从而实现最优位相匹配。

5.6.7 晶体的电光效应

在外加电场作用下，晶体折射率发生变化的现象称为电光效应，这一效应可表示为

$$\Delta\beta=\Delta\frac{1}{n^2}=\gamma E+hE^2+\cdots \tag{5.6.25}$$

式中，$\Delta\beta$ 为介电不渗透张量的增量；γ 为一次项的比例系数，称为线性电光系数或普克尔(Pockels)系数；g 为二次项的比例系数，称为二次电光系数或克尔(Kerr)系数。折射率与电场一次方成比例变化的现象称为线性电光效应或普克尔效应，与电场的二次方成比例变化的现象称为二次电光效应或克尔效应。具有电光效应的晶体称为电光晶体。电光晶体在激光技术中有着广泛的应用，其中包括电光调制、电光调 Q、锁模以及电光偏转等等。

1. 线性电光效应

具有线性电光效应的晶体，一般其二次及高次电光效应都比较弱，可忽略不计，因此线性电光效应可表示为

$$\Delta\beta_{ij}=\beta_{ij}-\beta_{ij}^0=\Delta\left(\frac{1}{n^2}\right)_{ij}=\gamma_{ijk}E_k \tag{5.6.26}$$

式中，β_{ij}^0、β_{ij} 分别为加电场前后的介电不渗透张量；$\Delta\beta_{ij}$ 为电场引起的变化量。由于它们都是二阶对称张量，E_k 为矢量，根据张量的定义，γ_{ijk} 形成三阶张量，称为线性电光系数张量。由于 β_{ij} 是对称的二阶张量，因此 γ_{ijk} 的前两个下标也是对称的，即 $\gamma_{ijk}=\gamma_{jik}$，故独立分量数由 27 个降到 18 个。

类似于压电系数张量，电光系数张量也可写成矩阵形式

$$\Delta\beta_m = \Delta\left(\frac{1}{n^2}\right)_m = \gamma_{mk}E_k \quad (m=1,2,\cdots,6;k=1,2,3)$$

其矩阵形式为

$$\begin{bmatrix}\Delta\beta_1\\\Delta\beta_2\\\Delta\beta_3\\\Delta\beta_4\\\Delta\beta_5\\\Delta\beta_6\end{bmatrix} = \begin{bmatrix}\beta_1-\beta_1^0\\\beta_2-\beta_2^0\\\beta_3-\beta_3^0\\\beta_4\\\beta_5\\\beta_6\end{bmatrix} = \begin{bmatrix}\gamma_{11} & \gamma_{12} & \gamma_{13}\\\gamma_{21} & \gamma_{22} & \gamma_{23}\\\gamma_{31} & \gamma_{32} & \gamma_{33}\\\gamma_{41} & \gamma_{42} & \gamma_{43}\\\gamma_{51} & \gamma_{52} & \gamma_{53}\\\gamma_{61} & \gamma_{62} & \gamma_{63}\end{bmatrix}\begin{bmatrix}E_1\\E_2\\E_3\end{bmatrix} \tag{5.6.27}$$

由于晶体对称性的影响，γ_{mk}的独立分量数还要进一步减少。已经证明，具对称中心和 432 晶类的晶体都没有由三阶张量所描述的物理性质，因此仅有 20 种晶类具有线性电光效应。

2. 二次电光效应

介质在外电场平方项的作用下折射率发生变化的现象，称为二次电光效应，也称克尔效应，可表示成

$$\Delta\beta_{ij} = \Delta\left(\frac{1}{n^2}\right)_{ij} = h_{ijkl}E_kE_l$$

或

$$\Delta\beta_{ij} = \Delta\left(\frac{1}{n^2}\right)_{ij} = g_{ijkl}P_kP_l \tag{5.6.28}$$

用极化场表示的克尔效应，有时称为二次极光效应。二者都是描述同一物理现象的两种不同形式。式中，h_{ijkl}（或 g_{ijkl}）称为二次电光（或极光）系数，在介电张量主轴坐标系中，h_{ijkl}和 g_{ijkl}存在如下关系

$$h_{ijkl} = \varepsilon_0^2(\varepsilon_k - 1)(\varepsilon_l - 1)g_{ijkl} \tag{5.6.29}$$

由于 β_{ij}是对称的二阶张量，而且 E_kE_l 和 P_kP_l 都可互换位置，所以 h_{ijkl}或 g_{ijkl}形成四阶张量，并且它们的前两个下标 i 和 j 或后两个下标 k 和 l 具有对称性，故为对称的四阶张量。所有晶体及各向同性体，甚至某些液体都具有二次电光效应。h_{ijkl}或 g_{ijkl}的独立分量数由 81 个减至 36

个。h_{ijkl}或g_{ijkl}可用简化下标写成矩阵的形式

$$\Delta\beta_m = h_{mn}(EE)_n$$

或 $$\Delta\beta_m = g_{mn}(PP)_n (m=1,2,\cdots,6;n=1,2,\cdots,6) \quad (5.6.30)$$

由于晶体对称性的影响，h_{mn}或g_{mn}的独立分量数还将进一步减少。h_{mn}或g_{mn}与弹性柔顺系数矩阵C_{mn}相似。

经验证明，具有实用价值的二次电光晶体多为钙钛矿型结构的立方晶体，点群为O_h—$m3m$。

3. 电光效应引起的光率体畸变

对电光晶体施加外电场，由于电光效应晶体的折射率发生改变，从而使光率体发生畸变。对于不同的晶族以及施加不同的外电场，光率体畸变的方式和程度不同。球光率体可以畸变为三轴椭球体，而且3个主轴的方位、大小都可以不同。

根据晶体的对称性，可查得电光系数矩阵，可求得折射率与电场和电光系数各分量间的关系。代入光率体方程并主轴化后，可求得在外加电场作用下新光率体的3个主折射率和3个主轴方向，以确定新光率体的形状和方位，从而可分析不同方向上通过光时发生双折射的情况，以及双折射的偏振状态及能量的传播方向。

4. 电光晶体的半波电压

从晶体光学中可知，当一束光射入晶体后将发生双折射，产生偏振方向相互垂直而相速度不同的两束光。在入射面处，这两束光的位相相同，但由于两束光的相速度不同，因而在出射面处产生位相差。假定两束光的折射率分别为n'和n''，同时透过厚度为l的晶片时，则位相差为

$$\Delta\Phi = \frac{2\pi l}{\lambda}(n' - n'') \quad (5.6.31)$$

式中，λ为光波波长。如果晶体为电光晶体，对晶体加电场后，n'和n''与电场有关。当改变外电场的强度时，$n'-n''$发生改变，$\Delta\Phi$也改变。使位相差$\Delta\Phi=\pi$时所加的电压定义为半波电压，用V_π或$V_{1/2}$表示。

电场方向与通过光方向一致产生的电光效应称为纵向电光效应。

电场方向与通过光方向垂直的电光效应称为横向电光效应。因此，半波电压也有纵向与横向之分。$V_{\pi,横}$ 与 $V_{\pi,纵}$ 之间的关系与晶体的纵横比有关。由于横向电光效应中还包含自然双折射引起的位相差，而自然位相差往往是温度的函数，所以 $V_{\pi,横}$ 与 $V_{\pi,纵}$ 的关系还受晶体温度的影响。因此，要想得到稳定的位相差，就需要设法消除自然位相差，或使晶体的温度保持恒定，这就给实际应用带来不少麻烦。

5.6.8 晶体的弹光效应与声光效应

当介质受到弹性应力或应变的作用时，介质的折射率就发生改变，这种由于应力（或应变）而使晶体折射率发生变化的现象称为弹光效应或压光效应。当光波和声波同时射到晶体上，在一定条件下，声波和光波之间的相互作用可用于控制光束的传播方向、光束的强度和频率等，这种效应称为声光效应。随着激光技术和超声波技术的发展，目前利用声光效应制作的声光调制器、声光偏转器、可调谐滤波器、声光调 Q 以及光信息处理、频谱分析等已广泛应用于光电子学技术、光信息处理、激光等技术中。

1. 弹光效应

晶体的折射率可表示成

$$\beta_{ij}x_ix_j=1 \tag{5.6.32}$$

式中，β_{ij} 称为介电不渗透张量，其定义如下

$$\beta_{ij}=(\varepsilon^{-1})_{ij}=\left(\frac{1}{n^2}\right)_{ij} \tag{5.6.33}$$

式中，ε 为光频介电常数；n 为折射率。在只取一级效应的情况下，机械应力 σ 或应变 S 对折射率的影响仍可用光率体的变化 $\Delta\beta_{ij}$ 描述

$$\Delta\beta_{ij}=\Delta\left(\frac{1}{n^2}\right)_{ij}=\pi_{ijkl}\sigma_{kl}\quad(i,\ j,\ k,\ l=1,2,3)$$

或
$$\Delta\beta_{ij}=p_{ijkl}S_{kl}\quad(i,\ j,\ k,\ l=1,2,3) \tag{5.6.34}$$

式中，π_{ijkl} 称为压光系数，单位为 $10^{-12}\,m^2/N$；p_{ijkl} 为弹光系数，量纲为

1,数量级为 10^{-1}。由于 $\Delta\beta_{ij}$、σ_{kl} 和 S_{kl} 是二阶对称张量,所以 π_{ijkl} 和 p_{ijkl} 形成四阶张量,各有 81 个分量,并且二者的前两个下标或后两个下标均具有对称性,它们的独立分量数由 81 个减到 36 个。可将 π_{ijkl} 和 p_{ijkl} 写成简化下标或矩阵形式

$$\Delta\beta_m=\beta_m-\beta_m^0=\pi_{mn}\sigma_n$$

或

$$\Delta\beta_m=p_{mn}S_n \qquad (5.6.35)$$

式中,当 $n=1,2,3$ 时,$\pi_{mn}=\pi_{ijkl}$;当 $n=4,5,6$ 时,$\pi_{mn}=2\pi_{ijkl}$;对 p_{ijkl} 简化下标时不必引入系数 2,即 $p_{mn}=p_{ijkl}$。显然,简化下标 π_{ijkl} 或 p_{ijkl} 具有 36 个分量。由于晶体对称性的影响,π_{ijkl} 或 p_{ijkl} 的独立分量将进一步减少。

2. *声光效应*

超声波是弹性波,当这种弹性波通过晶体时,晶体将产生压缩和伸张,这相当于晶体中存在着随时间和空间周期变化的弹性应变。由于存在弹光效应,晶体的折射率也发生相应的周期变化,从而对光在晶体中的传播特性产生影响,即产生衍射和散射。这种光波被介质中超声波衍射和散射的现象称为声光效应。声光效应实质上是弹光效应的一种表现形式。

当光束通过晶体时位相受到超声波的调制,此时晶体如同一个位相光栅。该位相光栅的间距(声光栅的常数)等于声波波长 λ_s,显然光波通过该位相光栅与通过光学光栅类似,都可以发生衍射。光束通过光栅将产生衍射,可由光栅方程

$$d(\sin\theta_d-\sin\theta_i)=\pm n\lambda \quad (n=1,2,3,\cdots) \qquad (5.6.36)$$

来表征各衍射级的方向。式中 θ_d、θ_i 分别为入射光线 $\boldsymbol{K}_i$、衍射光线 $\boldsymbol{K}_d$ 与衍射平面的夹角;d 为光栅常数;λ 为入射光波长;n 为衍射级。对于声光栅式(5.6.36)应改为

$$\lambda_s(\sin\theta_d-\sin\theta_i)=\pm n\lambda \quad (n=1,2,3,\cdots) \qquad (5.6.37)$$

由于实验条件不同,存在着两种典型的声光衍射现象,即拉曼-奈斯(Raman-Nath)衍射和布拉格(Bragg)衍射。

(1) 拉曼-奈斯衍射

当超声波频率较低(≤20MHz)，声光相互作用长度较短($l \leqslant \lambda_s^2/\lambda$)，入射光与声波波阵面平行($\theta_i=0$)时，在超声频率 f_s($f_s=V_s/\lambda_s$，V_s 为超声速度)比较低的情况下，将出现正常衍射现象，即在中心未衍射的入射光束两侧出现若干对称的一级、二级和更高级的衍射光束，其强度逐级减弱，如图 5-6-11 所示。各级衍射光的衍射方向可按下式计算

$$\lambda_s \sin\theta_n = \pm n\lambda \quad (n=1,2,3,\cdots) \qquad (5.6.37)$$

式中，θ_n 为第 n 级衍射角；λ 为入射光波长。一般情况下，声场越强，衍射光的强度越强，所出现的衍射波也越多。如果入射光束与声波阵面成一倾斜角 ϕ 时(图 5-6-12)，衍射光束方向仍满足

$$\lambda_s \sin\beta_n = \pm n\lambda \quad (n=1,2,3,\cdots) \qquad (5.6.38)$$

式中，β_n 为第 n 级衍射角。衍射光强度随入射角 ϕ 改变而变化，在未衍射光束两侧的同级衍射线的光强度一般也不一样。

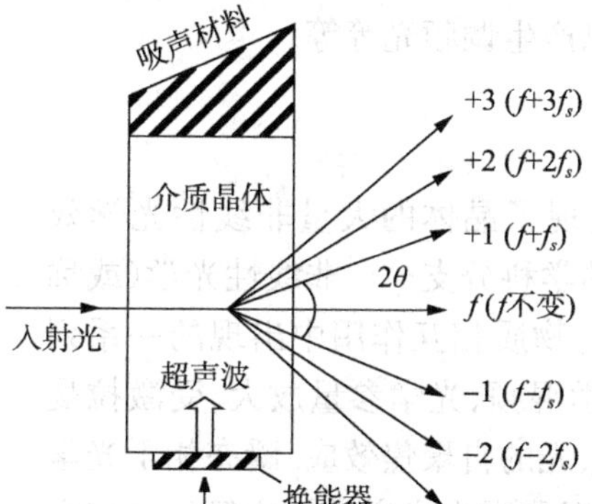

图 5-6-11　拉曼-奈斯衍射示意图

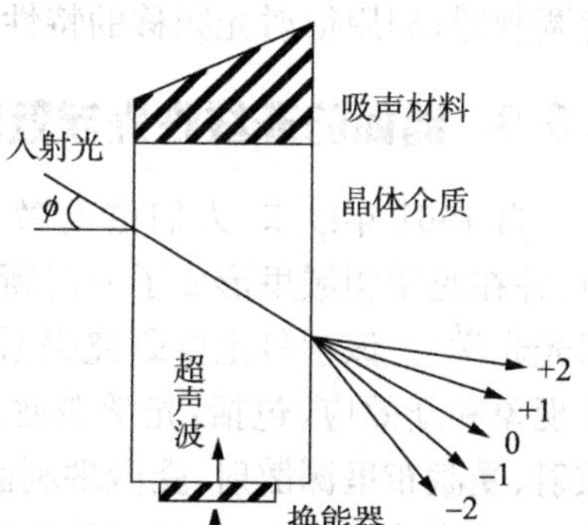

图 5-6-12　入射光与声波波阵面成一斜角 ϕ 角时的拉曼-奈斯衍射示意图

(2) 布拉格衍射

当超声波频率比较高(一般在 20MHz 以上)时，如果 $l \gg \lambda_s^2/\lambda$，即声

光相互作用长度 l 比较大的情况下，除零级衍射光外，只产生一级衍射光并满足布拉格衍射条件

$$2\lambda_s \sin\theta = \pm n\lambda \tag{5.6.39}$$

式中，θ 为衍射角，这是一种特殊的衍射，此时的衍射可看成反射，如图 5－6－13 所示。

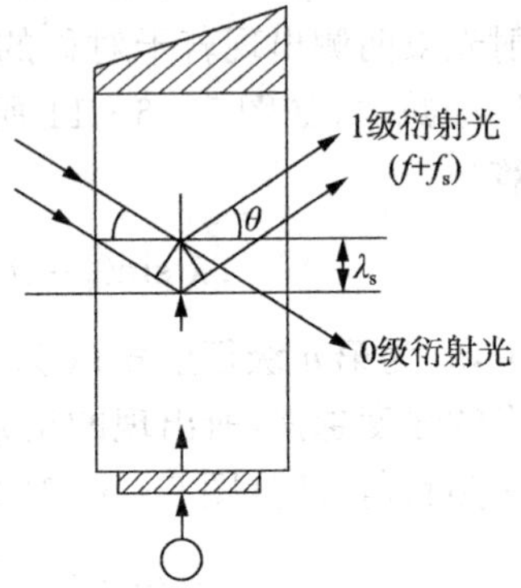

图 5－6－13　布拉格衍射示意图

由于拉曼-奈斯声光衍射比布拉格声光衍射的效率低，大多数声光器件都采用布拉格衍射方式。用声光效应制作器件与电光器件一样，它们对光束的控制或光信号的处理速度极高，这是因为此类器件中都不包含任何惯性大的机械运动。利用晶体的声光效应，可以制作出多种声光器件。例如，利用衍射光强度随超声波强度成正比的性质，可以制作光强度调制器；利用衍射光频移的特性可以产生调频光等等。

5.6.9　晶体的非线性光学效应

自 1961 年以来，人们借助激光发现了晶体的大量非线性光学效应，并在光学领域里形成了一门新兴的学科分支——非线性光学（或称强光光学）。该学科主要研究强激光与物质相互作用中出现的一系列新现象和新效应，包括：光学谐波、光学混频、光学参量放大、受激拉曼散射、受激布里渊散射、受激瑞利散射、光的自聚焦效应、瞬态相干光学效应、相位共轭效应、光学双稳态效应以及强光光谱学效应等。这门学科目前仍在发展中，新效应仍在不断出现。

光在晶体中传播时，由于光频电场作用，晶体相应地发生极化，当光频电场较弱时，所产生的极化强度 $\boldsymbol{P}$ 可表示为

$$\boldsymbol{P} = \varepsilon_0 \chi \boldsymbol{E} \tag{5.6.40}$$

式中，χ 为晶体的线性光学极化率，与折射率 n 的关系为 $\chi=n^2-1$。

当光频电场很强时，如激光的光频电场 $\boldsymbol{E}$ 约为 10^9 V/m，与原子场的 $\boldsymbol{E}$ 相当，这时介质的极化强度出现非线性效应，可表示为

$$\boldsymbol{P}=\varepsilon_0(\chi+\chi^{(2)}\boldsymbol{E}+\chi^{(3)}\boldsymbol{E}^2+\cdots)\boldsymbol{E} \tag{5.6.41}$$

式中，$\chi^{(2)}$、$\chi^{(3)}$ 分别为二次、三次非线性极化系数，通常 $\chi\gg\chi^{(2)}$，只有激光等高强度光源才会出现非线性光学效应。

$\chi^{(2)}$ 可引起二次谐波（倍频）、光混频、光参量振荡、线性电光效应和光整流等。$\chi^{(3)}$ 引起三次谐波（三倍频）、二次电光效应、双光子吸收以及受激散射等。

1. 二次谐波的发生

二次谐波就是指激光通过非线性介质时产生的倍频极化波在一定条件下所发出的激光倍频光波。1961 年 Franken 等人利用红宝石激光器首先发现了倍频效应。他们将红宝石发出的波长为 694.3nm（红色）的脉冲激光束聚焦于水晶片的前表面，从后表面射出的光束经过三棱镜分光后，发现除了原来入射频率的基频红光外，还出现了一束波长为 347.2nm 的很弱的紫外光。这个实验装置的示意图如图 5-6-14 所示。因为此光波频率恰好为红宝石激光频率的两倍，人们称之为倍频光，即所谓的倍频效应，从而开创了非线性光学的新领域。

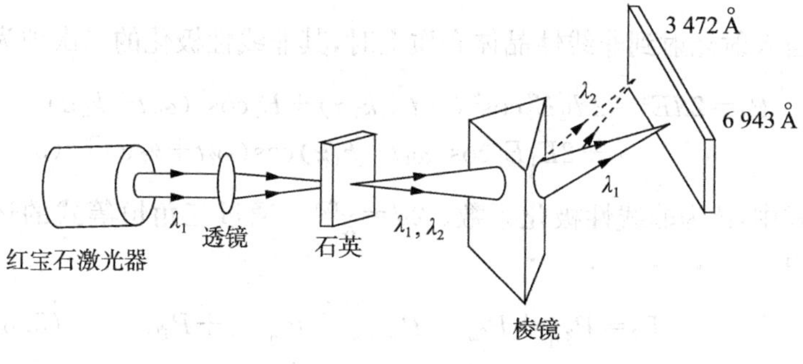

图 5-6-14　Franken 的二次谐波发生器示意图

自此以后，许多人对这类现象继续进行研究，对数百种晶体进行了实验，使二次谐波发生器的效率大大提高。最典型的实验是 1968 年 Geusic 等人第一次使用 Nd^{3+} ：YAG 激光器发出的 1.06μm 的激光作为基频光，通过铌酸钡钠($Ba_2NaNb_5O_{15}$)晶体的二次谐波发生器转换成 0.53μm 的倍频光，它利用谐振腔的镜面对倍频光波的透射率接近 100%，提高了倍频光的输出功率，其工作原理如图 5-6-15 所示。

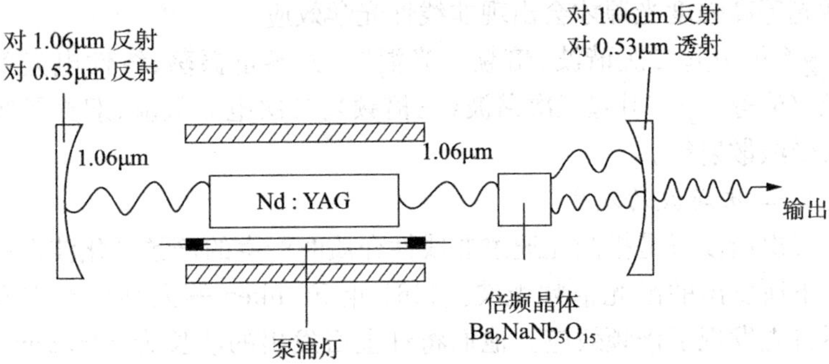

图 5-6-15 利用谐振腔获得二次谐波的发生器示意图

2. 非线性极化与倍频系数

(1) 非线性极化

假定入射光的光频电场为

$$\boldsymbol{E}(z,t)=E_1\cos(\omega_1 t+k_1 z)+E_2\cos(\omega_2 t+k_2 z) \quad (5.6.42)$$

当入射光射到非线性晶体介质上时，其非线性极化的二次项为

$$\begin{aligned}P_2=2dE^2=2d[&E_1^2\cos^2(\omega_1 t+k_1 z)+E_2^2\cos^2(\omega_2 t+k_2 z)\\&+2E_1E_2\cos(\omega_1 t+k_1 z)\cos(\omega_2 t+k_2 z)]\end{aligned} \quad (5.6.43)$$

式中，d 为非线性极化系数，$2d=\chi^{(2)}$。通过三角恒等式的运算，可求得

$$P_2=P_{2\omega_1}+P_{2\omega_2}+P_{\omega_1+\omega_2}+P_{\omega_1-\omega_2}+P_{直} \quad (5.6.44)$$

式中：$P_{2\omega_1}=dE_1^2\cos[2(\omega_1 t+k_1 z)]$和 $P_{2\omega_2}=dE_2^2\cos[2(\omega_2 t+k_2 z)]$为倍频效应；$P_{\omega_1+\omega_2}=2dE_1E_2\cos[(\omega_1+\omega_2)t+(k_1+k_2)z]$（和频效应）和

$P_{\omega_1-\omega_2}=2dE_1E_2\cos[(\omega_1-\omega_2)t+(k_1-k_2)z]$（差频效应）统称为混频效应；$P_{直}=d(E_1^2+E_2^2)$为直流整流效应。

这些效应是同时产生的，如何从中选取一个，使其比其他效应更有效地产生，取决于光的干涉加强的条件，即所谓的位相匹配。如调节晶体的双折射或变化晶体的温度（通常称为角匹配或温度匹配），以求达到这个条件而使晶体产生二次谐波。

（2）倍频系数

假定光频电场为 $E_j(\omega_1)E_k(\omega_2)E_l(\omega_3)$，则光频电场在晶体中产生的极化强度可写成

$$P_i=\chi_{ij}E_j(\omega_1)+\chi_{ijk}E_j(\omega_1)E_k(\omega_2)+\chi_{ijkl}E_j(\omega_1)E_k(\omega_2)E_l(\omega_3)+\cdots \tag{5.6.45}$$

光频电场二次项将引起非线性光学效应，相应的非线性极化分量可写成

$$P'_i(\omega_3)=\chi_{ijk}(\omega_3)E_j(\omega_1)E_k(\omega_2) \tag{5.6.46}$$

如果 $\omega_1=\omega_2=\omega$，$\omega_3=2\omega$，则式（5.6.46）可改写为

$$P_i^{2\omega}=\chi_{ijk}^{2\omega}(\omega_3)E_j(\omega)E_k(\omega) \tag{5.6.47}$$

$$\frac{1}{2}\chi_{ijk}^{2\omega}=\alpha=d_{ijk}\quad(i,j,k=1,2,3,\cdots)$$

$\chi_{ijk}^{2\omega}$称为非线性极化系数，在理论分析时常用它；而 d_{ijk} 是实际使用时常用的符号，称为倍频系数，它们均为三阶张量。根据三阶张量的性质，共有 27 个分量，只能存在于 20 种没有对称中心的压电晶类晶体中。由于 d_{ijk} 中的后两个下标 j、k 的次序互相调换（即 $d_{ijk}=d_{ikj}$）而不改变其值，从而使 d_{ijk} 的分量数减少到 18 个。d_{ijk} 习惯采用（厘米/静电伏特）为单位。

（3）克莱门（Kleinman）对称条件

克莱门认为由于离子质量远远大于电子质量，在近红外到可见光波的范围内，当强光照射晶体时，晶体中离子的位移跟不上光频电场的周期运动，它对晶体极化几乎无贡献，因此晶体的极化主要是电子的极

化。晶体的非线性极化自由能可写成

$$G=-\frac{1}{3}\chi_{ijk}^{(2)}E_iE_jE_k \tag{5.6.48}$$

式中，$\chi_{ijk}^{(2)}$为非线性极化系数，其对下标 ijk 都是对称的，称为全对称张量。倍频系数$d_{ijk}=\frac{1}{2}\chi_{ijk}^{2\omega}$，因此倍频系数 d_{ijk} 也是全对称张量，即

$$d_{ijk}=d_{jik}=d_{kij}=d_{ikj}=\cdots=d_{kji}$$

这种全部互换对称被称为克莱门对称。考虑克莱门对称后，d_{ijk}的独立分量数目将大为减少，最多只有 10 个。晶类 D_4—422、D_6—622 的 d_{ijk} 的独立分量数则降为零，即不产生倍频光，因此具有倍频效应的晶类只有 18 种。

克莱门对称条件一般都能满足，只有在远红外区，由于离子位移参与了极化作用，导致不满足此条件。必须指出，非线性极化系数 d_{ijk} 的这种全对称是压电模量 d_{ijk} 所不具有的，它只在透明无损耗晶体中近似成立。

3. 晶体的位相匹配条件与途径

由 Franken 等人首次实现的倍频实验，其转换效率是极低的，约为10^{-8}的量级，主要原因是位相不匹配。多年来的研究结果表明，位相匹配技术的应用是提高倍频光的转换效率的最主要的而且也是最成功的工作。

当基频光波入射到非线性晶体内部时，如果光频电场很强时，入射光波经过的各个地方均产生非线性极化波，各个位置的非线性极化波都发射出二次谐波。这些二次谐波在晶体中传播时会相互干涉，二次谐波的位相一致时就相互加强，位相不一致时，则相互干涉而抵消，即观察不到倍频效应。只有当入射光的相速度与二次谐波的相速度相同时，晶体中各处产生的二次谐波才能位相一致，二次谐波才能相互干涉加强，这就是位相匹配。因此，用作倍频材料的晶体，除了要有比较大的非线性光学系数(倍频系数)外，还必须能够实现位相匹配(Phase Matching，简称 PM)。

如果不考虑晶体对光波的吸收和色散，则倍频过程前后，整个光量子系统应该服从能量守恒和动量守恒定律。从能量守恒的观点来看

$$\omega_1+\omega_1=2\omega_1=\omega_2 \tag{5.6.49}$$

而位相匹配就意味着在倍频过程中动量守恒，即

$$\boldsymbol{k}_1+\boldsymbol{k}_1=2\boldsymbol{k}_1=\boldsymbol{k}_2 \tag{5.6.50}$$

或

$$\Delta\boldsymbol{k}=2\boldsymbol{k}_1-\boldsymbol{k}_2=0 \tag{5.6.51}$$

式中，ω_1、$\boldsymbol{k}_1$ 和 ω_2、$\boldsymbol{k}_2$ 分别表示基频光（频率与入射光相同）和倍频光的角频率和波矢量。

根据波矢量的定义，即 $\boldsymbol{k}=(n/c)\omega\boldsymbol{K}$，代入上式可得

$$2n_1(\omega_1)\omega_1=n_2(\omega_2)\omega_2$$

和

$$2n_2(\omega_2)\omega_1=2n_1(\omega_1)\omega_1$$

即

$$n_1(\omega_1)=n_2(\omega_2)=n_2(2\omega_1) \tag{5.6.52}$$

式中，$n_1(\omega_1)$为基频光的折射率；$n_2(\omega_2)$为倍频光的折射率。该式就是晶体倍频效应的位相匹配的条件。如果满足这一条件，由基频光诱发出的倍频光，由于具有相同的位相，从而得到相互加强，受到基频光激发的晶体就会有效地诱发出倍频光。若 $\Delta\boldsymbol{k}\neq0$，则位相失配，从晶体不同位置辐射的倍频光就产生相互抵消的作用，也就必然影响到倍频光的强度。

事实上，由于几乎所有物质在光频范围内都存在着色散，因此基频波与二次谐波的速度不同，两者的折射率也就不相等。一般情况下，$n_2(\omega_2)>n_1(\omega_1)$，这就是 $\Delta\boldsymbol{k}\neq0$ 的原因。因此，对光学上各向同性的等轴晶体，在正常色散范围内原则上是不能实现位相匹配的。但对于各向异性的晶体，由于具有自然双折射，在晶体的同一波法线方向上允许有两个不同折射率的光波传播，在两个不同的偏振状态之间，有可能在正常色散频段内可以利用双折射的色散关系，使其倍频光与基频光的速度或折射率相等，实现位相匹配。为了满足位相匹配条件，基频光和二次谐波必须是不同类型的偏振光。在和频的情况下，如果相混频的光波具有相同的偏振，则和频就具有垂直该方向的偏振，在这种情况下

实现的位相匹配就称为Ⅰ类位相匹配。

在实际应用中，对于一种非线性光学晶体最重要的就是要找到其位相匹配方向。描述晶体位相匹配方向的最简便的方法是利用折射率面，因为将折射率面上的任意点与原点相连，其方向就是波矢量的方向，其距离为该方向的折射率。图 5-6-16 为单轴晶的折射率面和满足位相匹配的示意图。图中实线为基频光的 *e* 光、*o* 光折射率面，虚线为倍频光的 *e* 光、*o* 光的折射率面。对于正光性单轴晶，*e* 光折射率面与倍频光的 *o* 光折射率面相交，负光性单轴晶的 *o* 光折射率面与倍频光的 *e* 光折射率面相交。由于在相交处，基频光和倍频光的折射率是相等的，因此能满足位相匹配条件。两面相交处与球心相连的方向就是位相匹配的方向。位相匹配方向在与光轴成 θ_m 角的圆锥面上。在位相匹配方向上，$n_2^o(2\omega)=n_1^e(\omega)$ 或 $n_2^e(2\omega)=n_1^o(\omega)$，$\theta_m$ 称为位相匹配角。

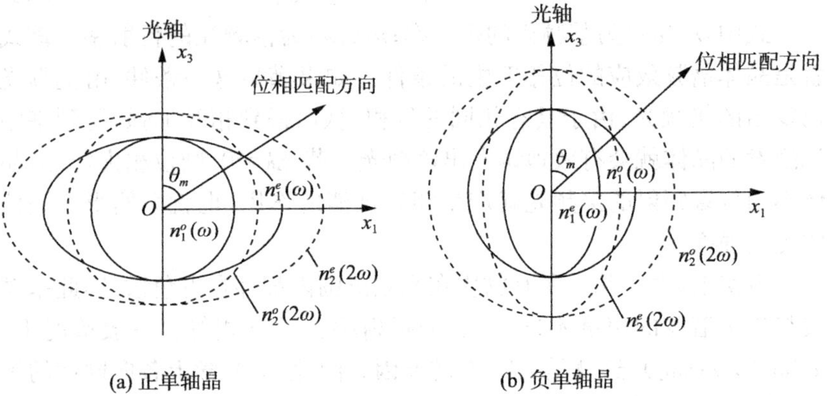

图 5-6-16　单轴晶满足位相匹配条件的示意图

因为非线性极化波振幅大小随基频波电场方向而变化等因素，单轴晶的位相匹配又分为第Ⅰ类相匹配和第Ⅱ类相匹配，实现位相匹配的方法不同。

(1) 第Ⅰ类(平行式)：指相互作用的两个基频光都是 *e* 光或都是 *o* 光，耦合成倍频 *o* 光或 *e* 光。其位相匹配条件为

$$n_2^o(2w)=n_1^e(w) \quad (\text{正单轴晶 } ee \rightarrow o)$$
$$n_2^e(2w)=n_1^o(w) \quad (\text{负单轴晶 } oo \rightarrow e)$$

(2) 第Ⅱ类(正交式):指相互作用的两个基频光分别是 e 光和 o 光,耦合成倍频 o 光(或 e 光),其位相匹配条件为

$$\frac{1}{2}[n_1^o(w)+n_1^e(w)]=n_2^o(2w) \quad (\text{正单轴晶 } oe \rightarrow o)$$
$$\frac{1}{2}[n_1^e(w)+n_1^o(w)]=n_2^e(2w) \quad (\text{负单轴晶 } eo \rightarrow e)$$

双轴晶的位相匹配问题比较复杂,这是因为双轴晶的折射率曲面是比较复杂的双层曲面,缺乏轴对称性。因此,它们的位相匹配曲线不易用解析法简单表示,且双轴晶的有效非线性系数的计算公式也极其冗长,不像单轴晶那样有简明的代数表达式。目前国内外已研制出不少重要的双轴晶的倍频晶体,如铌酸钡钠($Ba_2NaNb_5O_{15}$)、KTP($KTiOPO_4$)等,从长远来看,双轴晶倍频晶体材料将会越来越多,因此进一步加强这方面的研究将是非常必要的。

4. 非线性光学晶体材料

具有非线性光学效应的晶体称为非线性光学晶体。近几十年来,人们在研究与探索非线性光学晶体材料方面做了大量工作,取得了丰硕的研究成果,涌现出一批性能优良的非线性光学晶体,并已广泛应用于激光倍频、电光调制、参量振荡、实时全息存贮、光计算、光数据处理等诸多领域。

到目前为止,人们已将非线性光学晶体材料,由无机晶体拓宽到有机晶体,由体块晶体发展到薄膜、纤维和超晶格材料。同时,人们能够将非线性光学晶体的性质与其内部微观结构联系起来,有意识地通过分子设计、晶体工程等科学方法来探索与研制各种新型的非线性光学晶体材料,向科学更深层次的方向发展,从而促成了非线性光学领域内不断创新。下面将简要介绍几种常见的无机非线性光学晶体材料。

(1) KDP 型晶体。磷酸二氢钾(KH_2PO_4)晶体,简称 KDP 晶体。KDP 在室温下属于正方晶系,点群为 $D_{2d}—\bar{4}2m$。具有 KDP 晶体结构

型的，统称为 KDP 型晶体。如磷酸二氢铵（$NH_4H_2PO_4$，简写为 ADP）、磷酸二氢铷（RbH_2PO_4，简写为 RDP）、砷酸二氢铵（$NH_4H_2AsO_4$，简写为 ADA）、砷酸二氢钾（KH_2AsO_4，简写为 KDA）、以及氘化的 KDP 型晶体磷酸二氘钾（$K(D_{1-x}H_x)_2PO_4$，简写为 DKDP）、砷酸二氘铯（$Cs(D_{1-x}H_x)_2AsO_4$，简写为 DCDA）等晶体。

KDP 型晶体是一类十分重要的水溶性多功能晶体，也是一类用途很广的非线性光学晶体。KDP 型晶体是用水溶液法或重水溶液法生长的，多数具有优良的压电、电光和频率转换性能。其中，KDP、DKDP 和 ADP 等晶体具有较大的非线性光学系数，较宽的透过波段，光学均匀性优良，易于实现位相匹配，最突出的优点是易于生长优质的大尺寸单晶体。因此，它们不仅是性能优良的电光晶体，而且也是性能较好的频率转换材料，尤其是目前为止唯一能够适用于激光核聚变等高功率激光系统中的晶体。KDP 型晶体的缺点是硬度不高、易潮解、不易加工和镀膜等，致使在应用上受到一定程度的限制。目前，KDP 型晶体现已广泛应用于激光倍频、参量振荡（OPO）、电光调制、高速 Q 开关、声光调制和压电换能器等高技术领域。

(2) 磷酸钛氧钾（$KTiOPO_4$）晶体，简称 KTP 晶体。KTP 晶体属于斜方晶系，点群为 C_{2V}—$mm2$。KTP 晶体是一种性能最为优异的非线性光学晶体材料之一，它具有大的倍频系数和电光系数，透光波段宽，损伤阈值高，转换效率高，化学稳定性好等优点，因此，在应用方面受到了重视，现已广泛应用于激光倍频、和频和差频、光参量振荡、电光调制、Q 开关、声光调制等方面。我国自 20 世纪 80 年代起，先后用高温溶液法和水热法生长出高光学质量的大尺寸 KTP 晶体，并实现了稳定的批量生产。

(3) 铌酸锂（$LiNbO_3$）晶体，简称 LN 晶体。$LiNbO_3$ 晶体在室温下属于三方晶系，点群为 $C_{3V}-3m$。LN 晶体集压电、热释电、铁电、电光、变频、光折变等效应于一身，这在人工晶体中是罕见的，而生长 LN 晶体，原料来源丰富，价格低廉，易于生长出大尺寸体块晶体。由于 LN 晶体是一种优良的多功能晶体材料，其用途极为广泛，如可用于声表面波、滤波器、光波导，光导器件、Q 开关、电光调制、传感器、全息存储、压电换能、激光倍频等方面。

(4) 铌酸钾($KNbO_3$)晶体，简称 KN 晶体。KN 晶体具有优异的非线性光学性能、电光性能及光折变性能。在激光倍频和光折变领域中早已受到人们的重视。近年来，又发现 KN 晶体具有优异的压电特性，其声光 Q 值比 LN 晶体和水晶(α-SiO_2)的都高出一个数量级。KN 晶体的激光损伤阈值不高($350MW/cm^2$)，但 KN 晶体的倍频系数很大，当 $\lambda=825nm$ 时，$d_{33}=33.3pm/V$，$d_{32}=20.5pm/V$，$d_{31}=16.1pm/V$，因此，KN 晶体可用于半导体激光器发射的毫瓦级激光倍频领域。KN 晶体对毫瓦级激光的转换效率比 KTP、BBO 等著名的非线性光学晶体要高出 3 到 4 个数量级，这是 KN 晶体作为变频材料的独特优势，而且是其他无机晶体无法与之比拟的。

(5) 偏硼酸钡(β-BaB_2O_4)和三硼酸锂(LiB_3O_5)晶体。偏硼酸钡和三硼酸锂晶体是中国科学院福建物质结构研究所于 20 世纪 80 年代相继发现和首先成功研制的性能优良的紫外频率转换材料，这一重要的科研成果曾在国际学术界引起了很大的反响，在国际上号称为“中国晶体”。

偏硼酸钡(β-BaB_2O_4)晶体，简称 BBO 晶体。BBO 晶体突出的优点是非线性光学系数大($d_{11}=5.8\times d_{36}$(KDP))，激光损伤阈值高($5GW/cm^2$，10ns，$\lambda=1\,064nm$)，宽的透光范围(190～3 500nm)，宽的相位匹配区间(409.6～3 500nm)，光学均匀性高($\delta_n\approx10^{-6}/cm$)。对 Nd∶YAG 和 Nd∶YLF 激光可实现二、三、四和五次谐波发生，它是目前国际上应用最多的一种紫外非线性光学晶体材料。

三硼酸锂(LiB_3O_5)晶体，简称 LBO 晶体。LBO 晶体的突出优点是宽的透光范围(160～3 500nm)，高的光学均匀性($\delta_n\approx10^{-6}/cm$)，高的激光损伤阈值($18.9GW/cm^2$，1.3ns，$\lambda=1\,053nm$)，宽的接收角和小的离散角，在宽的波段范围内可实现Ⅰ型和Ⅱ型非临界相位匹配(NCPM)，可用于 Nd∶YAG 和 Nd∶YLF 激光的二倍频、三倍频。LBO 晶体是一种宽带可调谐的光参量振荡(OPO)和光参量放大(OPA)极优异的材料。LBO 晶体是当前最为优异的非线性光学晶体材料之一。

习 题

1. 有新旧两个坐标系，若新坐标系为由旧坐标系相对于 x_3 轴旋转 90° 和 60°角而得到的，求这两种情况下的变换矩阵。
2. 利用二阶对称张量的变换公式 $T'=ATA^{-1}$，求证矩阵 $[\varepsilon_{ij}]=\begin{bmatrix}0 & \varepsilon & 0\\ \varepsilon & 0 & 0\\ 0 & 0 & 0\end{bmatrix}$ 绕 x_3 轴旋转 45° 后在新坐标系中变为

$$[\varepsilon'_{ij}]=\begin{bmatrix}\varepsilon & 0 & 0\\ 0 & -\varepsilon & 0\\ 0 & 0 & 0\end{bmatrix}。$$

3. 试用下标变换法证明 $mm2$ 晶类的介电系数矩阵形式为

$$\begin{bmatrix}\varepsilon_{11} & 0 & 0\\ 0 & \varepsilon_{22} & 0\\ 0 & 0 & \varepsilon_{33}\end{bmatrix}$$

4. 某晶体的微小形变用张量 $[e_{ij}]=\begin{bmatrix}8 & -1 & -1\\ 1 & 6 & 0\\ -5 & 0 & 2\end{bmatrix}\times10^{-6}$ 表示，试求出以下量。
   (1) 应变张量 $[S_{ij}]$ 和纯刚性旋转部分 $[W_{ij}]$ 张量。
   (2) 主应变 S_1，S_2，S_3 的数值及主轴方向。
   (3) 旋转的角度及旋转轴。
5. 已知一晶体样品中某点的应力状态可以用下列张量表示。

$$\begin{bmatrix}50 & 50 & 80\\ 50 & 0 & -75\\ 80 & -75 & -30\end{bmatrix}\times10^{-4}(\mathrm{N/m^2})$$

   试求其正应力、切应力和主应力。
6. 利用矩阵变换法推导 6mm 点群晶体的压电模量 d_{in}（用矩阵形式表

示）。

7. 一个 GaAs 晶片（属$\bar{4}3m$点群），晶片平面平行于(100)和(110)面，如果沿这两个面的垂直方向进行压缩，写出在这两种情况下所得到的极化电荷（利用压电模量和应力来表示）。

8. 试比较电致伸缩效应与逆压电效应之异同。

9. 0℃和－18℃分别是钛酸钡和罗谢盐（KNT）的居里温度吗？为什么？

10. 晶体中光线方向为什么和光波法线方向之间有离散角 α？说明光线速度和相速度、光线折射率和折射率之间的关系。

11. 已知水晶为单轴晶，若 $\lambda=589\text{nm}$ 单色线偏振光在水晶上的 $n_o=1.544$，$n_e=1.553$，试求该单色光垂直入射到水晶晶片（晶片平面平行于光轴）时的双折射率。若晶片厚度为 0.1 mm，求该单色光垂直通过该晶片产生的 o 光和 e 光的位相差。

12. 已知云母的折射率为：$n_1=1.552$，$n_2=1.582$，$n_3=1.588$；石膏的折射率：$n_1=1.520$，$n_2=1.523$，$n_3=1.530$，计算云母和石膏的光轴角 Ω。

12. 沿 KDP 晶体的 x_3 轴方向施加电场，光学性质将如何变化？如果沿 x_3 方向通光波长 $\lambda=546\text{nm}$，$n_o=1.5115$，$\gamma_{63}=10.3\times10^{-12}$ m/V，试计算由此引起的位相差 δ，并计算此 γ_{63} 纵向效应的半波电压 V_π。

14. 什么叫位相匹配？从原理出发简要地说明不满足位相匹配条件，非线性极化的光学效应就不可能在晶体中稳定地产生的原因。

15. 使用 KDP 晶体（负单轴晶，$\bar{4}2m$ 晶类）在室温下进行倍频实验。已知基频波波长 $\lambda_0=0.6940\mu\text{m}$，倍频波波长 $\lambda=0.3470\mu\text{m}$，其折射率为：$n_e^\omega=1.465$，$n_e^{2\omega}=1.481$，$n_o^\omega=1.505$，$n_o^{2\omega}=1.538$，试求其位相匹配角 θ_m。

参考文献

[1] 钱逸泰．结晶化学导论. 3 版．合肥：中国科技大学出版社，2005.

[2] 唐有祺. 结晶化学. 北京：高等教育出版社，1957.

[3] 范康年．物理化学. 2 版．北京：高等教育出版社，2005.

[4] 周公度．结构化学基础．北京：北京理工大学出版社，1989.

[5] 罗谷风．结晶学导论．北京：地质出版社，1985.

[6] 李炳瑞．结构化学．北京：高等教育出版社，2004.

[7] 何涌．结晶化学．北京：化学工业出版社，2008.

[8] Anthony R West. 固体化学及其应用．苏勉增，谢高阳，申泮文，译．上海：复旦大学出版社，1989.

[9] 利鲍 F. 硅酸盐结构化学．席耀忠，译．北京：中国建筑工业出版社，1989.

[10] 鲍林 L. 化学键本质．卢嘉锡，等译．上海：上海科学技术出版社，1966.

[11] 周公度．晶体结构测定．北京：科学出版社，2001.

[12] 曹阳．结构与材料．北京：高等教育出版社，2003.

[13] 蒋民华．晶体物理．济南：山东科技出版社，1980.

[14] 张克从．近代晶体学基础(下). 北京：科学出版社，1987.

[15] 陈纲，廖理几，郝伟．晶体物理学基础. 2 版．北京：科学出版

社,2007.
[16] 肖定全,王民．晶体物理学．成都:四川大学出版社,1989.
[17] 廖立兵．晶体化学及晶体物理学．北京:地质出版社,2000.
[18] 陈春荣,赵新乐．晶体物理性质与检测．北京:北京理工大学出版社,1995.
[19] 季家镕．高等光学教程:光学的基本电磁理论．北京:科学出版社,2007.
[20] 张克从,王希敏．非线性光学晶体材料科学．2 版．北京:科学出版社,2005.
[21] 周公度．结构和物性:化学原理的应用．2 版．北京:高等教育出版社,2000.
[22] 刘强,黄新友．材料物理性能．北京:化学工业出版社,2009.
[23] 秦善．晶体学基础．北京:北京大学出版社,2004.
[24] 周公度,段连运．结构化学基础．3 版．北京:北京大学出版社,2002.
[25] 徐叙瑢,苏勉曾．发光学与发光材料．北京:化学工业出版社,2004.
[26] 臧竞存．新型晶体材料．北京:化学工业出版社,2006.
[27] 李建宇．稀土发光材料及其应用．北京:化学工业出版社,2003.
[28] 严密,彭晓领．磁学基础和磁性材料．杭州:浙江大学出版社,2006.
[29] 冯端,师昌绪,刘治国．材料科学导论:融贯的论述．北京:化学工业出版社,2002.
[30] 基泰尔 C. 固体物理导论．项金钟,吴兴惠,译．北京:化学工业出版社,2005.
[31] 干福熹．信息材料．天津:天津大学出版社,2000.
[32] 刘公强,乐志强,沈德芳．磁光学．上海:上海科学技术出版社,2001.

“十一五”国家重点图书·化学与应用化学丛书·

普通高等教育化学类专业规划教材——系列书目

书　名	主编、编著(学校)
《无机化学》	穆　劲(华东理工大学)
《无机化学实验》	徐志珍(华东理工大学)
《有机化学》(上册、下册)	龚跃法　聂　进(华中科技大学)
《有机化学实验》	陈东红(华中科技大学)
《物理化学》	陈六平　童叶翔(中山大学)
《物理化学实验》	陈六平　童叶翔(中山大学)
《分析化学》	王海水　杭义萍(华南理工大学)
《分析化学实验》	刘建宇　王海水(华南理工大学)
《定量化学分析》	胡　坪(华东理工大学)
《波谱解析法(第二版)》	潘铁英　张玉兰　苏克曼(华东理工大学)
《有机合成》	杨光富(华中师范大学)
《高等有机化学基础(第三版)》	荣国斌(华东理工大学)
《精细化学品化学》	李祥高　冯亚青(天津大学)
《材料化学》	黄可龙(中南大学)
《环境化学》	高士祥(南京大学)
《环境化学实验》	高士祥(南京大学)
《糖化学基础》	陈国荣(华东理工大学)
《化学与应用化学专业英语》	王幸宜　戴启广(华东理工大学)
《化学计量学基础》	梁逸曾　易伦朝(中南大学)
《结晶化学》	林树坤　高绍康　陈建中(福州大学)

内容提要

本书介绍结晶化学的核心知识，主要包括晶体及晶体的投影、几何结晶学、晶体的 X 射线衍射分析、晶体化学、晶体的物理性质等内容。

本书适合化学、应用化学、化学工程、材料化学、生物化学、医药化学等专业高年级本科生及研究生选作教材，也能作为教师、科研人员的参考书和工具书。